雕刻機&修邊機 進階使用

木作技法博大精深，
但只要學會小技巧，
就能發想出更多點子。
也許某一天你會突然發現，
一些之前覺得很複雜的結構，
因為理解了其中的原理而變得簡單。
儘管木作是身體力行、大量使用機械工具的一件事，
但是從某個層面上來說，
它是不是更像一場智力遊戲呢？
真誠地希望你能親手開啟這扇「木作之門」。

Contents

木工職人刨修技法

參照本書施工時，請務必注意安全，同時應正確的操作各種機具。
刊載的商品名、價格等數據均為取材當時之現況。
本書乃基於學研出版社發行之雜誌《DOPA！》、《週末爸爸》以及其他MOOK，並增補一些新內容而重新策劃編輯而成。

Study

木之溫潤，人之溫情，兩者息息相通……

從今天起，讓我們一起沉醉於木工的美妙世界吧！

獨自待在寧靜的工作室裡，
眼前是一件件慣用的工具和導尺，
煮杯熱咖啡，仔細看看椅子的設計圖，
不用著急，
隨著時日的推移，
作一張屬於自己獨一無二的椅子，
打開修邊機的開關，
銑刀從材料板上滑過，木屑隨之飛舞，
空氣裡瀰漫木料的清香，
這就是我的工作室，我的私人國度。

木工職人基礎：認識工具

The basic tools for woodwork

Study

Study 1 認識木工雕刻機與修邊機
Study 2 手提圓鋸機＆手提線鋸機的操作技法
Study 3 木工職人常用木材圖鑑
Study 4 木工雕刻機＆修邊機之木工銑刀圖鑑

Study 1

The study of router & trimmer

認識木工雕刻機&修邊機

以前，製作實木家具的時候，無論組裝或是榫接都得依賴傳統的木工工具，對於初學者而言，要很快的熟悉如何使用這些專業工具，絕不是件易事。值得慶幸的是，隨著修邊機和木工雕刻機的出現，這一切已經徹底改變，木榫接合的加工可說是易如反掌。

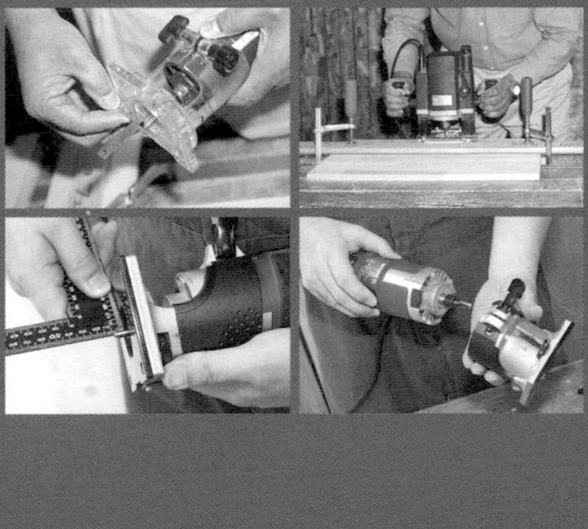

Step 1

使用前須知

木工雕刻機和修邊機的基礎知識

木工雕刻機與修邊機猶如兄弟

木工雕刻機與修邊機都是製作木工時不可或缺的實用工具，兩者均藉由中心軸的高速轉動帶動木工銑刀對木材進行銑削、搪孔、開槽、切斷、刨面等加工。它們就像兄弟，具有完全相同的工作原理，只是在體積大小和輸出功率方面略有不同。

木工雕刻機通常搭載1000W以上的大馬達，以大約每分鐘兩萬五千轉之高轉速切削木材，因此，雕刻機體積較大，一般設計為雙手支撐著操作。當然，很多專業的木工師傅會將其安裝在一張專用的銑削台上使用。

修邊機的輸出功率多為500W左右，體積與小型圓盤鋸相當。儘管不大，卻能以每分鐘三萬轉之超高轉速切削木材。修邊機主體為圓筒形，類似茶葉筒，操作時可以單手持握。在美國等國家，往往將修邊機視作雕刻機之變體，並冠之以「手提式雕刻機」、「掌上修邊機」等名稱。在此，我們首先對這種小型雕刻機──修邊機的使用方法和技巧作簡單介紹。

利用交換木工銑刀拓展技巧

使用修邊機切削木材的必備品，就是安裝在前端被稱作木工銑刀的刀。請參照第18頁介紹各種木工銑刀。

如圖所示，木工銑刀是藉助銑刀夾頭和夾頭螺帽來裝配在修邊機的中心軸之上。木工銑刀的軸徑取決於夾頭孔徑，修邊機可以使用軸徑為6㎜以及6．35㎜（1/4英吋）的木工銑刀。不過，使用時，各軸徑的木工銑刀必須對應自己專用的筒夾頭。當然，木工銑刀並非只有這兩種軸徑，還有8㎜、12㎜、12．7㎜（1/2英吋）等，但這些木工銑刀只適用於木工雕刻機，修邊機並不能使用。熟練的使用者在固定木工銑刀時常用一項祕技：當木工銑刀插入轉軸底部後，向上提起約1㎜再拴緊固定，如此便能夠防止銑刀偏離中心位置。

掌握修邊機的銑削方向

仔細觀察銑刀，會發現其轉動方向為順時針方向，也就是說，木工銑刀自身的旋轉力將會影響其切削路線而無法順利地按照直線行進。所以，在運用修邊機切削直線或沿墨線加工材料時，得學會藉助導尺來確保修邊機沿著預定的行進方向移動。

正如下頁插圖所示，修邊機的行進方向具有一定的原則：移動時總是從胸前向外推。如果是切削木材的開口部內側，則按順時針方向行進；如果是外側，則按逆時針方向移動。

木工雕刻機往往搭配使用專用的木工雕刻機銑削台，因此，其操作上比單獨使用修邊機更加穩定。

修邊機是單手持握著操作，所用軸徑為6㎜或者1/4吋的木工銑刀。

木工雕刻機體積較大，操作時需用雙手持握，可以使用軸徑較大的木工銑刀。

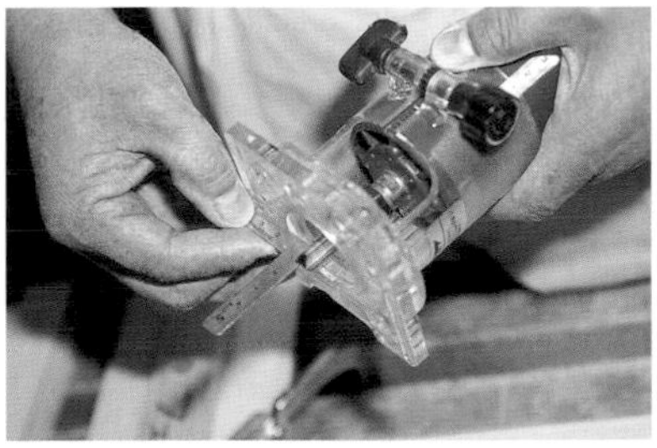

木工銑刀的深度調節依據機型不同而分為好幾種，如圖直接以角尺丈量最為簡單明瞭。

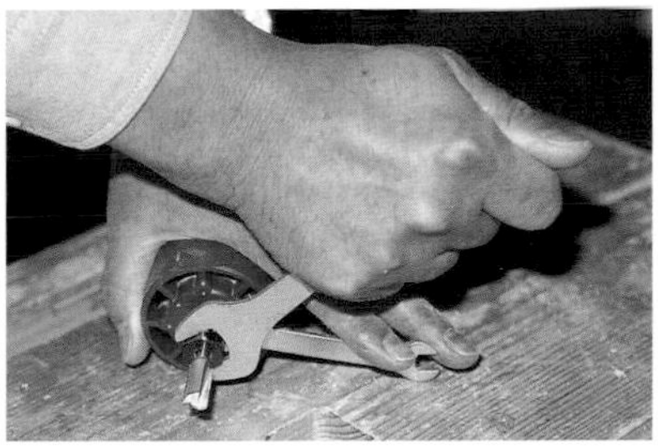

更換、安裝木工銑刀時，應使用配附的扳手。此時建議拔掉電源插頭。

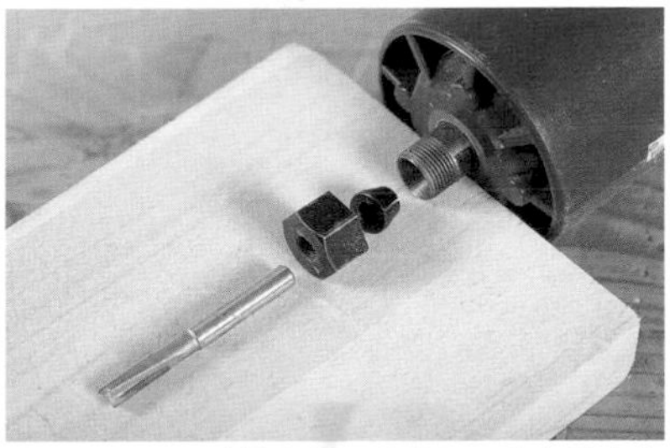

上圖展示了修邊機與銑刀之結構。左起依次為木工銑刀（6㎜鉋花直刀）、夾頭螺帽、錐形筒夾、修邊機主體。

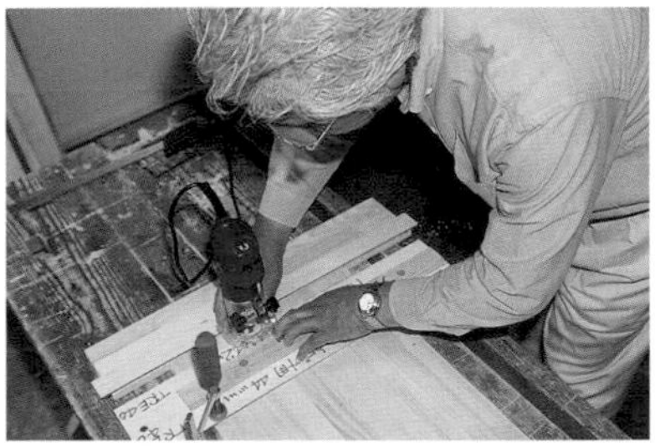

加工、切斷直線溝槽時使用的直線導尺。大家可以比照自己的修邊機尺寸自行製作一個。

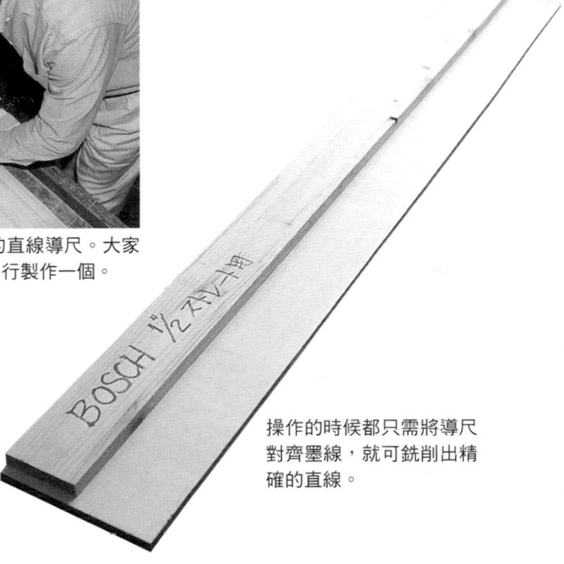

操作的時候都只需將導尺對齊墨線，就可銑削出精確的直線。

修邊機＆雕刻機的行進方向

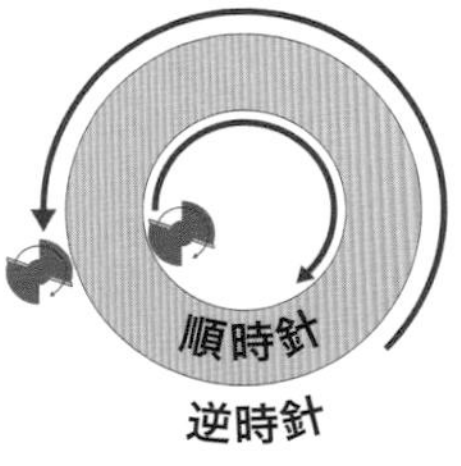

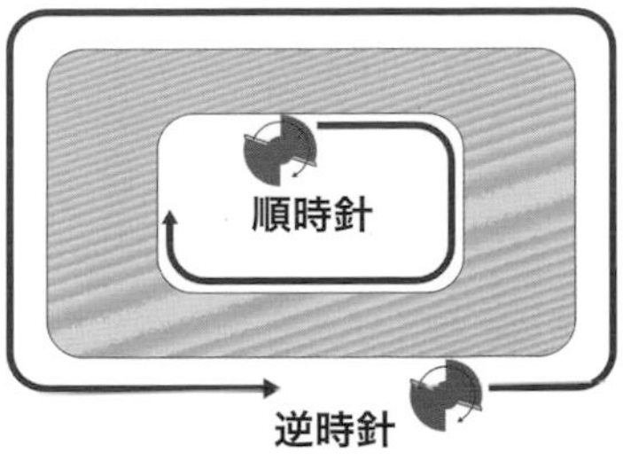

Step 2

多功能的好工具

瞭解修邊機的組成結構

修邊機是一款大小近似500cc寶特瓶，裝備著每分鐘約三萬轉之超高速馬達的切削用木工電動工具。價格方面經濟實惠，日本製約一萬五千日元，其它還有更便宜的。不過，修邊機的外觀容易給人一種錯覺，覺得它不像手提圓盤鋸機或者電鑽那樣好上手，很多人可能因此望之卻步。

事實上，一旦你真正瞭解這款機器，學會靈活使用它來開槽、企口、修邊、刨面、切割、搪孔之後，它一定會成為你愛不釋手的好工具。另外，只要配合導尺和型板，即使初學者也能進行多種加工，而加工之精準度也令人吃驚。就讓我們拿起修邊機，仔細認識它吧！

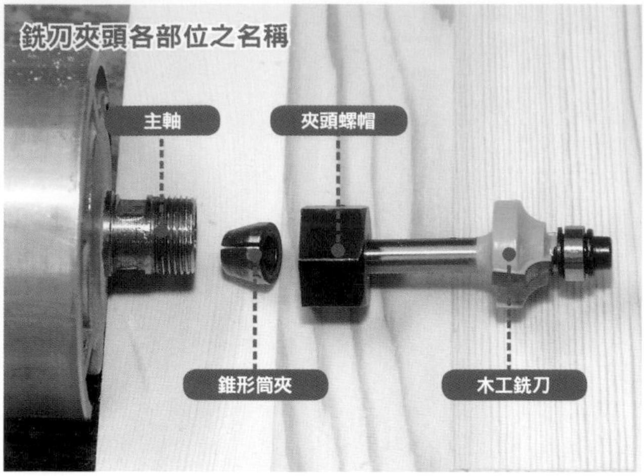

修邊機各部位之名稱

※圖示為博世（BOSCH）PMR500型強力修邊機

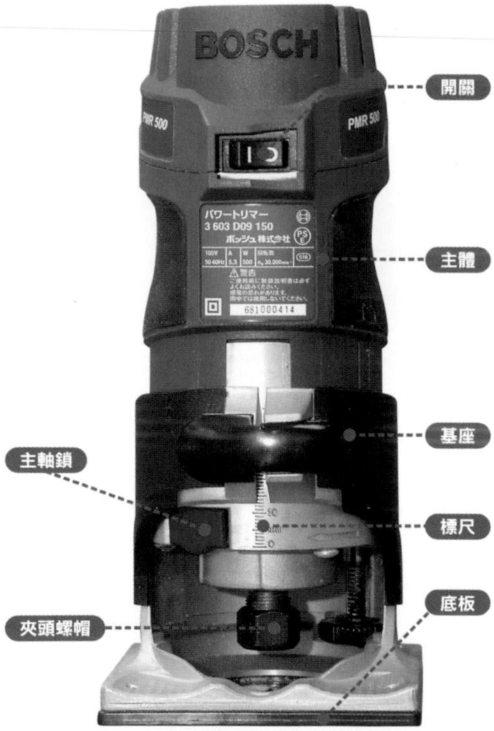

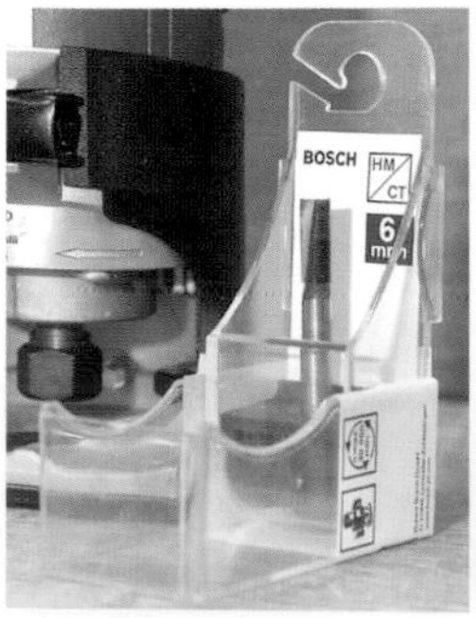

左／日本的修邊機通常附送一支軸徑6㎜的鉋花銑刀。
右／修邊機可分解為兩部分：裝配馬達的主體和決定切削深度的基座。

Step 3

初步掌握修邊機的用法

學會木工銑刀的安裝・拆卸

藉由更換不同形狀和用途的木工銑刀，修邊機可完成多項切削工程。日本產的修邊機使用6mm軸徑之銑刀，而北美的機型則使用1/4吋英吋（6．35mm）的木工銑刀，由於這個緣故，原則上日本的修邊機無法裝卸美國產的木工銑刀。不過，受惠於市售可變換夾頭孔徑的錐形筒夾，1/4英吋軸徑的木工銑刀也照樣能用了。

說到木工銑刀之安裝，接頭乍看之下很像電鑽的夾頭，構造也接近，不過，仔細看圖之後，你會發現它們在結構上還是有些差異。我們應該先了解其構造，確實學會木工銑刀的安裝、拆卸，這就是掌握修邊機用法的第一步。

圖片中使用的BOSCH修邊機之主軸，是用主軸鎖來固定，僅有夾頭螺帽的部分需用原配的扳手來拴緊。

事實上，也有很多機型不採用主軸鎖，它們往往需要使用兩個扳手來分別固定主軸和夾頭螺帽，才能完成銑刀的安裝與拆卸。

銑刀之安裝＆拆卸

鬆開基座控制桿，將基座從機器主體上拆下來。

按住主軸鎖，防止主軸旋轉，然後鬆開夾頭螺帽。

將木工銑刀從主軸前端的小孔中插入，用手指將螺帽大約轉緊。稍稍拉出銑刀後固定。

再用隨機器所附的扳手完全拴緊。

將基座套回本體。

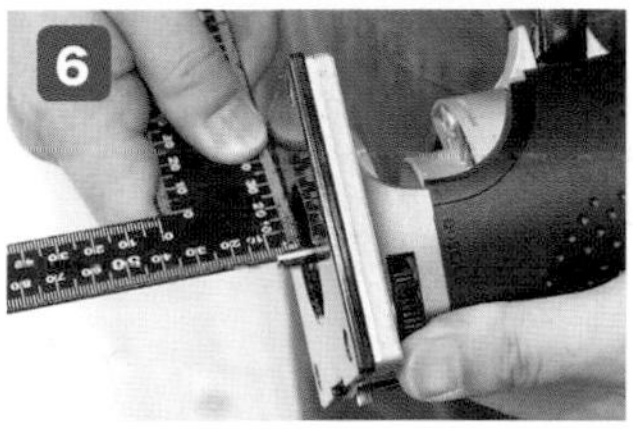

藉助機器本體上的標尺或角尺調節木工銑刀的銑削深度。

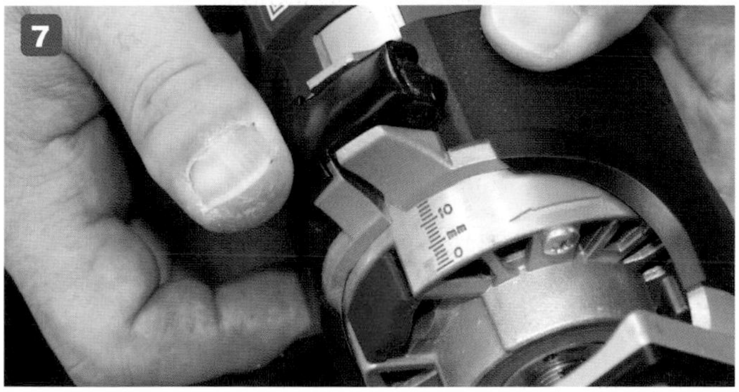

扣緊基座控制桿。

修邊機使用的銑刀軸徑

6mm

1/4英吋（6.35mm）

Step 4

直線導板與修邊導規的應用

使用修邊機的基本技巧

熟練運用附屬的直線導具

接下來，我們要介紹幾種技巧，幫助大家掌握修邊機的基本用法。儘管有人會用到修邊機操作台，不過，這裡主要介紹的是最普遍的手持操作法。

為了充分發揮修邊機的功用，使用時往往會搭配一些配件。若沒有治具的輔助，單是徒手操作修邊機的話，修邊機會因為銑刀旋轉的作用力帶動主軸向左偏離。為了要切削出標準的直線，使用直線導板與修邊導規，以確保切削精度的技巧便因應而生。

直線切削時使用到的導板，也叫直線導板。

參照圖示在導板上裝一塊方木條，就能提高操作穩定性。

基座的一側有一個不用拆卸就能安裝導板的旋鈕。

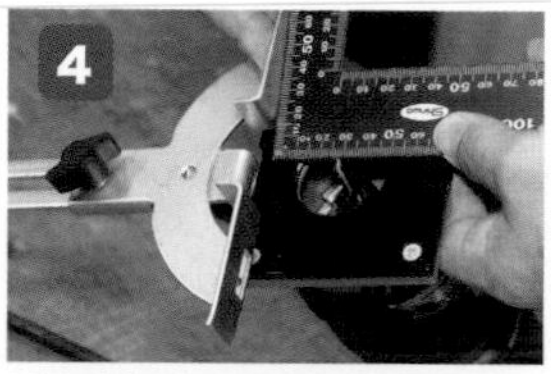

設定木板右端到切削墨線之間的寬度。

將導板緊靠在木板之右端，從胸前往外銑削出溝槽。

運用導板切削出的溝槽，是非常筆直的木槽。如果銑刀的切削深度夠深，還可用修邊機來切斷木材。

靈活使用木邊加工的修邊導規

修邊導規，就是用來引導銑刀能順利沿著木邊進行銑削，並準確控制切削量的輔助導具。

如圖，導規上附有軸承，軸承會沿著木材邊緣移動，因此，木工銑刀會按照設定好的尺寸進行銑削，不會超過軸承的表面。而該導規也經常附屬在修邊機內一起出售，有了修邊導規作為輔助，即使那些前端沒有軸承的木工銑刀也可以用來進行修邊的動作了。

該導規也是安裝到修邊機基座上使用。導規前端安裝著軸承。

使用該導規時，取用前端無軸承的木工銑刀。圖中為三角錐刀。

使用修邊導規時的情景。操作同樣是靠著木板右邊移動。

修邊作業實例，藉助導板來精確加工。圖中是使用大直徑的鉋花直刀。

準確操作的手工樣規
簡易型手工直線樣規（製作篇）

修邊機配上直線導板和導規的使用，雖可完成多種準確操作，不過，如果僅憑右頁中那些購置修邊機時附送的導板、導規，修邊機銑削的範圍就很難超過木材邊緣。

若能自己製作直線樣規作為輔助，就可以對木材的任何部位進行自由銑削，如此一來，修邊機的功用就能大為提昇。

該導尺所使用兩塊板料，一塊是誘導修邊機基座底板的導木，一塊是確定墨線和銑刀位置的樣規木。

如圖所示，導木使用的是筆直加工的30×50mm板料，樣規木則使用5mm之MDF板。直線樣規必須精選無反翹、扭曲，完全筆直的材料製成，這一點非常重要。

以固定夾將製作導木的板料固定在一塊切割墊板上。用來製作樣規木的MDF板背面貼上雙面膠貼，靠著導木邊緣黏貼起來。

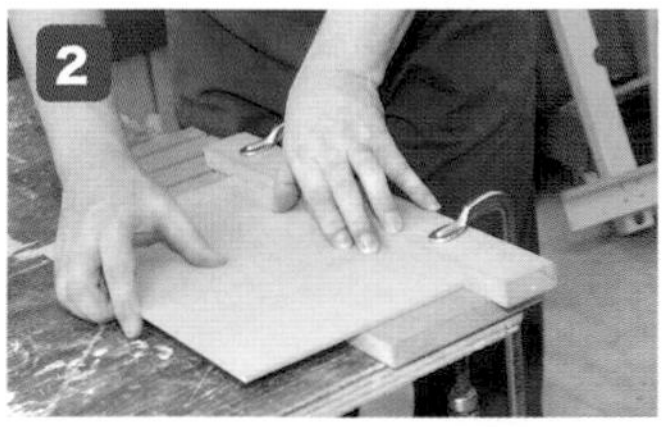

將MDF板緊靠導木黏貼好。圖中的樣規木僅作丈量之用，選材較短。在實際操作中，60cm、90cm的樣規木也按照同樣的方法加工。

選定修邊機基座底板的某一邊為導尺使用的基準邊。因為修邊機的底板不一定是正方形。

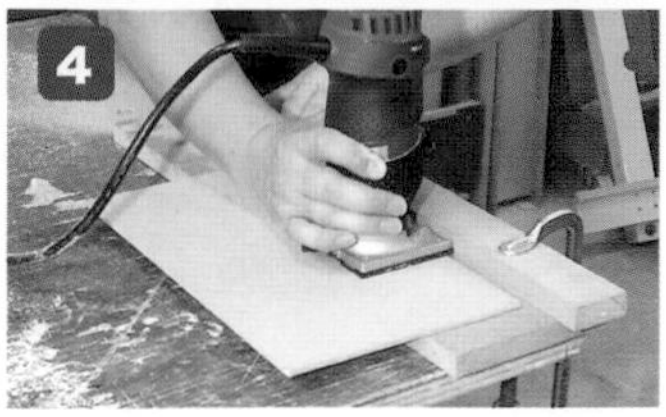

靠著固定好的導木，將修邊機從胸前向外推出，完全切斷MDF板，以切割出底板木。

拿走多餘的MDF板（圖片靠近讀者這部分）之後，準確的直線樣規寬度便確定下來。

只要將直線樣規對準墨線（圖中的溝槽），就可以自動確立導木的安裝位置，因而省去了每次都用直尺一一測量的繁瑣步驟。

令你愛不釋手的
手工直線樣規（使用方法篇）

正如圖示，只需將樣規木邊緣對準墨線，導木的位置就能自動確定——這就是手工直線導尺的工作原理，從這方面來看，該導尺的用法是非常簡單的。手工直線導尺的優點還在於對準墨線，一旦確定好導木位置之後，樣規木會被取走，這表示無需在必要的切削深度基礎上再加算樣規木的厚度，自然也就避免了因大意而弄錯切削深度的問題。另外，由於要拿走樣規木，修邊機必須要在沒有高度差的平面上穩定工作。如果要說導尺使用過程中的注意事項，那麼應該是牢記導木必須安裝在修邊機之左側。因為如果將導木置於修邊機右側，修邊機將會偏離導木沿著左斜前方行進，導致加工失誤。

導木與樣規木最好放在一起，以備隨時取用。

將樣規木的左端對準墨線。

在樣規木的左邊固定好導木後，移走樣規木。

將事先確定好的修邊機基準邊靠在導木上，啟動修邊機從胸前向外進行銑削。

Step 5

多功能的好工具

熟悉木工雕刻機的組成結構

木工雕刻機比第12頁介紹的修邊機具有更加強大的機能，儘管兩者工作原理完全相同，但由於木工雕刻機使用的馬達功率更大，因此一些較大型的加工到了它面前也會變得輕而易舉。

修邊機主要使用6㎜軸徑之木工銑刀，木工雕刻機則可以藉由著交換筒夾（錐形筒夾），除了使用6、8、12㎜等規格的木工銑刀之外，還可使用歐美通用的1/2英吋（12．7㎜）的粗軸銑刀，所以，木工雕刻機具有更強的加工耐受力。

木工雕刻機不同於修邊機是採單手操作，使用時需雙手握緊機體兩側的把手，這也是它最大的特點。

多數木工雕刻機都具備調節機體上下位置的下壓裝置，操作前只要設定好切削深度、向下壓緊機器，銑刀就會切削到設定深度而不會超過；只要一鬆手，機器便又回到原先位置，銑刀也隨之上升。這個特點使得木工雕刻機特別適合進行搪孔，以及僅在木材中心止槽的加工。

另外，木工雕刻機具備機能和下壓深度之調節機，這些實用裝備讓我們輕鬆而又穩定地完成許多精確加工，並且提供了強力支撐。

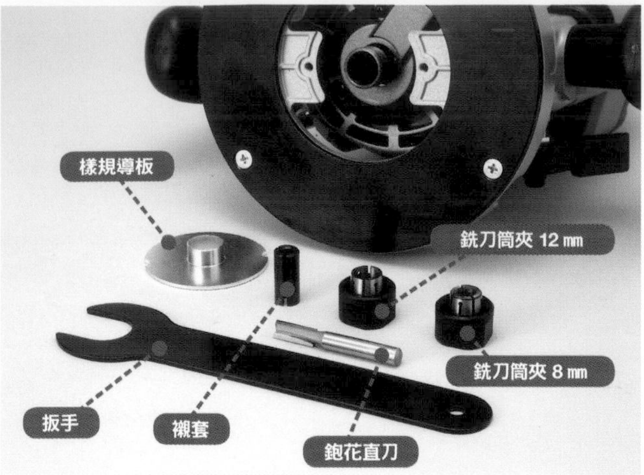

木工雕刻機各部分的名稱

※圖中的木工雕刻機為日立品牌之機型

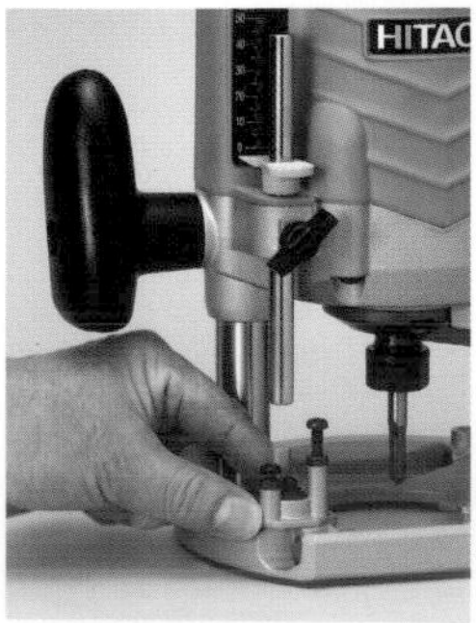

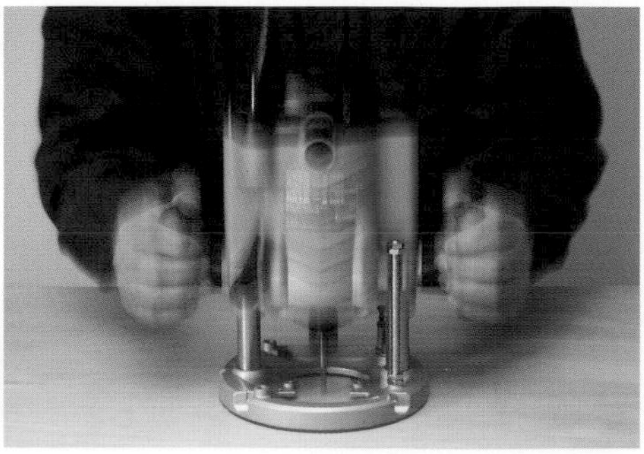

左：停止檔分為三段，可藉由轉動輪止檔盤來改變銑削深度。

右：得益於木工雕刻機之下壓功能，我們只需雙手用力下壓，就能逐次銑削出想要的深度。

Step 6

木工雕刻機使用入門

木工銑刀裝卸技巧

在構造方面，木工雕刻機與修邊機無異。搭配軸套的木工銑刀筒夾，對應木工銑刀直徑的尺寸就好。

如果選購的是日本產的木工雕刻機，則多配備最大軸徑為8mm和12mm的木工銑刀筒夾；如果要用到進口的1/2英吋（12．7mm）的木工銑刀，則需選擇能夠使用12mm刀徑之異徑筒夾，同時還要配備好能夠變換為1/2英吋刀徑之木工銑刀筒夾。

所謂的下壓功能，是指木工雕刻機主體能夠垂直向下運動。該功能使得木工雕刻機可以直接搪孔，因此，在製作榫孔以及在木材中心位置開槽等情形下往往能大顯身手。

為了限制木工雕刻機的搪孔深度，同時在需要時分為多次逐漸增加深度，木工雕刻機上還設置了止檔和定程桿。學會這組裝置，就可以輕鬆調整加工深度，無需每次都取出木工銑刀來更改伸出長度，非常方便。

木工銑刀之安裝＆拆卸

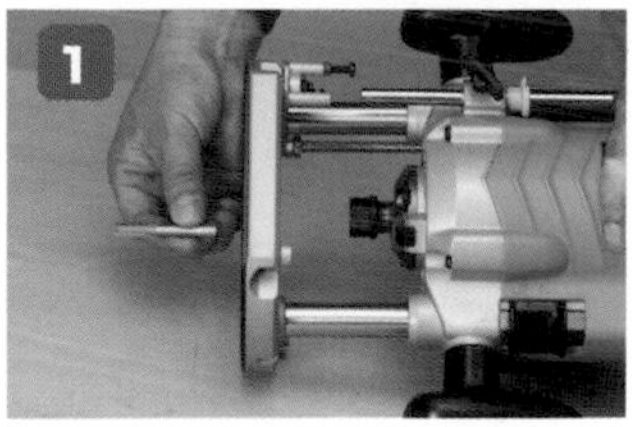

先鬆開銑刀夾頭，再插入適當尺寸之銑刀。

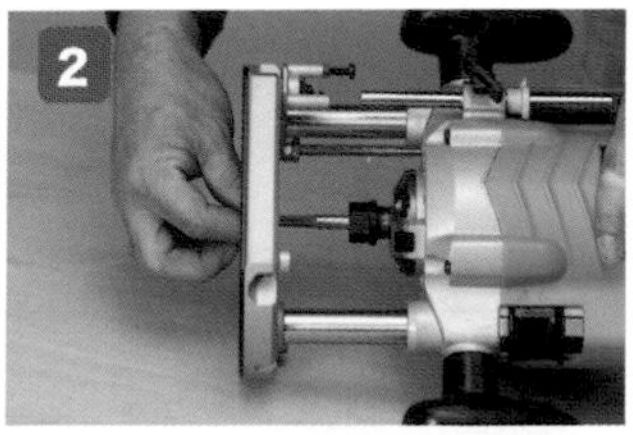

插入木工銑刀頂到底部後，稍稍將木工銑刀拉出，再鎖緊銑刀筒夾。

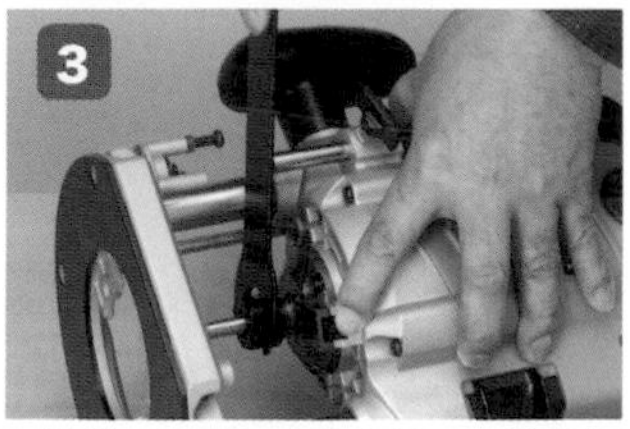

一邊推入軸鎖固定中心軸，一邊以扳手拴緊固定好木工銑刀。

使用型板進行加工等情形下，往往需要像這樣安裝樣規。

使用下壓功能

使用下壓功能往下壓木工雕刻機的情形。實際加工時，木工銑刀會更加下探入木材內部。

在平時的放置狀態下，銑刀升起來收在底板上方。要加工木材之前才打開電源。

圖中操作者右手右側的黑色鈕是下壓操作時控制機體升降的裝置。如此一來，可以控制木工雕刻機每次壓入的深度。

木工雕刻機使用的銑刀軸徑

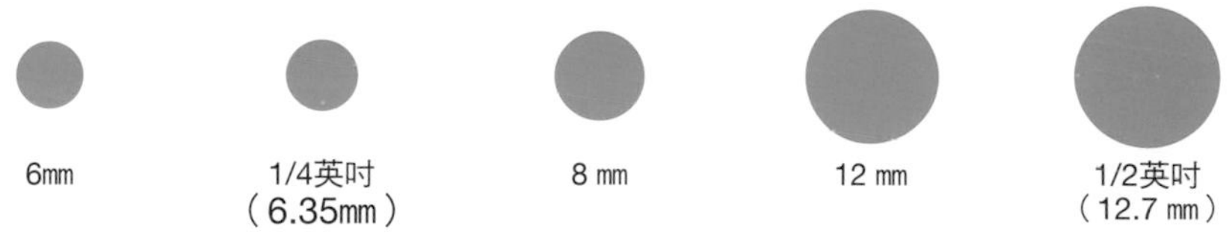

搪孔、銑削……

木工職人必備的十六款木工銑刀

這裡精選了使用修邊機進行木工手作時常用的木工銑刀，基本都是6㎜軸徑。6㎜的木工銑刀應用非常廣泛，除了在修邊機上使用之外，若輔以銑刀夾頭或軸套等異徑轉換接頭，還可裝在木工雕刻機上使用。

●●●●●●

鉋花直刀・8㎜

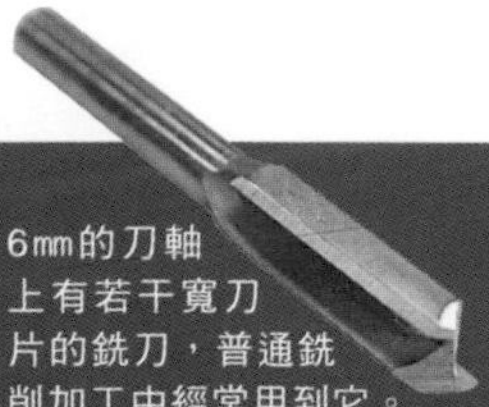

6㎜的刀軸上有若干寬刀片的銑刀，普通銑削加工中經常用到它。這個規格的銑刀用來進行榫槽加工也很好上手。開槽加工時，一次銑削深度原則上不超過銑刀軸徑的一半。例如，用8㎜的銑刀銑削10㎜深的槽時，得按4㎜、4㎜、2㎜前後分三次完成。〈譯者按：修邊機每次銑削的深度以6㎜鉋花直刀不超過3㎜深為原則，若刃徑超過6㎜或深度超過3㎜則應參考當量原則，才能延長機器的使用壽命。〉

是製作小型家具時經常會使用的銑刀。

鉋花直刀・3㎜

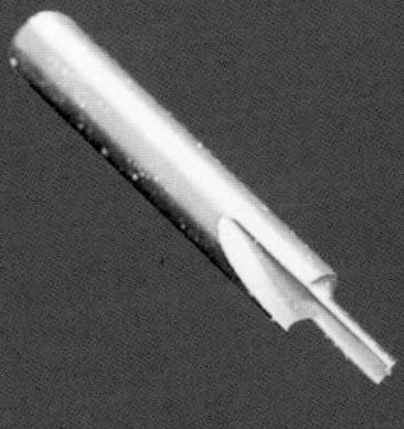

可以銑削出寬3㎜的溝槽。因為軸刃口徑很小，以手就能穩住銑刀旋轉時的反作用力，因此完全可以用單手拿著修邊機在木板上刻畫出想要的文字或圖形。

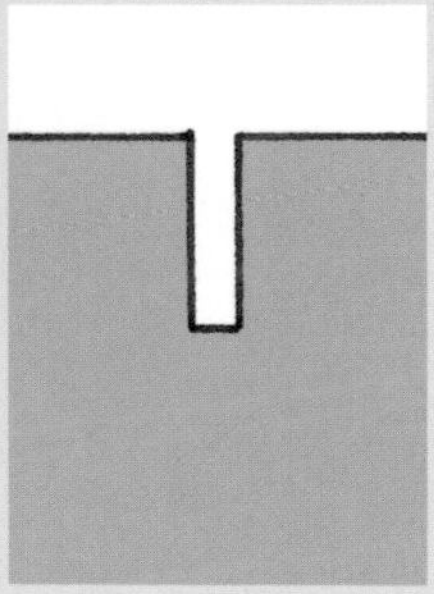

便於用來加工表面圖形等較淺的溝槽。

鉋花直刀・10㎜

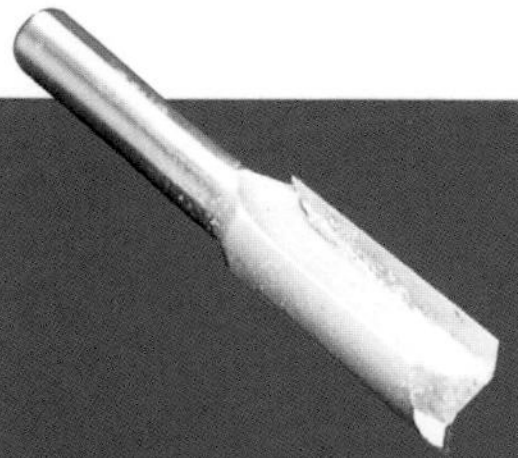

軸徑6㎜、刀徑10㎜之鉋花直刀。對於修邊機而言，10㎜鉋花直刀已經夠粗了，超過10㎜的銑刀會產生較大的反作用力，加工起來就變得比較困難。在銑削超過銑刀寬度之溝槽時，採用的方法是銑削一次，移動一次銑刀的位置，逐次加工。

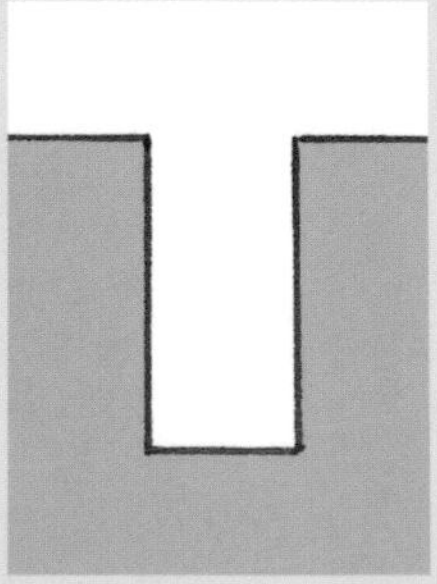

經常使用於較大型的加工過程。

鉋花直刀 6㎜

日製修邊機之標準銑刀；美國產品則以美製規格之6.35㎝（1/4英吋）為準。使用美製規格的銑刀時，只需換上適合美製規格的銑刀筒夾，若是使用日本產的修邊機就能使用美規銑刀了。該銑刀除了用來開槽的基本功能，還具有刨削功能，甚至可用於切斷厚度不超過銑刀刃長度的木板。

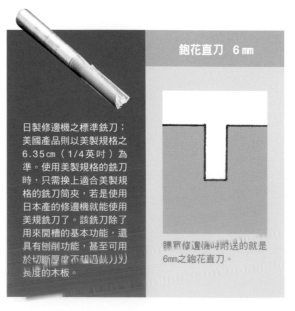

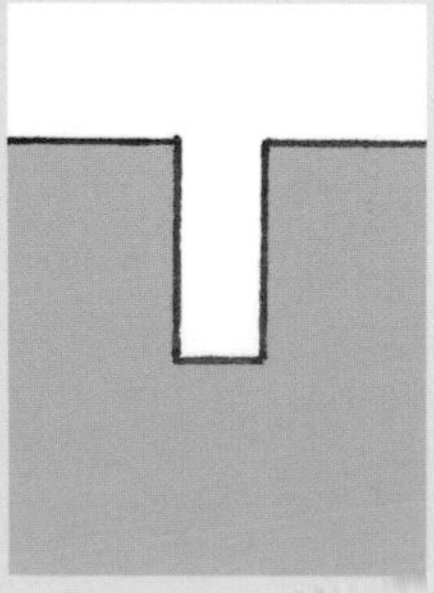

購買修邊機時附送的就是6㎜之鉋花直刀。

平羽刀

安裝有軸承，能完成一定深度的半槽加工，穩定進行木板拼接加工。有的產品前端軸承可以更換不同圓徑，就能改變銑刀之加工幅度。

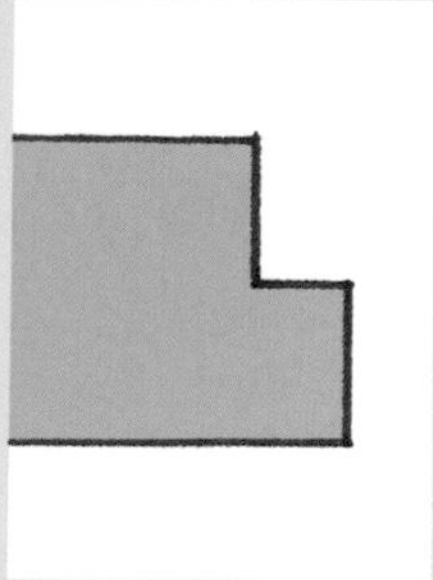

確定好切削深度後，只需直接切削就能夠完成半槽加工。

凸 1/4R 刀

前端配置軸承，主要用於加工裝飾性線條，可以切削出類似湯匙舀出的弧面。依據弧面大小不同，可有幾種變化。

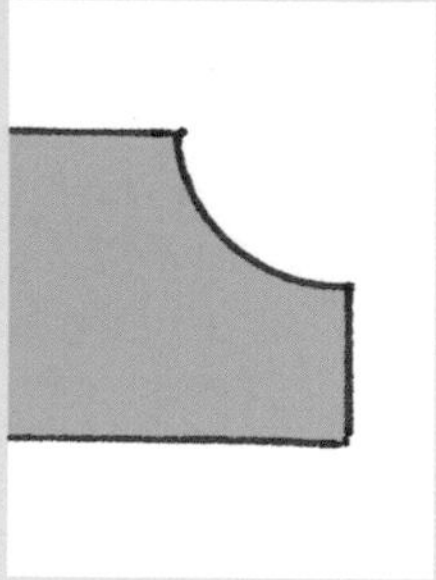

能夠加工出類似湯匙背面般的圓弧狀。

45度斜羽刀

90度溝槽銑刀的前端安裝著軸承的修邊銑刀。可加工45度角，且寬度較大的裝飾斜角。

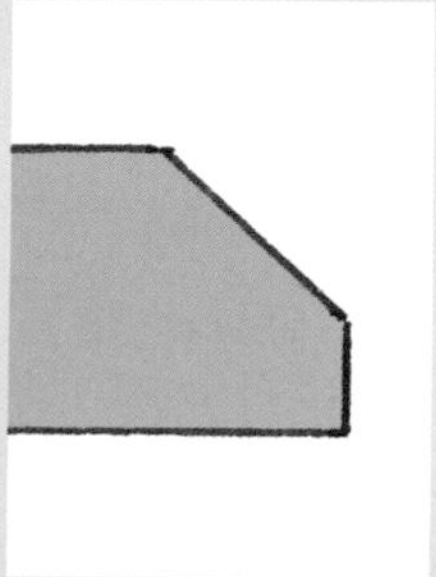

前端的軸承構成支點，可用來準確加工45度角的斜邊。

疊波弧綫刀

為作品作裝飾性線條的銑刀，內圓和外圓之組合能完成相對美觀和複雜的線條處理。

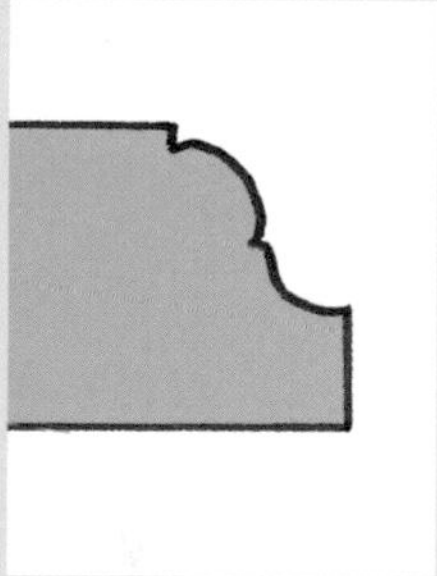

由於無法進行比軸承更深的切削，因此，只能加工固定形態的線條。

T 型溝線刀

在木材邊緣的垂直方向開槽的銑刀。在加工餅乾榫（Biscuit Joint，亦稱檸檬片榫）的榫溝以及舌槽邊節的舌槽的時候，可以根據餅乾榫片的大小和舌槽的寬度選擇匹配的銑刀。

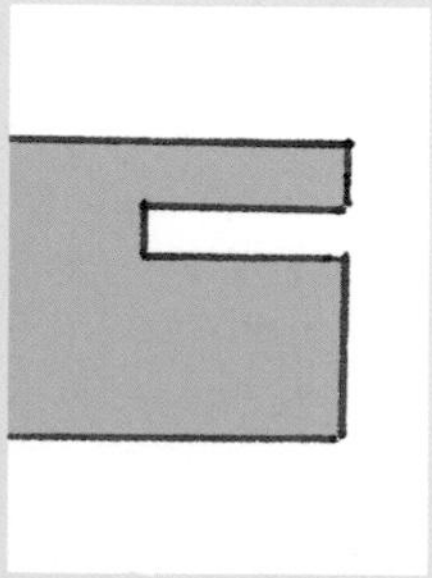

圓盤狀的銑刀能在木材的側面銑削出溝槽。

1/4R 刀

用於加工外凸的圓弧狀弧線。依據圓弧大小不同，可呈現出大中小多種變化，使用起來很方便。

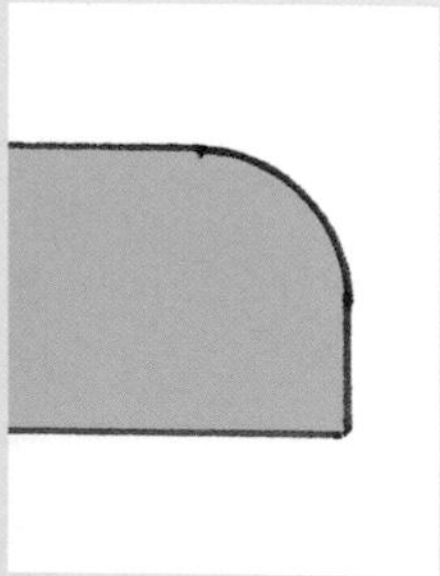

用來加工裝飾性線條中最簡單的圓頭弧線。

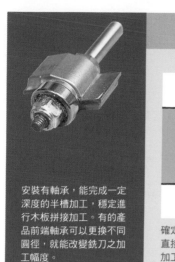

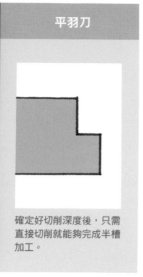

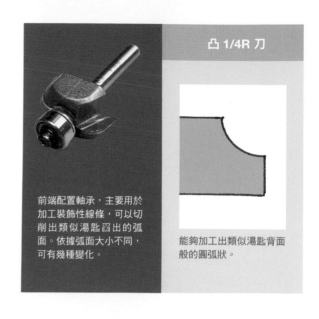

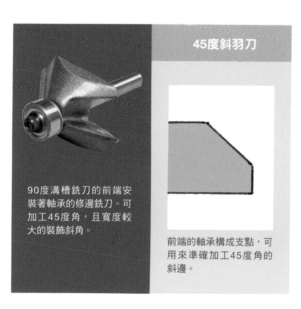

後鈕刀

本來是為漂亮開槽設計的銑刀。圖中的銑刀在刀刃上緣配置了軸承，只要讓軸承沿著導板移動，就可以完成沿著特定形狀進行仿形銑削。該類銑刀在刃長、刃徑等方面都有多種尺寸可供選擇。

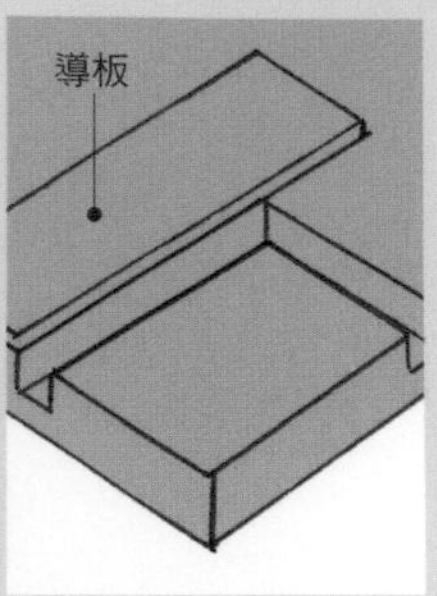

只要靈活利用銑刀上部的軸承，就可以用來完成很多仿形銑削加工。

螺旋直刀 ·6.35㎜

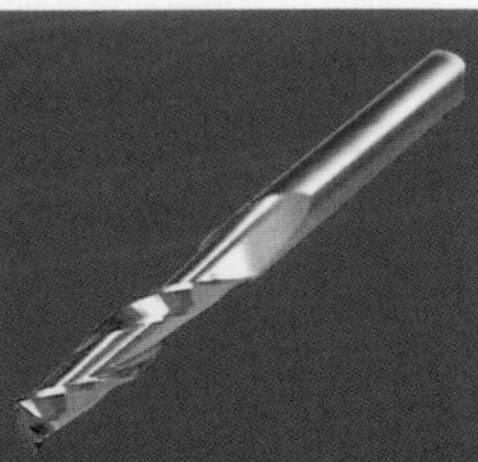

具有英製規格1/4英吋的軸徑和刀徑。用法和鉋花直刀無異，但由於刀口呈鑽頭形狀，因此切削速度更快，用起來感覺也更輕快。市售多為英製規格，公制規格的很難見到。

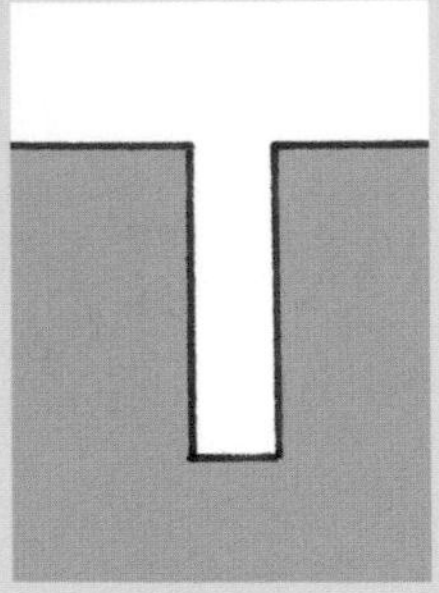

作為鉋花直刀替代品，在職業木工中備受喜愛。

三角錐刀

前端呈直角三角形的銑刀，在加工裝飾性溝槽時能挖削出尖細的溝槽。如果結合樣規或導板，只使用銑刀的半個切削面，可用來倒角。

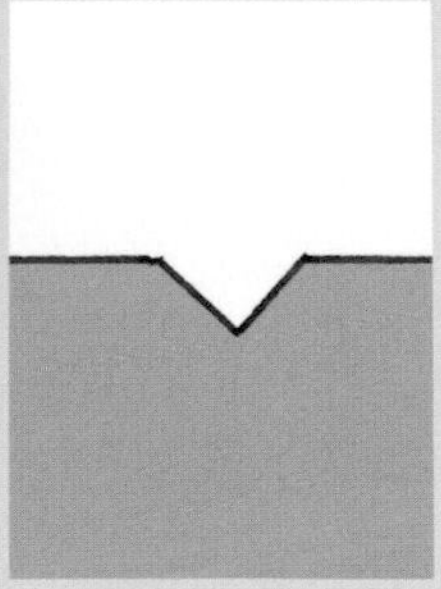

90度角的刀刃能挖削出直角的溝槽。

鳩尾榫刀〈三角梭刀〉

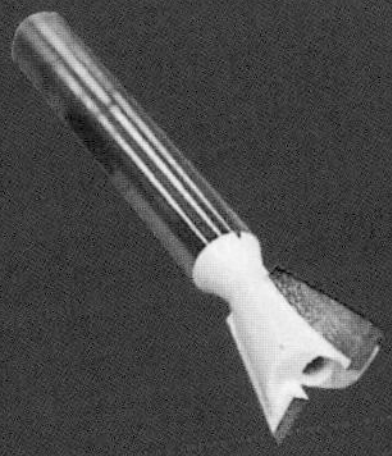

鳩尾榫刀〈三角梭刀〉是加工鳩尾榫或鳩尾槽的專用銑刀，往往需要與樣規組合使用。該此刀具有變化多樣的刀口寬度、角度，市售的樣規經常都只能對應固定尺寸的銑刀，因此，選購時應該參考說明書等相關資訊。

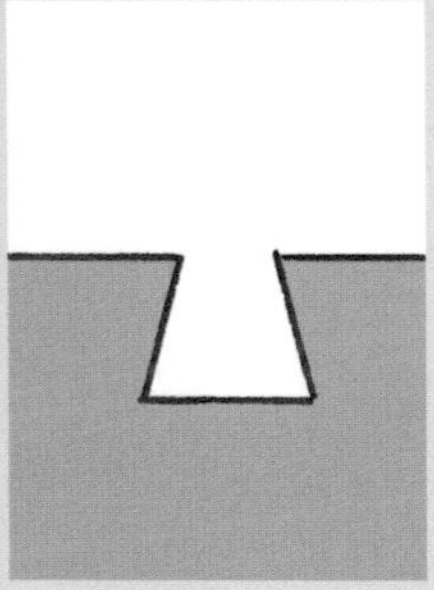

加工鳩尾榫或鳩尾槽時不可或缺的銑刀。

修邊刀

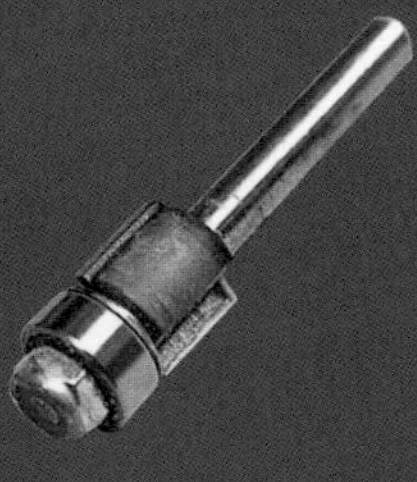

鉋花直刀前端帶著等同於刃徑大小的軸承，如圖所示，可以按照邊框的尺寸把貼在邊框表面的裝飾板之多餘部分銑削掉。種類多，有多種刀長、刃徑之組合。

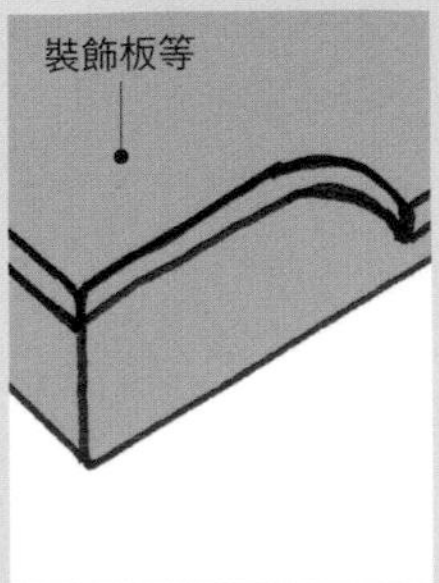

銑刀前端的軸承沿著邊框移動，可讓銑刀銑削掉超出框緣的多餘薄板。

手把刀

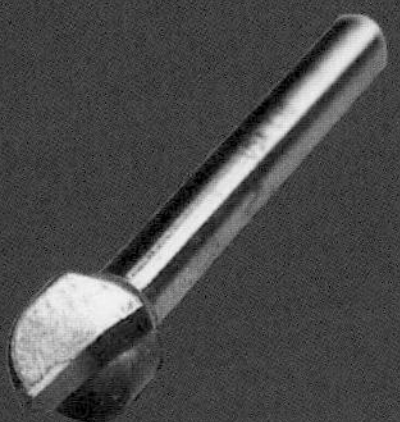

能搪出圓底溝槽和U形槽的銑刀，也能夠挖削出內側壁呈圓弧狀的淺盤或小碟，能方便地完成門扉周邊的裝飾性淺槽。

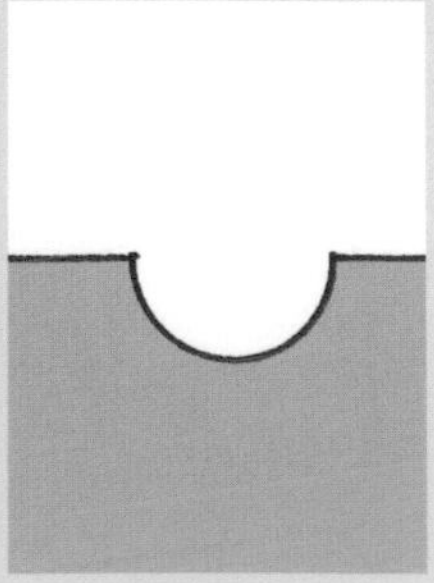

很簡單的銑刀，卻能加工出漂亮的帶圓弧的溝槽。

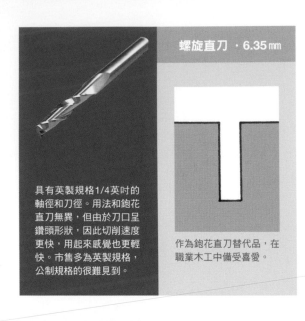

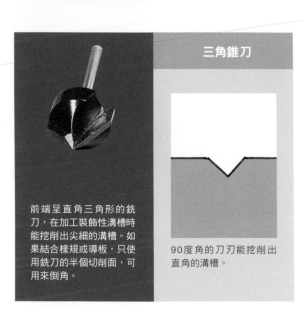

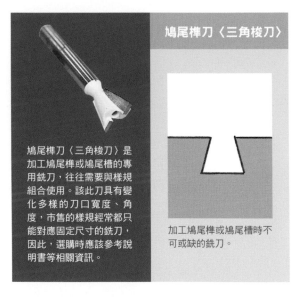

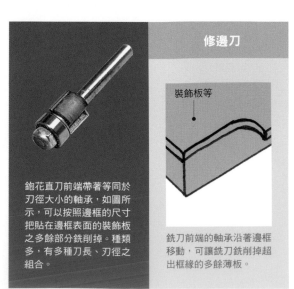

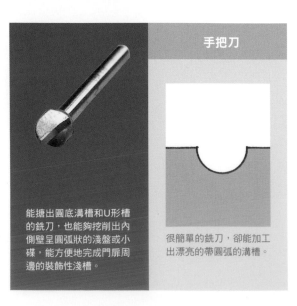

Study 2

Use a circular saw & a jigsaw

手提圓鋸機&手提線鋸機的操作技法

手提圓鋸機和手提線鋸機的出現，徹底顛覆了傳統手鋸，把切斷木材這項工作變得相當簡單且快速。這兩種電動工具在「切割」方面都具備超群的能力，但又有著各自獨特的特性。在此將為大家介紹一些技巧和方法，希望你能徹底且巧妙地發揮出圓鋸和線鋸的效能。

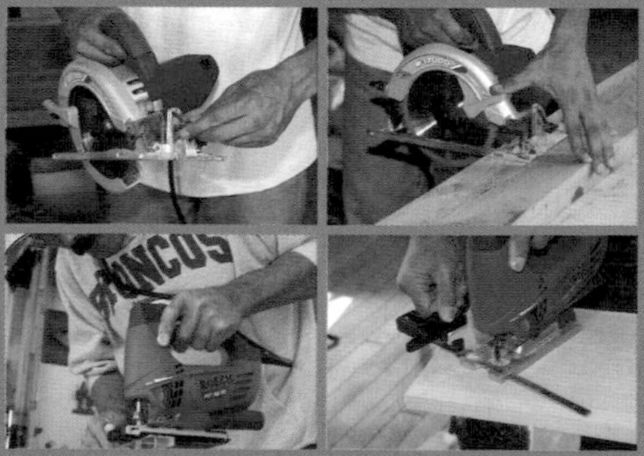

手提圓鋸機使用技巧

手提圓鋸機圓鋸是DIY中進行直線切割的主要工具，能夠有效率且精確地完成切割。

如何切割得更加漂亮

在製作家具等要求精確度較高的業中，為了準確鋸切，常常採用圖中的方法，就是在木材下面墊一塊墊板，然後將木材和切割墊板一起鋸切。如此鋸出的斷面不會出現毛邊和裂痕。

木材下方放置的墊板用12mm厚的膠合板或者質輕價廉的聚苯乙烯（PS板）等都可以。這些墊板的板面會從下方支撐待切木板之鋸切面，繼而達到防止鋸切面出現毛邊和裂痕之功效。同時，在切割寬而平的板材時，墊板還可以避免加工過程中出現板材斷裂、掉落等意外。如果切割墊板和隨後將作介紹的切斷用導尺並用，精準度幾乎與桌上型圓鋸機相差無幾。

將木板置於墊板上進行切割。開始時先掀起護罩，讓視線能輕鬆看到鋸片和墨線。圖中是熟練的操作者，他們能夠用食指、中指靠墨線前和木板邊緣來確認行進方向。但一般操作者只要開啟電源，就不可以把手指放在鋸片行進的前方。

如圖，墊板也被鋸開了約一個鋸齒深度的鋸痕。不過，木板卻因為它在下方支撐，使得鋸痕顯得平整而漂亮。

圖中選用了保麗龍（Styrofoam）替代墊板。保麗龍的效果與墊板相當，但由於切割保麗龍時會產生粉塵，建議操作者帶上口罩以防止吸入粉塵。

操作電源開關請務必小心

不光圓鋸機，所有的電動工具的電源開關往往都設計在易於操作的部位，正因為「太」容易操作，出現錯誤操作的可能性也很大。所以，對於電源開關，絕不能有半點含糊。圓鋸機多採用扳機式的開關，只要用手握住鋸柄，食指自然就放在開關上。儘管有護罩，但護罩輕易就能扳動，所以，在操作上若稍有不慎便可能被鋒利的鋸口弄傷。每分鐘約5000轉的鋸片可不是鬧著玩的，為了安全起見，請隨時警醒自己：除了鋸片對著木材，否則絕對不輕易扣動扳機。

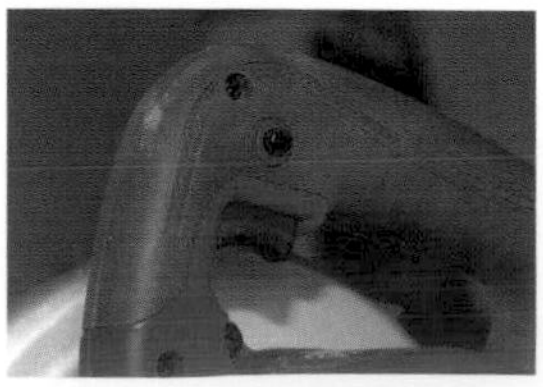

這就是為了方便使用而設計的扳機式開關，開關旁邊的按鈕可將開關鎖定在「工作」狀態下。

依據基座選擇圓鋸機

照片是編輯部成員的個人圓鋸機之基座。圓鋸是從他的朋友那裡得來的，朋友用了十年，他自己又用了五年。這個基座是鐵製的，其它低成本的廉價圓鋸也多採用這種材質。如果是一年只需鋸幾次、鋸幾個板材的話，這些圓鋸機也夠用了。但如果你是每週都做木工傢俱，甚至連朋友的木柵欄也代勞的熱心人士，這種精度較低、且不夠穩固、強度也略顯不足的鐵板基座恐怕就難負重任。以前我也曾經以為DIY用的工具應該都很便宜，但現在情況已大不相同。如今，DIY領域也出現了就像圖例中用到的W—1700D（RYOBI），這種精度和強度都很高的鋁合金基座的產品越來越多、越來越好，大大滿足廣大DIY愛好者所需。

已經很陳舊的鐵製基座，看似十幾年前的款式。

使用斜切功能

圓鋸機可藉由著斜基座而在木板上鋸出斜向的邊緣。

大多數圓鋸機機體前後都有一顆螺絲，基座可以在45度範圍內調整傾斜角。

操作方式很簡單，切斷前只需先鬆開前後的角度調整螺絲，確定好傾斜角之後，再旋緊螺絲即可。需要注意的是，鋸刀傾斜後，刀口能鋸開的木板厚度會因此大為減少，所以，傾斜鋸切時，必須先確認好鋸切的木材厚度和鋸刀能達到的最大切割深度。要想讓切割的傾斜角更加精確，可以參照圖示利用自由角規，將斜角準確地複製到圓鋸機的鋸片上。

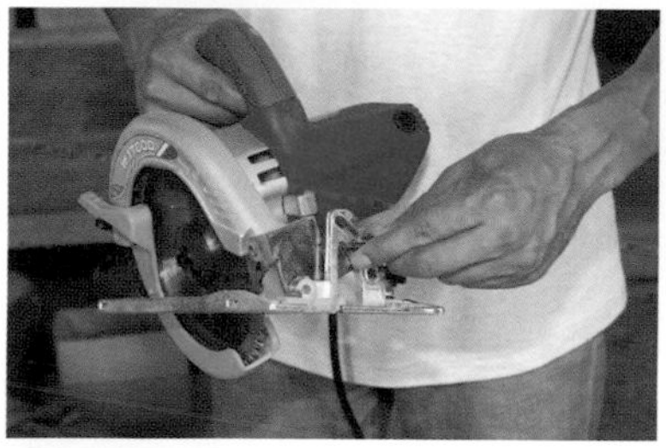

要想讓鋸刀傾斜，只需鬆開圓鋸機前後側的角度調整螺絲，然後調整角度。

若需鋸出準確的角度，可以搭配自由角規等尺規。

傾斜切斷時，鋸片所受阻力更大，因此，徒手操作時必須更加小心。

絕對不能做的錯誤改造

基於安全考慮，圓鋸機都配置著一個可動的護罩，除了嵌入木板的部分，鋸片的其餘部分總是會用護罩包裹在中間。可是在木工現場或工廠裡，我們有時會看到護罩被師傅們用鐵絲或螺絲固定起來。當然，露出鋸片後，對準墨線和鋸片變得更加方便了，而且也省去了每次使用都需掀起護罩的麻煩，但是，高速轉動鋸片一直被暴露在外，萬一發生意外，後果不堪設想啊！要知道，一時的失誤可能造成重大的傷害，如果為因為自己的緣故無端增加DIY的危險性，實為本末倒置之憾事。

以螺絲將護罩固定在鋸片上蓋上，阻止護罩落下遮蔽鋸片之實例。鋸片露在外面飛轉是非常危險的，應該禁止此類改造。

完成高精度切斷的圓鋸機

仔細看現在的圓鋸機鋸片，你會發現鋸齒尖端變得比較厚，好像拋光得更加精細，這部分稱作鋸割片，圓鋸機也被叫做圓刀、鋸割機。鋸割片是由比普通鋼更加堅硬的超硬合金支撐，能切割出類似被刨過的光滑切口。

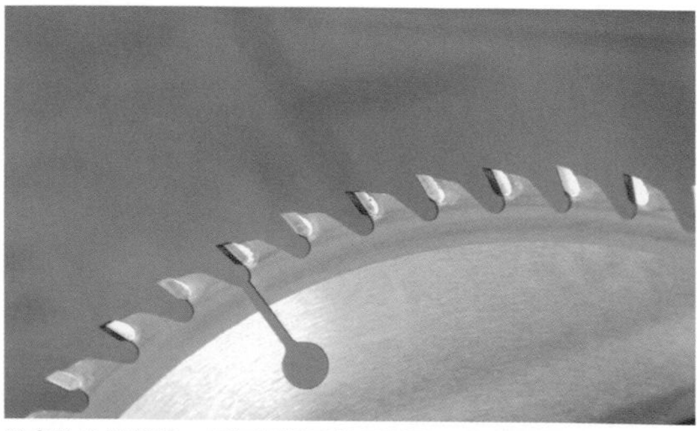

鋸齒的尖端焊著一個個切斷用的鋸割片。這樣的設計能有效降低鋸片與木縫之間的摩擦噪音，利於鋸片平順旋轉。

更換鋸片
自己就能搞定

圓鋸機常常被誤認為是專門用來鋸切木材的專門工具，其實只要更換適當的圓鋸機鋸片，圓鋸機還能切割很多其他材質的材料。也就是說，只要我們為它配備專用的鋸片，圓鋸機還可直接鋸割金屬、合金、混凝土、磚塊、石棉瓦等各類材料。

因不同的使用目的，選用的鋸片就會不同，得依照情況為圓鋸機更換正確的鋸片。只要有活動扳手，或者對應固定圓鋸機轉軸螺帽尺寸的固定扳手，更換鋸片其實並不難。除此之外，木工用的鋸片也可能出現鋸齒斷裂的情形，而需要自行更換，因此最好先學會鋸片的更換方法。如果自己能拆卸鋸片，也可以拿著卸下的鋸片到五金行去比對採購。

能夠切割角鐵和鷹架鋼管的專用鋸片。

能夠切割陶瓷和磚塊的圓鋸機用切斷砥石。

輕鬆更換圓鋸機鋸片

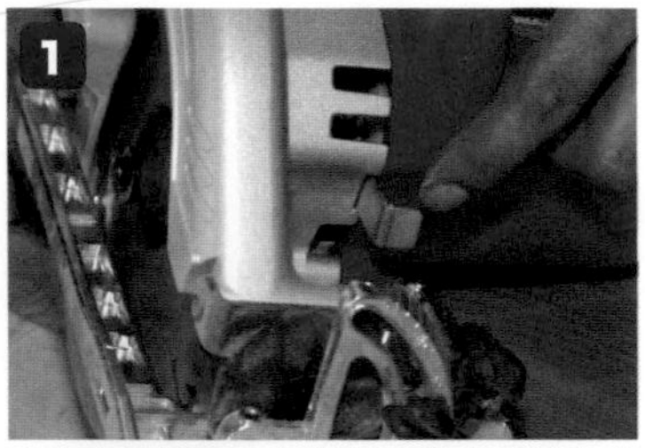
阻止馬達轉動的主軸鎖設計在馬達外殼上。鎖住之後，圓鋸機主軸便不能旋轉。

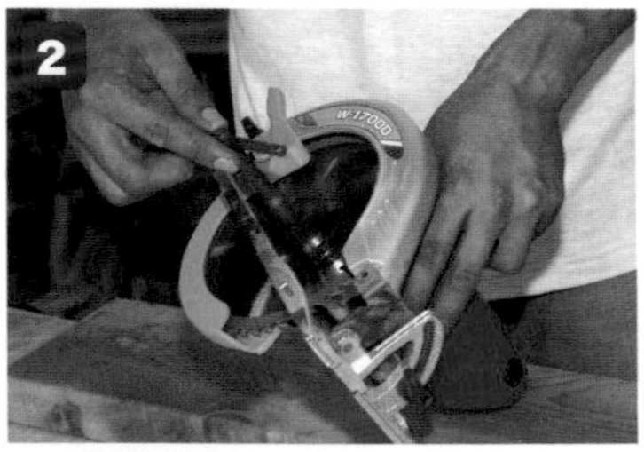
拔掉電源以後，一邊按住主軸鎖，一邊以扳手鬆開固定鋸片的螺帽。

鬆開一定程度之後，就可換用手指繼續旋轉螺帽。圓盤狀的法蘭盤也一併取下。

更換鋸片使用的T形扳手，取下的螺帽和壓住鋸片的法蘭盤。

拿取鋸片時請注意別割到手，一般都是往下慢慢拉出。有時需要稍稍晃動一下才容易取出。

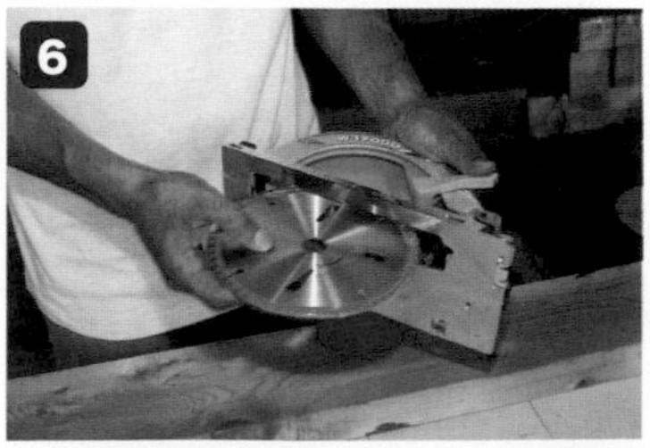
以相反的順序把要換上的鋸片安裝到主軸上。暫時不要去掉保護鋸片的膠帶等保護套，這樣在操作上比較安全。

安裝好卸下的法蘭盤和固定螺帽，以手指先拴緊。

最後用扳手完全拴緊，固定好鋸片。

拿掉鋸齒外圍包裹著保護膠帶等，鋸片更換完成。

熟練運用圓鋸機導尺和尺規

圓鋸機基本上是屬於鋸切直線的電動工具，因此，在圓鋸機的包裝內總是附有被稱為「直線導板」的配件。如圖所示，該配件插入基座上的安裝孔中，可以像T形尺那樣保證鋸片沿著平行於木板邊緣的方向推進，即使鋸很長的直線也不會偏離。你可以直接使用直線導具，不過很多熟手會像圖示那樣在導板上加一塊角木，主動延長平行部分，使操作更加精確。

當然，還有比這種導板更加精密的選購品——平行規尺。右下圖就是其中一種，和基座相同長度的導板上有兩條支腳，分別固定在基座前後部分，這是給專業木工使用的高精度切斷輔助工具。

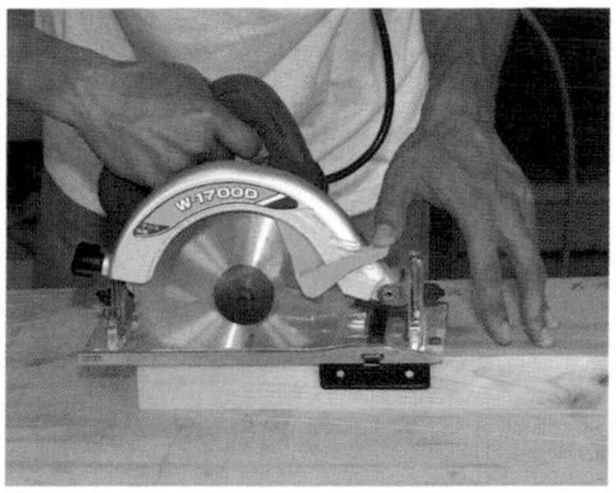

上右／安裝在圓鋸機上的鋸片直線導具板，T字部分和鋸片始終保持平行。
上左／安裝了鋸片直線導板以後，圓鋸機能從較寬的木板上準確地鋸下角木。
右／用安裝了鋸片直線導板的圓鋸機從2×6材上縱向鋸出的長角木。

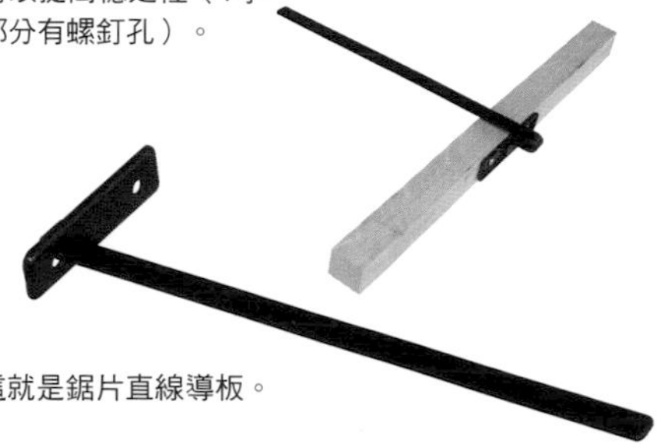

T字部分增補一塊角木可以提高穩定性（T字部分有螺釘孔）。

這就是鋸片直線導板。

雙腳分別固定在圓鋸機基座前後部位，利用長長的導板增加操作精度之平行規尺（選購品名稱為平行規尺套件）。

平行規尺套件安裝在圓鋸機上的狀態，一看就有精密機械的架勢。

利用角度尺規準確鋸切

如果說平行尺規是用來鋸切直線的專業工具，那麼角度尺規就是用來鋸切任意角度的好幫手。左圖是被稱作角度定規套件之選購導尺。導尺的一條支腳被固定在木板的側面，圓鋸就沿著另一條確定好的角度支腳展開鋸切。這是一款應用很廣的導尺，有了它便能輕鬆鋸出漂亮的角度。

目前在市面上還能買到許多廠商精心研發出來的尺規和導尺。導尺具備多種多樣的模板變化，在大型的量販店裡甚至設有銷售專區，如果想要升級自己的鋸切技藝，鋸出更多變化，鋸得更加漂亮，不妨多去這些地方看一看。這些產品價格範圍較大，但以尺規、導尺類而言，通常是價格越高，精確度也越高。

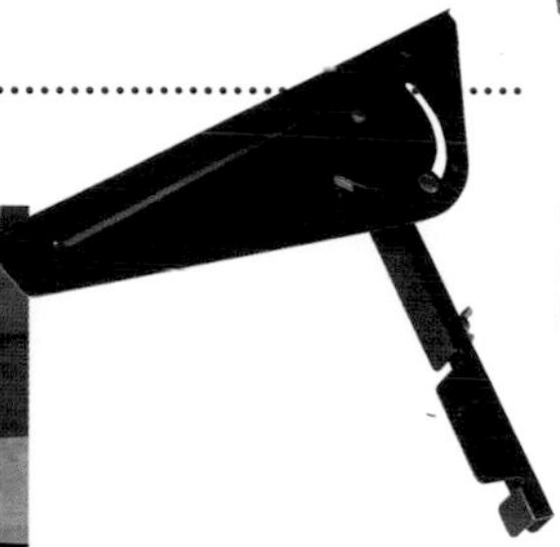

角度尺規。右側的支腳固定在木板的一邊，左側附帶角尺的導板支腳用來確定角度。（RYOBI 純正）

只要沿著導板推進圓鋸機，誰都能準確地完成角度切割。如右下圖所示，一些角度尺規還可以裝配小型的角木，來做為延伸功能。

長支腳插入圓鋸機基座中的鋸片直線導具。T形部分加裝了軸承，使得操作更加輕便。

小型的角度尺規，專業木工經常使用此款輔具。

可加裝廢棄角木做輔助，使得圓鋸機鋸片更加準確地對準墨線。跨在木板上的支腳邊緣到達角木前端的距離正好是圓鋸機基座左端離開鋸片左面的寬度。

熟練運用手提線鋸機的操作技巧

線鋸機使得木工在加工中能夠自由切割，藉由更換鋸條，線鋸機可廣泛應用於園藝木工、家具製作，甚至工藝品精製等領域，本節來介紹線鋸機之使用技巧。

藉助導尺線鋸機能精確完成直線切割

進行直線切割時，若使用機體裝備的鋸條擺動排屑（Orbital）功能，雖會造成切斷面粗糙，卻能大大提高切割速度。

線鋸機的條普通情況下只能上下來往，而「鋸條擺動排屑功能」指的是在此基礎上追加了使鋸條不斷前後擺動之機能，有效提高切割效率。

大多數人都會誤認為線鋸機總是徒手直接操作，其實，它跟圓鋸機一樣，完全可藉助導尺進行準確的直線切割。

切割直線用的導尺之製作方法盡可參考第60頁介紹的圓鋸機導尺做法。另外，第62頁還介紹了更高精度之導尺的製作方法。有了這樣的導尺，任何操作者都只需將底板木的邊緣對齊將要鋸切的墨線，就可鋸出精確的直線。

導尺參考圖片。圓鋸機導尺的介紹和線鋸機有相同的構造。

使用導尺切割出的斷面，切割出的直角完全經得起角尺的檢驗。

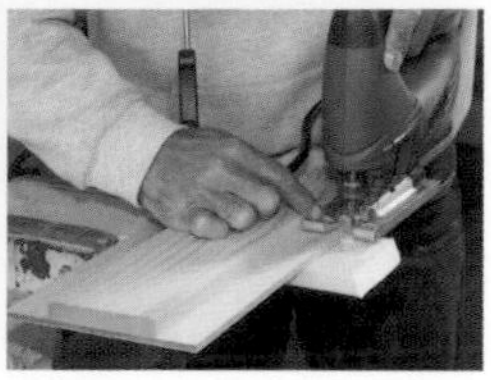

切割時只需將線鋸機基座邊緣沿著導尺的導木推進，就能切割出精確的直線。

調整底板，線鋸機可進行左右45度之傾斜切割

跟圓鋸機一樣，線鋸機也往往配備了基座傾斜裝置，只要傾斜基座就可進行斜向切割。其中，尤以圖示中的能夠左右兩邊傾斜的款式最為便利。

需要注意的是，傾斜切割時鋸條必須斜向切割，因此鋸條可鋸切的工作物厚度會變薄。也就是說，有時直線切割時鋸條能夠應付的木材，在變成斜向切割之後，可能就無法被完全鋸切下來，操作時一定要確定鋸條對於工作物的厚度是綽綽有餘。另外，傾斜切割時，鋸片容易被離心力向外側拉去，因而偏離墨線，所以在使用角度導尺的同時，如果還能結合前面介紹的直線導尺來固定線鋸機行進方向，操作自然更加精確。

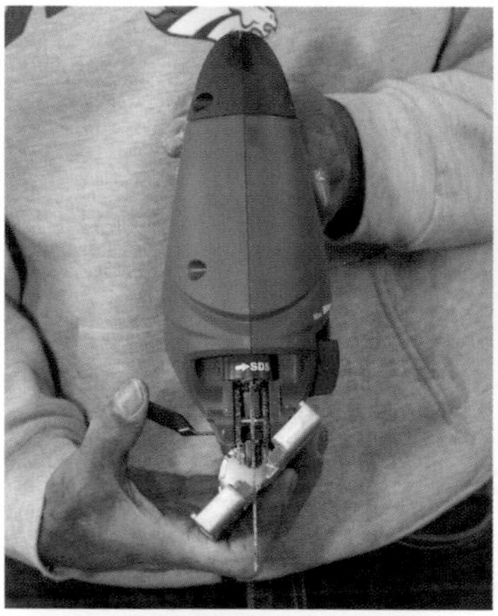

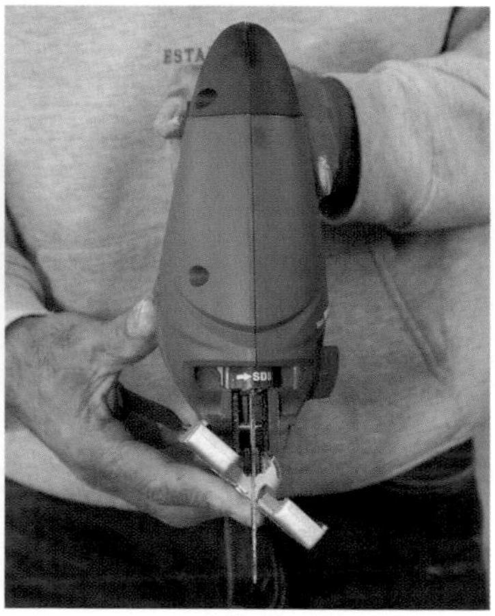

博世（BOSCH）PST800PE型線鋸機裝配的角度調整導尺，可以像圖示那樣左右最大傾斜45度。

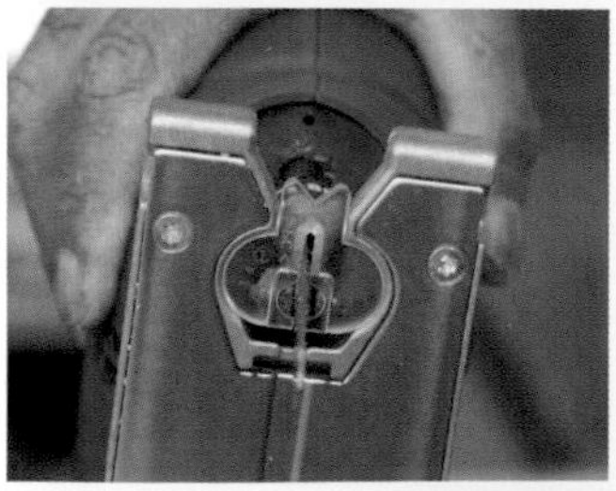

如果裝上基座附屬的防毛邊導板（透明導板），可有效防止切口處出現向上的毛邊。

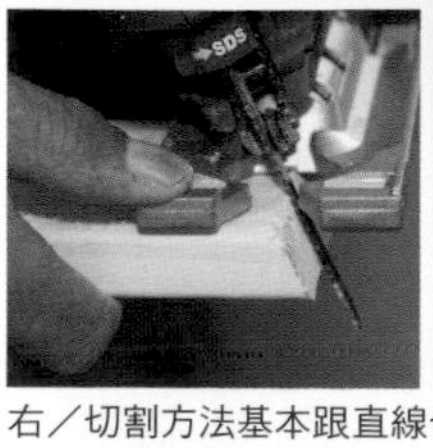

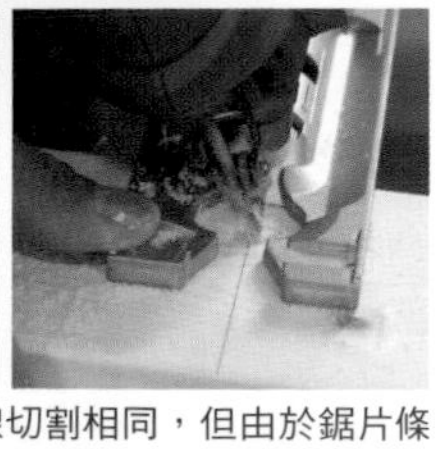

右／切割方法基本跟直線切割相同，但由於鋸片條容易使用時向外側拉去，操作時需用力握緊機器。
左／鋸條如果不夠長度，就會出現無法完全鋸切的情形，所以，操作前必須確認鋸條具備足夠長度。

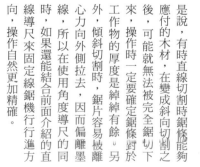

發揮線鋸機特性，進行圓孔加工

可以這麼說，鋸方孔、圓孔這樣的加工，能讓線鋸機窄幅鋸條之特性發揮得淋漓盡致。同樣是搪鋸孔，但在木板上搪鋸出直線構成的四角方孔和弧線構成之圓孔畢竟有很大區別，因此如何合理更換線鋸機使用之鋸條顯得非常重要。

如圖所示，鋸方孔時需要在墨線方框內先用電鑽鑿出一個方便插入鋸條的圓孔，然後線鋸機以該圓孔為起點開始鋸切作業。實際鋸切一次大家就會明白，轉角內側往往會留下鋸切不盡的地方，這些殘留只需在最後透過改變線鋸機之鋸切方向即可清理。如果還存在殘留墨線的部分，還可以鋸條之刀身平貼在工作物內側移動，使鋸條像拋光機一樣磨掉殘留。

鋸圓孔時，需使用鋸切曲線的專用鋸條。如圖，鋸切曲線的鋸條都非常窄，它們就像弓鋸架那樣便於在鋸切過程中變換方向。

利用圓規等必要工具畫出圓形墨線之後，在圓圈的內側開一個孔，以便插入曲線鋸切鋸條，接著沿墨線仔細鋸切圓孔即可。要想切口漂亮整潔，最好以緩慢的速度鋸切，而不宜使用鋸條之「鋸條擺動排屑功能」單純求快。

另外，如果曲線鋸條用得足夠熟練，甚至可以用線鋸機挑戰圖示中的直徑為20㎜的鋸圓孔操作。

將鋸條緊貼墨線細心鋸切。在鋸條選定和速度調節方面多下功夫，將線鋸機設置在最易操作的狀態，這樣鋸切起來更加順利。

鋸圓孔時先用電鑽在墨線圓圈內側開孔，以便插入線鋸機鋸條。

鋸圓孔需要熟練的技巧，不過只要用專門鋸切曲線的鋸條，相信在短時間內就能掌握。

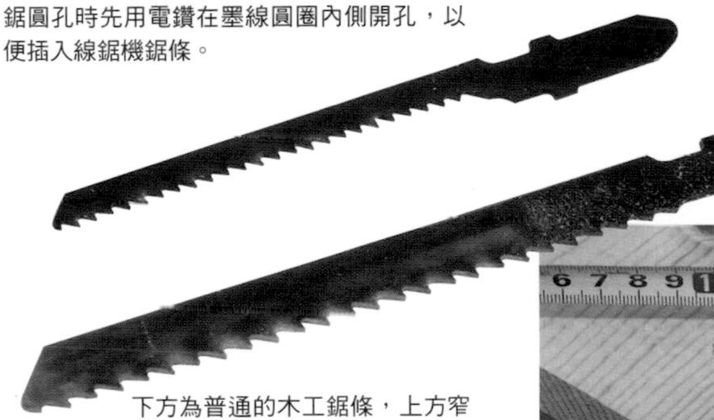

下方為普通的木工鋸條，上方窄幅的是用來鋸切曲線的鋸條。

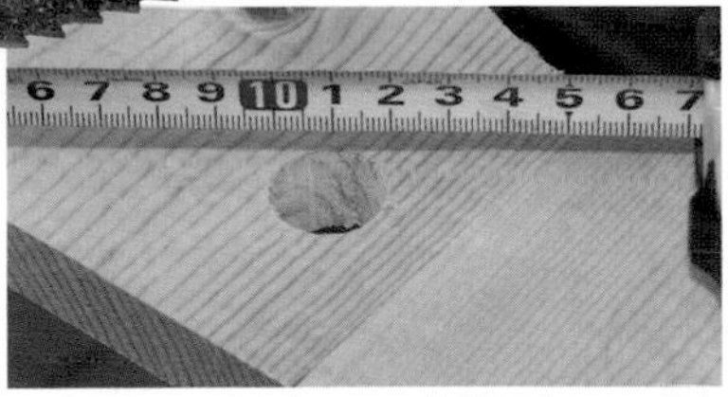

曲線鋸條一旦熟練運用，就能鋸出如此程度之小孔。

鋸孔之基礎操作

先在墨線框內側鑽出小孔，以方便插入鋸片。

鑽出斜對角兩個孔，也可在四個角上都開出小孔。

將鋸條插入一個小孔，推進線鋸切割到近鄰邊墨線。

從小孔開始鋸切後，再往倒轉線鋸方向重新朝著小孔後方部位鋸切。

鋸孔初步完成時的狀態。兩角殘留著未能切割乾淨的部分。

以線鋸機進一步清理乾淨殘留部分，四方孔之鋸切作業即告完成。

使用搭接線鋸機練習

習慣了單純的直線切割與曲線切割之後，就可以巧妙組合這些技能嘗試製作一些小作品。這裡是兩枚圓形的木塊被鋸切後，再用搭接的形式連接起來的示範。這個練習綜合運用了曲線鋸切、直線鋸切、簡單搭接等基本操作。

使用的素材是厚度為19㎜的松木板。先從木板上切割出直徑為120㎜的圓盤，然後對兩個圓盤進行鋸切，最後用搭接的形式將它們拼在一起。此過程中接觸到一個新技巧：搭接槽部分的鋸切方法。請參照左邊的插圖，透過變換線鋸機的鋸路和鋸切方向完成鋸切。

搭接槽鋸切順序

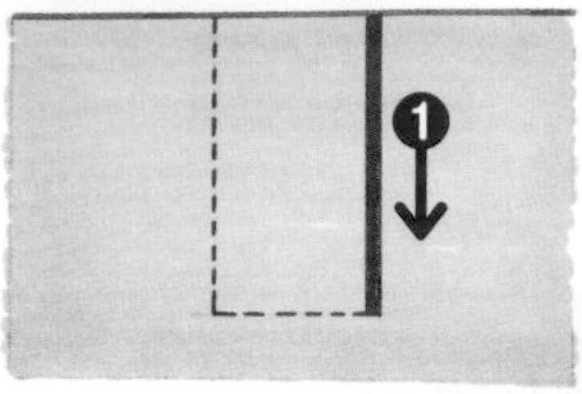

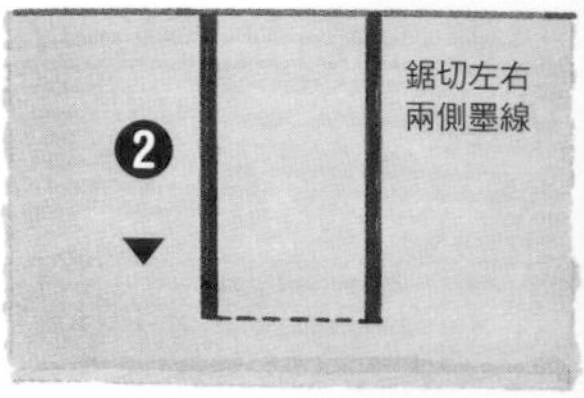

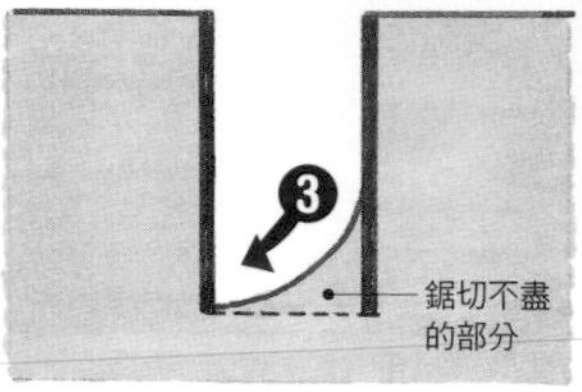

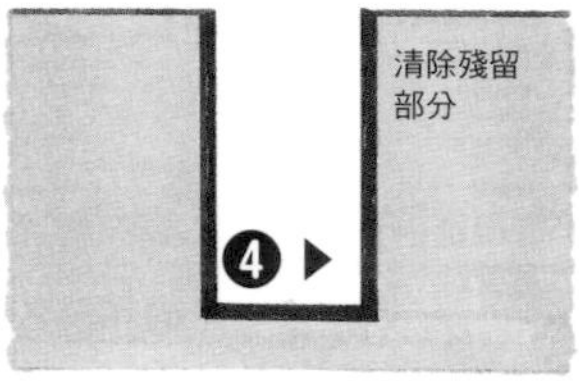

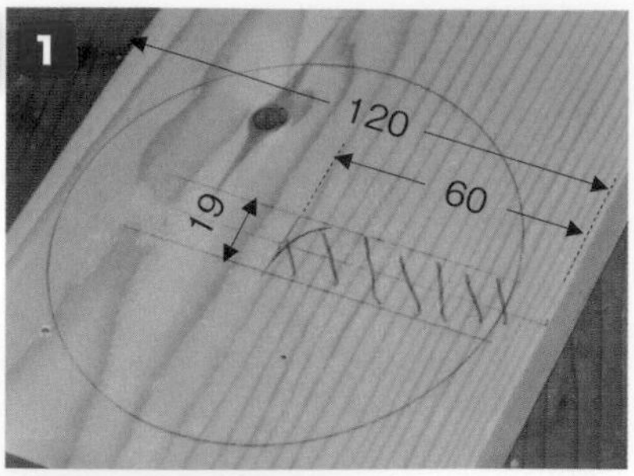

備好兩片木板，畫好墨線。

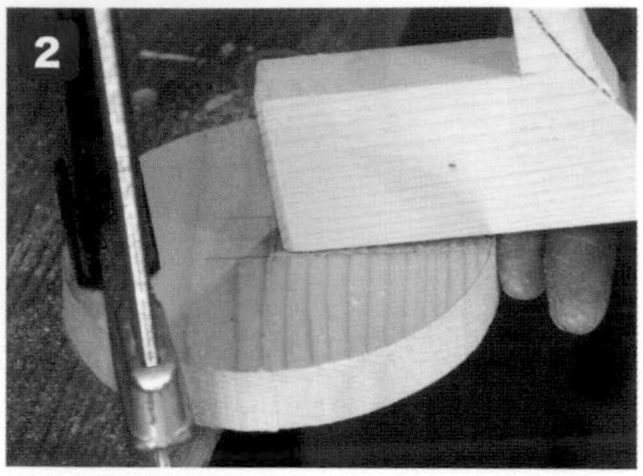

雖然知道木板厚度為19㎜，卻也可以利用同一塊板材做參照實物，進而依照描畫墨線。

試著做一個圖示中的小物吧！

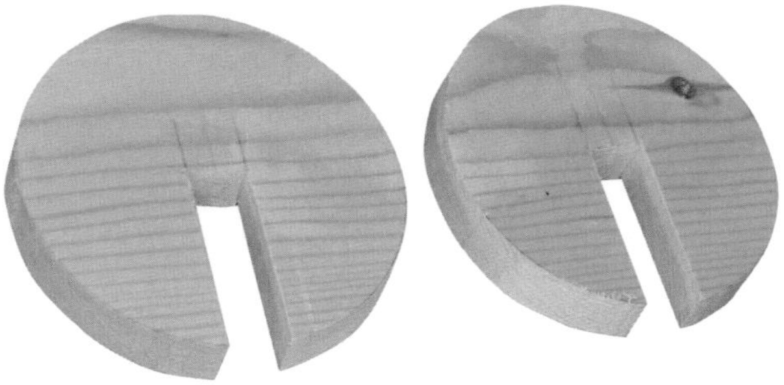
如圖所示，製作兩片具有相同尺寸搭接槽的圓盤。

巧用配件．鋸切更準確

和圓鋸機一樣，線鋸機的基座上也可以安裝平行尺規。線鋸機的平行尺規等配件因製造商不同，有時是標準配件，有時則需另購。巧妙運用這些配件，線鋸機也可變身為穩定的鋸切工具。

圖片是博世（BOSCH）的一種選購配件，叫「圓弧、平行導尺」。顧名思義，該導尺的獨特設計令它不僅用作平行尺規鋸切直線，還可以當成圓規來鋸切圓形。

使用圓弧導尺

將圓弧、平行導尺翻過來，再把導尺內置的定位拴插入導尺上與線鋸機基座相平行的條形小孔中。如此一來，線鋸就變成了以定位拴為圓心的切割用圓規，這樣比單純靠墨線圓圈來鋸孔更加精確。

博世（BOSCH）選購配件
圓弧、平行導尺

上／拇指按壓的導尺帶有拆卸式的定位銷，以為中心即可按圓規方式鋸出圓孔。下／使用圓弧導尺，隨時可以鋸出所需半徑之圓形。

平行導尺（尺規）使用實例。先將導尺安裝在線鋸機基座上，確定好鋸切寬度之後固定導尺，接著讓導尺靠著邊緣推進線鋸機，如此便可鋸出漂亮的直線。

藉由更換鋸條，鋸切木材以外的其它材質

針對能夠自由更換鋸片的線鋸機，廠商還開發出多種的鋸片，以便用線鋸機鋸切割木質以外的素材。只要靈活運用這些鋸條，線鋸機就可以獲得更寬闊的舞台，不但可以在木工作品中加入其它材質，也可充實假日的手作內容。不過在使用不同的專用鋸條時，要先充分掌握線鋸機之使用控制方法。例如：鋸切塑膠材質時，就應該考慮到鋸條產生的摩擦熱量可能熔化切割面的塑膠，繼而調低轉速。

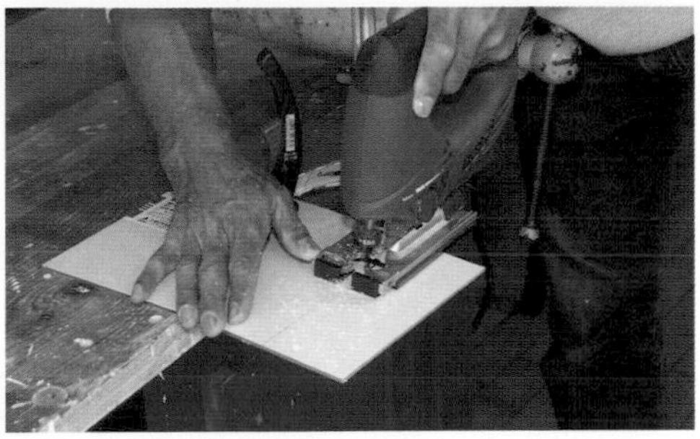
鋸切塑膠板。使用壓克力、塑膠專用鋸條。

鋸切塑膠或是壓克力板的時候，儘量不要撕掉板材表面覆蓋的保護膜或者包裝紙，鋸切完成之後再將之去除。

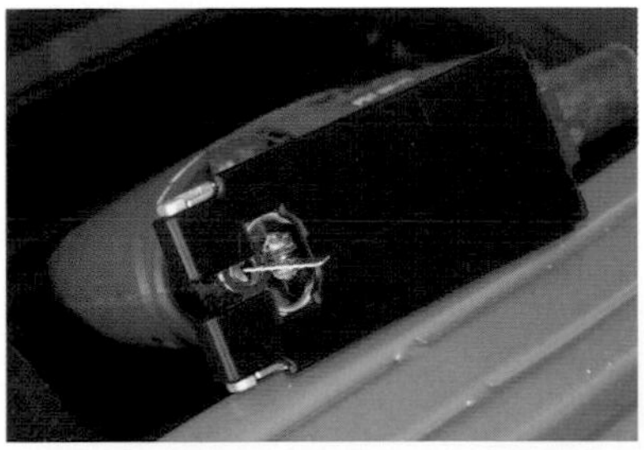
切割金屬等材質時，為了既不損傷線鋸機基座，也不損傷材料工作物，可以像圖示那樣替線鋸機安裝一個塑膠基座。

鋸切鋁角材。這裡用的是鋁材、鍛鐵專用鋸條，可以輕鬆鋸切3mm厚度的鋁材。

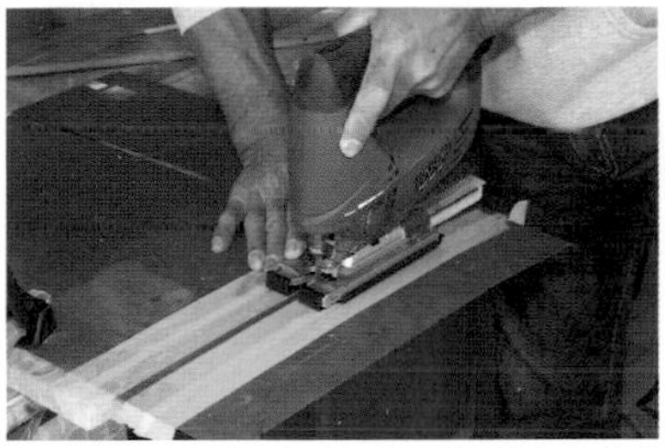
切割鐵板時，鐵銹會妨礙線鋸機在鐵板上的滑動，因此可在鐵板切割線兩側貼上透明膠帶，以改善表面光滑性。切割鐵板的鋸條分為寬鋸條和窄鋸條，切割薄鐵板時使用窄鋸條。

鋁材被準確而漂亮地鋸切完畢。

搭配集塵機，享受乾淨的操作環境

鋸切作業一定會產生粉塵，清掃粉塵往往被視作一件麻煩事。然而迄今為止，市面上一直少見適合DIY愛好者使用的集塵機，因此大家常常都只能用清掃用的吸塵器來替代集塵機。針對這種狀況，博世（BOSCH）推出了一款帶有噴砂機功能的電動通風VENTARO。該款電動通風藉助附屬的轉換接頭，可以跟多種工具結合在一起，線鋸機也不例外。VENTARO在設計方面也完全擺脫了家用吸塵器的庸俗感，充滿著時尚氣息，和我們的工作室頗為搭調哦！

博世的電動通風VENTARO搭接在線鋸機上工作的情形。粉塵被即時收集，便能擁有乾淨的工作環境。

VENTARO本來是和附屬的空壓式噴砂機一起使用的機型，但透過轉接器就可以跟博世的電動工具等結合起來使用，確實是一款精緻而強力（功率1020W）的集塵機。

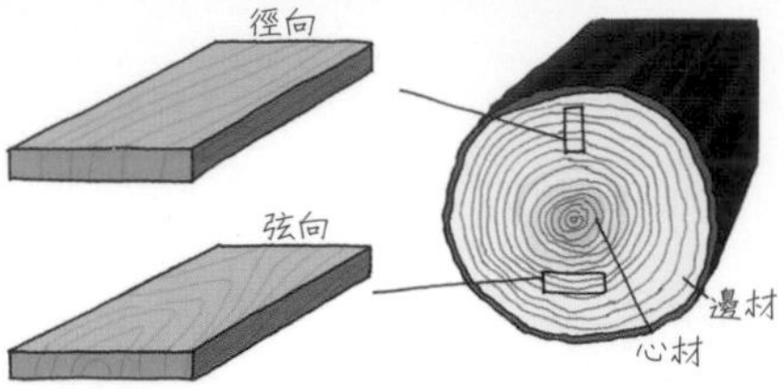

實木的中心部位顏色較深，而周邊則較淺。中心部分被稱為「心材」，質硬、少翹曲。加上不易腐爛，價格自然較貴。反過來，周邊被稱為「邊材」的部分則質軟，容易腐朽。另外，從實木獲取板材的方法也分為徑向（柾目）和弦向（板目）兩種。垂直於年輪取材即為「徑向」，鄰接年輪取材則為「弦向」。直線木紋的徑向木板不易出現反曲、龜裂，屬於高級品。木紋呈山行或者波紋狀的旋向板雖然容易反翹，但製材時出成率更高，而現實中這種取材方法也更為普遍。

樹皮一側為「木表」，樹心一側則為「木裡」。年輪之橫斷面稱之為「木口」，年輪側面則為「木端」。板材被乾燥、收縮後容易朝木表方向反翹，因此操作時多將木裏作為表面。

木材的基礎知識

針葉樹與闊葉樹

特性、種類、選擇方法之要領

針葉樹好用，闊葉樹稀少

樹木大體上可分為針葉樹與闊葉樹。以杉樹、扁柏為代表的針葉樹多為常綠樹，長著細針狀的樹葉，針葉樹的材質通常都輕而軟，便於加工。相反，櫟樹、櫸樹等闊葉樹的樹葉則多為落葉喬木，樹葉也較寬，它們質地堅硬，不容易加工，但其充滿個性的木紋卻給它們帶來很高的人氣。

實際上，平時大家容易找到的還是針葉樹，因其易於加工等特點，人們對它的需求相當大，人工林幾乎都以針葉樹種為主，此外，針葉樹在海外進口的木材品種中也佔了絕大多數，由於這些緣故，量販店裡陳列的多為針葉樹種的木材，價格也便宜。與之相比，闊葉樹木材的流通量要少很多，而且價格更高，然而，闊葉樹的獨特魅力一直深得木工愛好者親睞。無論如何，最終選擇闊葉樹還是針葉樹，必須從材質、自己的木工技能、工作物特性、預算等方面綜合考慮後再決定。對於我們初學者而言，最好還是從使用手鋸等傳統工具也能輕鬆加工的針葉樹木材開始為佳。

量販店裡販售的通常為「半成材」或「毛坯材」。「半成材」是表面經過修整（刨光）的木板，依據種類不同，有些還做了倒角處理，藉著此項優點，購入後即可進行作業，它們多被用來製作家具或者用於室內裝修。相反，「毛坯材」是直接從原木或者四方材取材的粗加工木板，未經刨光處理，跟「半成材」比較，「毛坯材」未做太多加工，所以在售價方面相對便宜。

右邊是雲杉的「半成材」，左邊為杉樹之「毛坯材」。

薄木板反翹嚴重（上）。只需跟筆直的木板放在一起，便一目了然。橫亙於板材中的結（下）是引起反翹的主要原因。如果實在無法避免使用有結的板材，最好能除去結，然後使用環氧樹脂填充去結後留下的孔洞。

Study 3

Illustrated guide to wood

木工職人常用木材圖鑑

就如人們有多種個性和表情一樣，只要仔細觀察，你會發現木材也擁有各自的特性。想要製作一件作品時，常常會為了選擇何種材質的木料而傷透腦筋，其實這也算是手作木工的一大樂趣吧！接下來，我們就按照闊葉樹與針葉樹這兩大分類，以一些容易買到的品種為主，逐項介紹其特性。

兼具漂亮木紋和舒適手感・是DIY迷嚮往之家具良材

實木（闊葉樹）

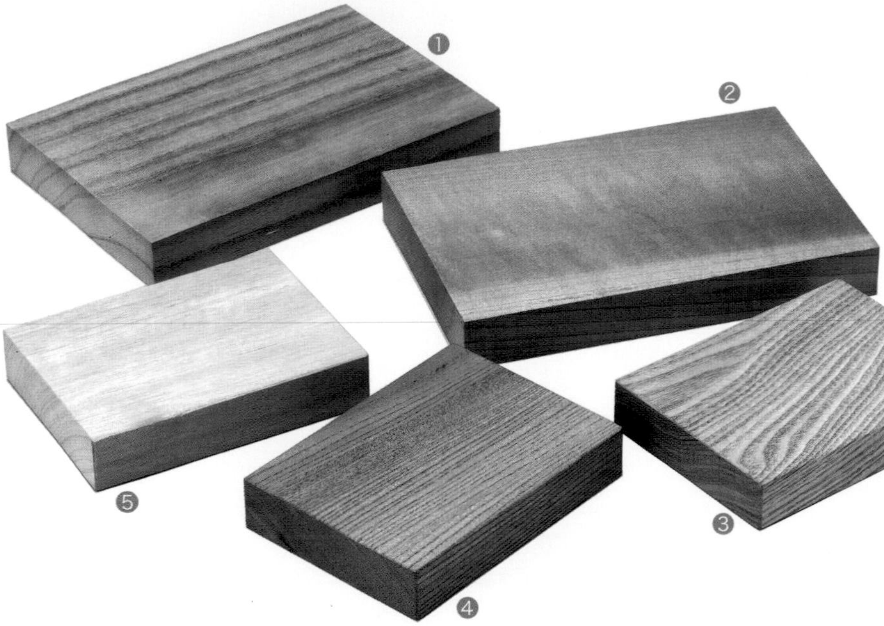

美觀與強度兼具 不可多得的高級木材

闊葉樹一般也被稱為硬木（Hardwood），多數比針葉樹木材更硬。儘管針葉樹木材比較好加工，但闊葉樹的各種樹種都有著獨特的漂亮木紋和光澤，這為它們帶來了很高的人氣。利用其美觀外形，硬材可用於內裝和家具製作。而抗拉強度和耐久性則讓它們作為建築材料足以擔當柱子及地板材料之重要角色。但闊葉樹實木終究擺脫不了產量和流通量方面的瓶頸，這使得我們除了柳桉木、日本白蠟木等，在量販店就很難買到其他闊葉樹實木，去零售木料店反而比較容易找到。

相對針葉樹而言，闊葉樹的實木顯得稀少，因此，很多品種在價格方面都會高一些。

❶泡桐　家具

日本木材中最輕最軟的品種，加工起來非常容易，吸濕性很好，因此自古多被用於製作衣櫥等家具。現在幾乎沒有日產的泡桐，常見的都是從中國進口的集成板。

加工性　切削……4　塗裝……4
耐久性　腐朽……3　磨損……2

❷日本厚朴　建築

很多人應該都很熟悉厚朴那獨特的大葉子。厚朴材質輕軟，所以易於進行切削、塗裝、黏合等加工，適合用作家具、裝飾材以及精細的工藝品。木紋順直，不易出現裂紋、彎曲。

加工性　切削……5　塗裝……5
耐久性　腐朽……3　磨損……4

❸日本白蠟木（白蠟木）　家具

在量販店相對容易購得之日產闊葉樹。黏性強，尤以製作棒球球棒聞名，易於加工、木紋漂亮，可用在多種場合，用來製作家具和地板備受青睞。白色的木肌著色性也不錯。

加工性　切削……4　塗裝……4
耐久性　腐朽……3　磨損……4

❹櫸木　家具　裝飾

堪稱日產闊葉樹代名詞之優良材質。鮮明的木紋與眾不同，耐久性、強度也很好，雖然稍顯硬重，加工起來卻沒那麼難。曾經廣泛用於建造寺廟建築等，但畢竟價格太高，現在更多用來製作家具或用作裝飾木材。

加工性　切削……4　塗裝……5
耐久性　腐朽……4　磨損……5

❺拉敏木　家具　裝潢

主要自印度尼西亞進口之南洋木材。加工很方便，但容易裂開，所以釘釘子等情況下務必小心，又因其耐久性極低，須避免用於室外。廣泛用作家具或裝飾材料，量販店出售的多為棒狀素材。

加工性　切削……4　塗裝……4
耐久性　腐朽……3　磨損……3

拉敏木幾乎都是以這種棒狀形態出售。木紋稍粗，通常呈淡白色至淡黃色。

【杢】

杢木讀作「工」。指因某些特殊條件使得木紋紋理在走向、分佈、排列方面發生變異，而在木材表面呈現的美麗花紋。包括出鰾、波紋、漩渦、虎斑等種類，出現這些斑紋的木材就格外珍貴。

日本栗

家具 建築

木質很硬，耐久性很好，一直被用於搭建建築物基礎或立柱，具有極高之保存性。紋理寬，呈褐色，因其質地堅硬，所以加工困難。不過，也有人喜歡用它來製作家具，是一種非常稀少的木材。

加工性 切削……3 塗裝……3
耐久性 腐朽……4 磨損……4

山毛櫸

家具 裝潢

木質硬，黏性好，甚至被用來製作彎木。木肌呈白色或淡黃色。加工較容易，尤其能表現塗裝效果，於是常用作地板和家具材料。日本曾經蓄積大量山毛櫸，但現在數量已經非常有限，但一種貴重的木材。

加工性 切削……4 塗裝……5
耐久性 腐朽……3 磨損……3

真樺（樺木）

家具

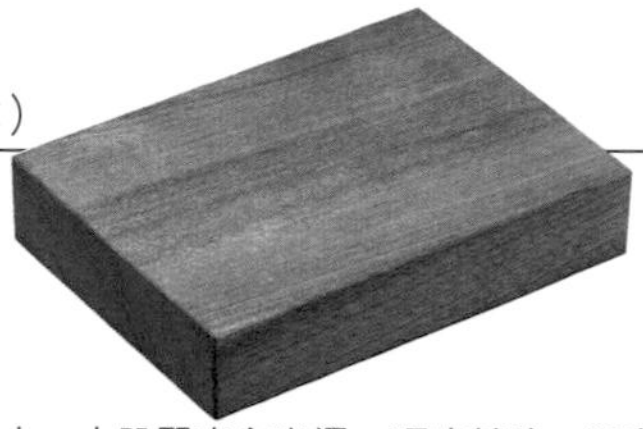

也被稱為樺木，木肌緊密有光澤，硬度較強，卻容易加工。耐磨性不錯，也被用作體育館的地板。常被誤當成「櫻桃木」，但它實際和山櫻完全是兩種東西。

加工性 切削……3 塗裝……5
耐久性 腐朽……4 磨損……5

山櫻

家具

也被稱為櫻桃木，呈漂亮的紅褐色，偶爾間雜暗綠色的木紋。木質重而細密，不易破裂，少彎曲，加工比較容易。保存性好，耐濕氣和蟲害。流通量很少，屬於稀少木材。

加工性 切削……4 塗裝……4
耐久性 腐朽……4 磨損……4

柚木

家具 裝飾

有名的高級木料。通常從印度、泰國、印尼等熱帶國家進口。材質重而硬，但容易加工，耐久性極好，曾經被用作海船甲板。木料表面含有油份，具有獨特芳香，通常用來製作高級家具及裝飾材料。

加工性 切削……4 塗裝……4
耐久性 腐朽……5 磨損……5

水櫟（櫟樹）

家具

屬於普通硬重材質，有時被用來製作威士忌的酒杯（生長不好的話，可能出現木質較軟的情形）。紋理較粗，呈淡黃色，加工性適中，歐洲自古視之為重要的夾具素材。現在也廣泛用於家具材料、地板、建築木材等。

加工性 切削……3 塗裝……5
耐久性 腐朽……4 磨損……3

木質精品、珍貴木材

對木工稍有瞭解的人必定都曾聽「名木」一詞，一般指木紋、色澤美麗或者形狀別致的給人以強烈美感的木材。例如左邊列舉的紫檀木、黑檀木、鐵刀木等都是自古以來的代表性名木。因為都是進口木材，所以也被稱作「唐木」，常被用來製作矮桌、佛龕等。

柳桉木

家具 合板

東南亞熱帶雨林龍腦香科的樹木之中，木質輕而軟的木料統稱柳桉木。按顏色可分為黃柳桉、紅柳桉、白柳桉。無論哪種柳桉木，材質都很相近，容易加工，但木紋較粗，耐久性很差。

加工性 切削……4 塗裝……4
耐久性 腐朽……2 磨損……2

加工性、耐久性均按5級評價，數值越大能力越強。

【玉檀香】 世界上最重最硬的天然木材，比重為1.23，放入水中會沉下去。因其質地堅硬，甚至可用作船舶的船槳轉軸，主要產自中美洲。

雖質輕而柔軟・方便的好素材

實木（針葉樹）

材質輕而軟便於加工
經濟效益評價高

針葉樹的木質一般輕而軟，易於加工，所以也叫「軟材（Soft wood）」。軟材種類有很多，在加工性、耐久性等方面表現都不錯的材質要數扁柏，然而扁柏價格較高，要大量使用終究有些困難。也因為如此，杉樹便以其低廉的價格和不錯的加工性成了最方便的軟材樹種。

無論日本國產還是進口木材，最適合DIY的還是針葉樹。說也奇怪，使用日本木材就會顯現日式風味，用進口木材則容易表現出異國風情。不過，最重要的還是應該根據用途來選擇不同的材質才是。

③北美西部鐵杉（Western） 建築

價格便宜，常被用作杉樹之替代品。為北美進口木材，其輸入量僅次於花旗松。就材質而言，與日產的鐵杉近似，白色無樹結，硬度一般，加工性適中，但容易裂口，耐久性也較低，不出樹脂。

加工性　切削……4　塗裝……5
耐久性　腐朽……2　磨損……4

②魚鱗雲杉 建築

北海道的主要樹種。呈淡白色，木質細密，木紋寬度均一，雖然質輕，強度卻還不錯。加工非常容易，成品效果也良好，很少滲出樹脂，但耐久性較低。有時會用來製作鋼琴的響板，算是其特殊用途。

加工性　切削……5　塗裝……4
耐久性　腐朽……1　磨損……4

①花旗松（Douglas fir） 家具 裝潢

日本進口最多的北美木材。有黃色至紅褐色，筆直而清晰的木紋很漂亮。在針葉樹木材中屬於較硬的品種，且耐久性也適中，加工性不錯，但容易滲出樹脂，因此塗裝時最好先做防脂處理，但經歷多年後表面可能會出現黑斑。

加工性　切削……4　塗裝……3
耐久性　腐朽……3　磨損……3

⑥杉樹 家具 建築

日本具有代表性的木材。木質輕軟，易於加工，木紋清晰，結疤較多。心材之耐久性一般，而邊材則很低；心材略紅，邊材淺白。秋田、屋久等地（日本地名）天然木材產量稀少，因此價格較高；而吉野、天龍等地（日本地名）的人工林也很有名。

加工性　切削……5　塗裝……4
耐久性　腐朽……3　磨損……4

⑤日本扁柏 家具 建築

被視為日本國產最優良的木材。乾燥性好，不易變形，且耐久性高，成品效果良好。材質表面有光澤，帶著獨特的芳香，較之同樣常用的杉樹，扁柏更硬，加工也更容易。從結構材料乃至內外裝潢，用途甚廣。

加工性　切削……5　塗裝……5
耐久性　腐朽……5　磨損……4

④赤松 建築

全日本均有出產。強度高，常用於建造房梁等，材質重而硬，顏色從黃色至淺紅褐色，加工性適中，枝條粗，也容易出現大的樹結，表面易出樹脂，但隨時間推移會逐漸變化為漂亮的米黃色。

加工性　切削……5　塗裝……4
耐久性　腐朽……3　磨損……3

【春材・秋材】年輪色淺的部分是春材，較濃的部分為秋材。春材是春季節生長的部分，木質較軟；秋材則是夏秋時節生長的部分，木質較硬。秋材所占比重越大，木材整體就越硬重。春材也叫早材，秋材則叫晚材。

鐵杉 裝潢

屬於松科樹木，幾乎都是天然樹林，也叫日本鐵杉。特點是木質硬重，木紋筆直，加工性適中，塗裝效果很好，耐久性也屬中等，不易溢出樹脂。

加工性 切削……4 塗裝……5
耐久性 腐朽……3 磨損……3

絲柏 裝潢

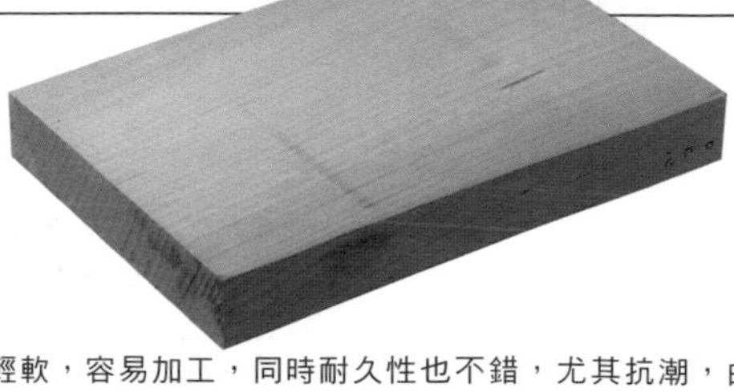

別名羅漢柏。木質輕軟，容易加工，同時耐久性也不錯，尤其抗潮，由於含有扁柏醇（Hinokitiol）成分，木質本身就具有殺菌、防腐之效果，還常被用來製作砧板等。青森羅漢柏特別有名。

加工性 切削……5 塗裝……4
耐久性 腐朽……4 磨損……4

日本花柏 門窗隔扇

柏科。日本木料中木質輕軟程度僅次於泡桐，抗潮氣，也被用來製作洗澡桶和砧板等。木質比扁柏粗，幾乎無香氣、光澤。

加工性 切削……5 塗裝……4
耐久性 腐朽……4 磨損……5

落葉松 家具 建築

日本產針葉樹中唯一的落葉樹種。心材呈紅褐色，邊材為白色，木紋清晰，木質硬重，加工困難，比較容易開裂，耐久性強，但常滲出樹脂。價格與魚鱗雲杉相近。

加工性 切削……3 塗裝……3
耐久性 腐朽……4 磨損……3

冷杉 家具 建築

北海道之主要樹種。心材和邊材幾無區別，通體一般呈白色，木質輕軟，容易加工，木質較粗，容易長樹疤，耐久性較差，經常被用於製作紙漿。價格與魚鱗雲杉相近。

加工性 切削……5 塗裝……4
耐久性 腐朽……3 磨損……4

北美冷杉 裝潢

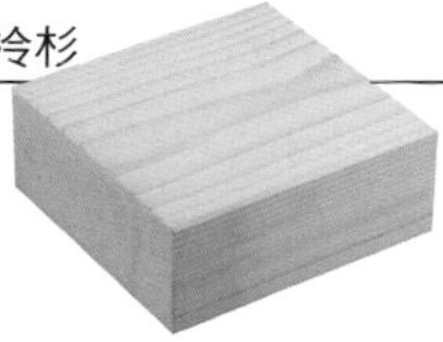

北美太平洋沿岸是其主要產地。材質輕軟，顏色為白色至淡黃色。容易加工，耐久性、強度都較弱，多用於內部裝潢，木質較粗，木紋通直，幾乎不出樹脂。

加工性 切削……5 塗裝……5
耐久性 腐朽……3 磨損……3

輻射松 家具 建築

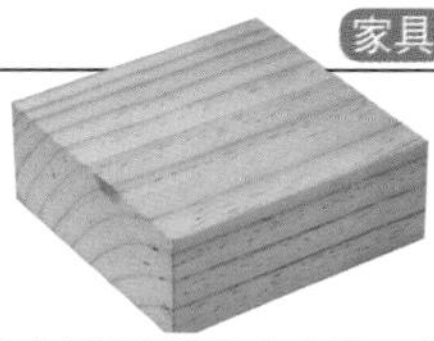

從紐西蘭或者智利進口之木材。大的樹結比較多，年輪也較寬，作為松科木材，屬於質軟而易於加工的類型，強度不太高，主要用來製作集成材。

加工性 切削……5 塗裝……3
耐久性 腐朽……3 磨損……3

雲杉 家具 建築

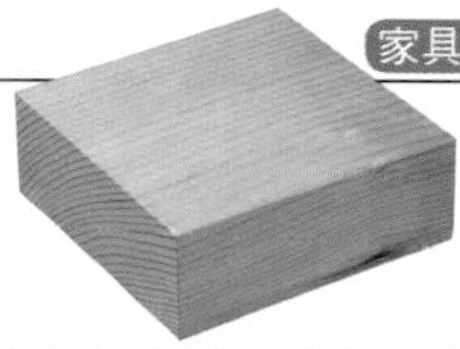

松科北美樹種，別名美國檜木。雲杉有好幾種類，其中阿拉斯加雲杉（sitka spruce）最多，淡白色，具有天然光澤十分漂亮。材質均一，輕軟易於加工，但耐久性較差，強度也較低。

加工性 切削……5 塗裝……5
耐久性 腐朽……3 磨損……4

木料行購買木材須知

近來量販店裡販售的木材種類在不斷增加，不過總體而言始終還是局限於木框材或者杉樹、松樹這一類木材。若想嘗試其它種類的樹種，還得去木料行採購。一般說來，提供零售服務的木料行還比較少，幾乎所有木料行都是針對建築商、生產商開展批發業務。所以找尋兼營零售的木料行最有效的方法還得依賴「口碑宣傳」。不妨向當地的木工圈子裡人打聽打聽，有時會有團購的情形，因此大家通常都會很爽快地向你推薦。

也有木料專賣行會提供DIY愛好者的零售服務

南洋檜木（南洋貝殼杉） 裝潢

從東南亞進口的少數針葉樹。材質輕軟而均一，容易加工，特點是具有黏性，不易龜裂。年輪不是很清晰，但木質表面有光澤。不抗濕氣，耐久性低。

加工性 切削……5 塗裝……4
耐久性 腐朽……3 磨損……3

加工性、耐久性均按5級評價，數值越大能力越強。

【比重】單位體積的木材對應同體積的水的重量之比值。比值越小，表示材質越輕，比值越大，表示材質越重。通常而言，比重越大，木材的硬度也會越大。杉樹比重為0.38，扁柏0.41，紅松0.53。

少翹曲、龜裂，強度高。較大的加工面積是其誘人魅力

集成材

❶白楊 730 日元（17×200×910 ㎜）
❷南洋楹 441 日元（13×200×910 ㎜）
❸白松 840 日元（17×200×910 ㎜）

白楊是柳科闊葉樹，木質輕軟，易加工，但切削時容易揚起絨毛，生活中常被用來製作火柴的木桿。南洋楹也被稱作麻鹿加合歡，其木質具有和泡桐相似的手感，除了外廊踏板，也被用來製作箱子等，算是木質輕軟，加工性不錯的木材。白楊和南洋楹的耐久性、耐水性都比較差。白松產自北美，耐久性適中，木質稍軟，加工性良好，常用來做家具等。

❹扁柏 756 日元（14×200×910 ㎜）
❺泡桐 683 日元（17×200×910 ㎜）
❻松樹 735 日元（15×150×910 ㎜）

扁柏、泡桐、松樹的特性請參照第32至35頁。泡桐的集成材在量販店裡也比比皆是，木質輕、易於加工，值得推薦，不過耐久性方面不及松樹和扁柏。

少翹曲、龜裂，常被用於製作桌面

集成材也被稱作層積材，是將角木或者板材按照其纖維相互交錯的方向重疊、拼接後，用合成樹脂將它們黏合一起壓制而成的人工木板。

表面幾乎看不出和普通木料有什麼區別，但仔細觀察就不難發現這些木片相接的痕跡。相較於天然單片木板，集成材較少翹曲，加工起來也就更加方便。

也許你在聽到集成材是膠合而成之後，會對其強度抱有疑慮，實際上大可放心，集成材甚至被用作住宅的房樑。在加工過程中完全除去了大的節疤和有裂縫的部分，所以板材各部位都很均一，而且寬度和厚度也可以自由設定，這也算得上是集成材的魅力所在吧！集成材常被用來製作家具，很多人都喜歡用它來製作桌面等。

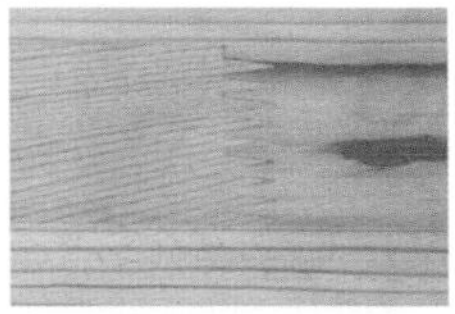

相接部分通常都採用指接（上）的形式。也有的集成材是將指部放在木端，而在木板表面顯露出直線的結合部（下）。

加工方面與普通木材無異，不過在進行一些精細加工時，可能出現相接部分彎折之情形。另外，在使用著色劑進行透明塗裝時，也可能有相接部分過於突顯的情況，這些需要比較注意，可在塗裝前先對切割下來的廢木料進行試塗裝作業以確保效果。

雖然藉由一些特殊的粘合劑，集成材也有被用在室外的情形，但是，量販店購得的集成材基本都是針對室內使用設計的，所以請盡量不要用拿來製作室外的工作物。

條紋集成材　製作深具個性的作品

集成材也可以用不同的樹種契合而成。如果使用不同顏色的樹種，就可以營造出圖示中的條紋圖案。它們往往能幫助我們製作出材料獨特、個性十足的漂亮作品哦！

Study 4

Illustrated guide to router & trimmer bit

木工雕刻機 & 修邊機
銑刀圖鑑

修邊機和木工雕刻機是提高木工技藝不可或缺的好工具，如果能巧妙運用各種木工銑刀，就可以充分發揮出這兩種工具的完整功能。接下來，我們將以淺顯易懂的說明，讓大家明白在不同的加工情形下，應該如何選用怎樣的木工銑刀。學會根據加工內容使用最合適的銑刀之後，木工作業會變得更加輕鬆愉快！

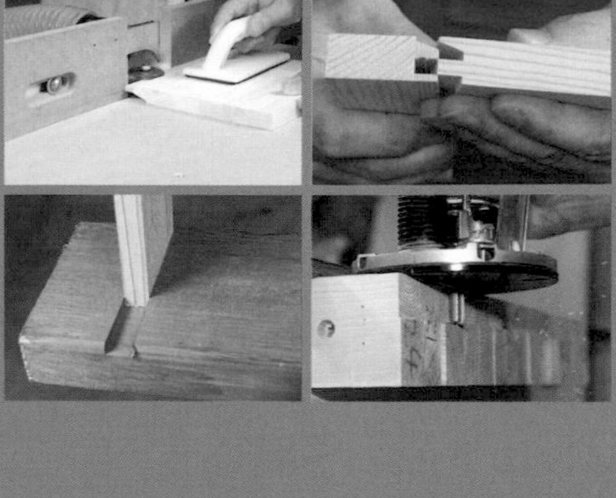

01 雙層戶西線刀
可完成雙層線板修邊

對於單手就能輕快操作的修邊機而言，最好用的銑刀當然是銑刀前端帶有培林（軸承）的銑刀。圖示中的銑刀是比較大的類型，刀徑達到32㎜，可同時進行雙層線板修飾。圖中銑刀之軸徑仍為6㎜，因此，日產的修邊機也能直接安裝。

Ball-bearring-guided Bit
線板修飾用銑刀（與板利器工業製造）

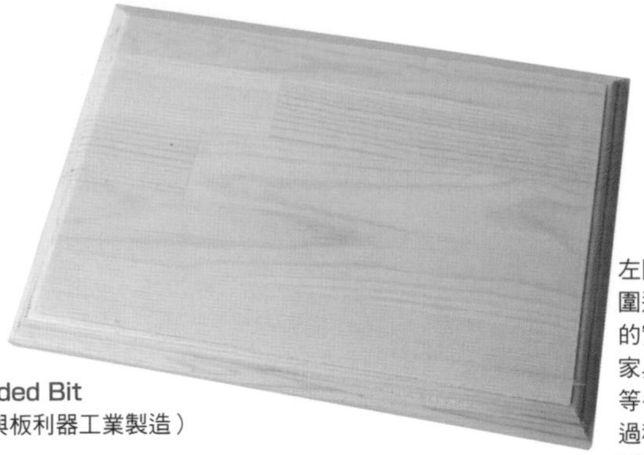

左圖為對木板周圍進行線板修飾的實例。畫框、家具、門窗隔屏等各類木工加工過程中都可能用到。

02 敏仔線刀
適合初學者的小型銑刀

修邊機是超高速旋轉的機器，初學者如果一開始就使用較大的銑刀，往往會出現動作不穩定的情形。因此，如果你是一位初學者，不妨先選擇圖中這樣的小型線板修飾銑刀，然後慢慢習慣它們。這支是切削半徑為6㎜的小型銑刀，其實在實際的木工製作中，也是熱門的實用尺寸。

Ball-bearring-guided Bit
小弧度的銑刀初學者也能輕鬆使用（Light精機製造）

對相框內側修飾的實例。僅僅是使用了小型銑刀，完成度卻因此大幅提高。

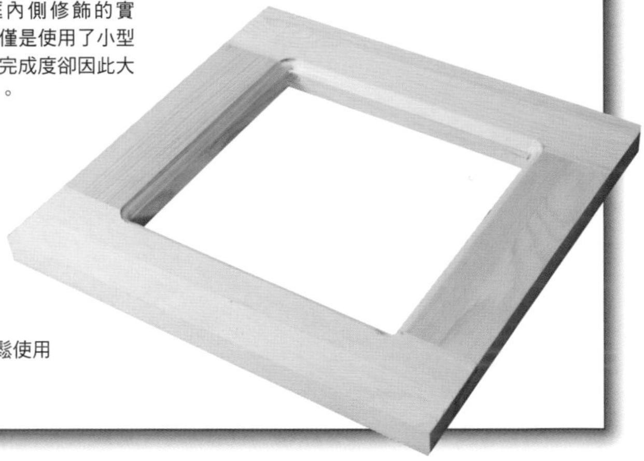

自製基座底板實例。包括單手用和雙手用兩種類型，無論哪種都比原有的底板更加寬大。

要安裝到修邊機上，只需利用機器固有的螺杆孔即可。

自製基座底板 讓修邊機更加好用

修邊機用起來很方便，但它終究是小型機械，因此相對於木工雕刻機，它的基座底板面積太小，稍微用力就可能發生側傾、翻倒的狀況。為了消除這種困擾，不妨為它作一個基座底板試試。

材料厚度為5㎜的壓克力板，只需像圖示那樣開孔，便可利用修邊機原有的螺杆孔將自製壓克力底板安裝到修邊機的主體上。若再裝上木製或壓克力製作的持握小球，修邊機會更加好用。（製作方法請參照第110頁）。

03 4mm直刀
可直接在木板上俐落地刻出文字

屬於基礎的直刀。日產修邊機附贈的多是6mm軸徑的直刀，4mm比它更細。這樣的小軸徑銑刀在高速旋轉時產生的反作用力會很小，僅憑一支手就能完全控制，因此能直接在木板上刻出文字。

牢牢持握高速運轉之修邊機進行作業。

直接用修邊機沿著底稿刻出的文字實例。

Ball-bearring-guided Bit
比日本製的修邊機標準軸徑6mm還細的銑刀，不只能應付細溝銑削，也能製作一些工藝品。

04 45度接榫刀
簡單製作45度框板榫接作業

榫接用銑刀。榫接槽從塗抹粘合劑到粘合劑變乾一直需要稍微施力按壓，這的確有些難度。針對這一情況，45度接榫刀使得結合面部分互為卯扣，雙方難有晃動，讓榫接工作變得輕鬆簡單。加工時只需在木工雕刻機銑削台上安裝好銑刀，讓木料通過銑削台即可，全程幾乎均為自動銑削。

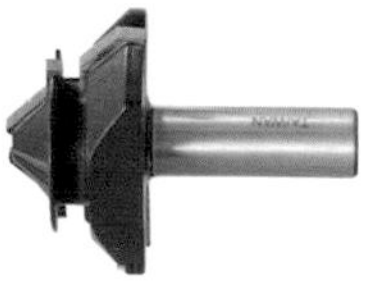

Lock Mitre Bit
45度角的斜羽刀上再以加上榫槽加工之木工雕刻機用銑刀（MLCS製造）。

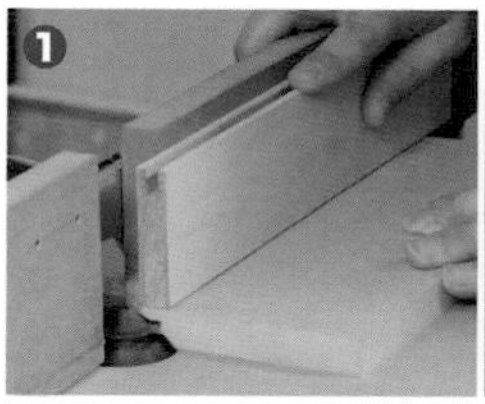

❶為防止銑削的榫槽部分發生破裂，加工時在工作物上方放置一塊壓板。
❷榫槽與榫槽對接，保證物件之間接縫為嚴密的45度。

尤其在箱子、抽屜、櫃子等各種箱類、框類加工中最能發揮威力。

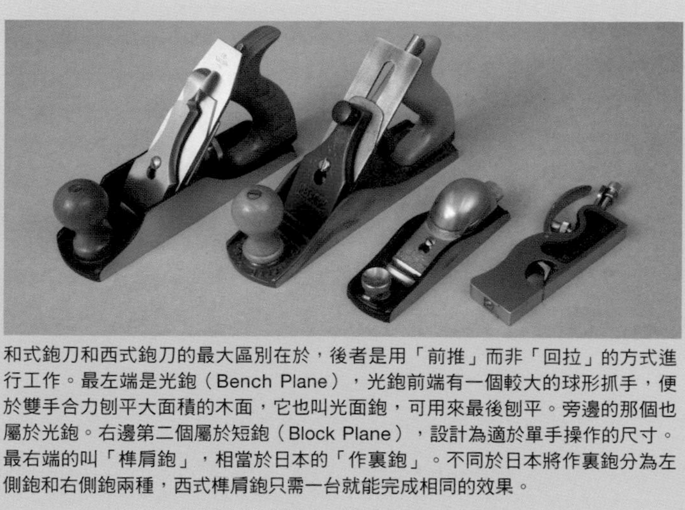

和式鉋刀和西式鉋刀的最大區別在於，後者是用「前推」而非「回拉」的方式進行工作。最左端是光鉋（Bench Plane），光鉋前端有一個較大的球形抓手，便於雙手合力刨平大面積的木面，它也叫光面鉋，可用來最後刨平。旁邊的那個也屬於光鉋。右邊第二個屬於短鉋（Block Plane），設計為適於單手操作的尺寸。最右端的叫「榫肩鉋」，相當於日本的「作裏鉋」。不同於日本將作裏鉋分為左側鉋和右側鉋兩種，西式榫肩鉋只需一台就能完成相同的效果。

無需修正刨台 刀片調整也能非常簡單

木工做得慢慢順手之後，自然會開始追求最後的成品效果，這時候就輪到鉋刀上場。自古以來日本就有自己的傳統手持鉋刀——和式鉋刀，不過和式鉋刀的鉋台修正和使用時的刀片調整都較難掌握，往往令初學者無所適從。不過，現在西洋鉋刀則消除了這些困擾，也因為是鋼鐵材質，所以不會出現皺褶、歪斜，刀片伸出長度也只需旋轉螺絲，或拉拉提鈕即可調整，非常簡單，同時也能長時間保持穩定的工作狀態。

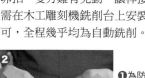

05 門框接榫刀
橫豎邊框一刀解決

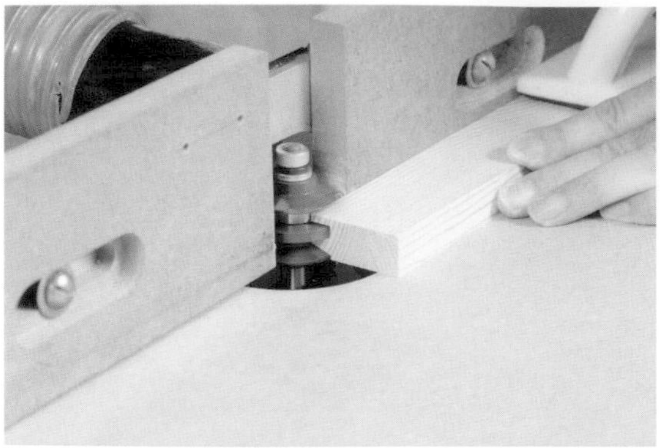

配合高度和銑削面，銑刀下面的兩枚刀片，用於銑削豎框條部分之溝槽。

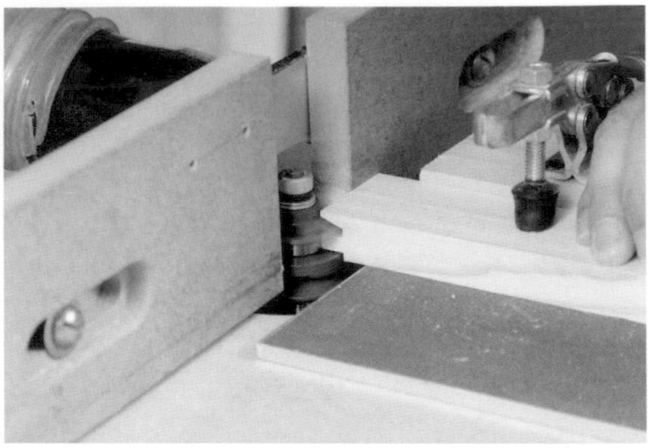

上面兩枚刀片用於銑削橫框條之溝槽。這加工的部分屬於木口加工，加工寬度較小，所以銑削時最好用推板輔助。

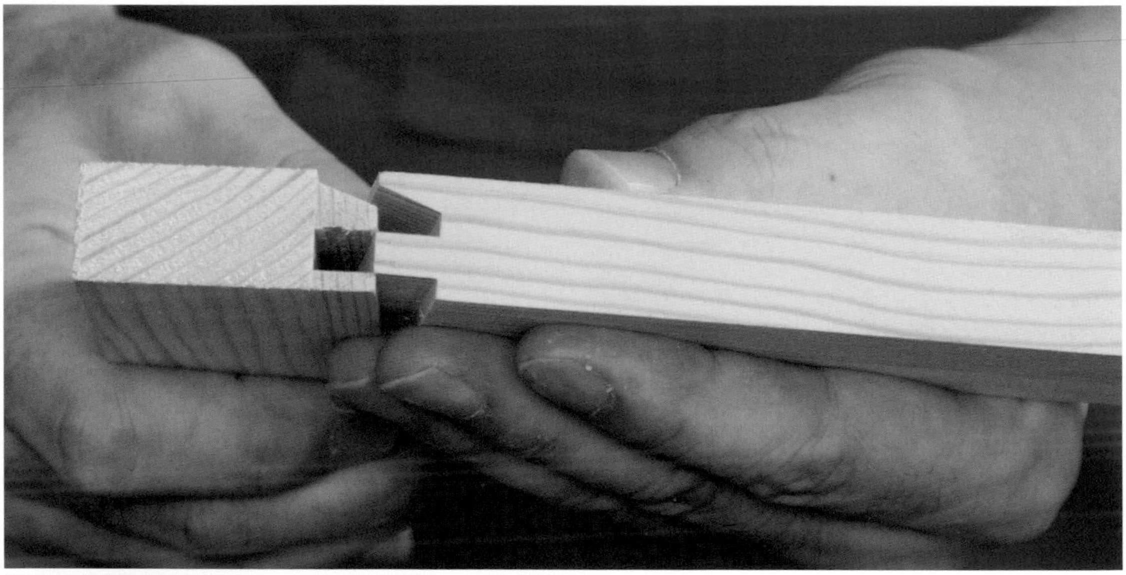

將銑削好的橫豎邊框條拼接起來。左側為豎框板溝槽，右側為橫框板溝槽。

製作櫃門框時，需有豎框板溝槽及橫框板溝槽。兩支銑刀被合併為一支，就不需要更換銑刀，上段和中段可用於加工豎框板溝槽，中段和下段則用於橫框板溝槽。

Stacked Rail & Stile Bit
橫框板用和豎框板用的兩支銑刀
被合併為一支，非常划算的木工雕刻機銑刀。（MLCS製造）

橫框板和豎框板三缺榫榫接也被稱為
框型槽接，這就是組合出來的框架。

肚板刀

06 利用上下刀刃加工呈現出厚度的嵌板樣式

較大刀刃銑削出的嵌板表面。

底部的邊緣也被銑削，對應橫框板和豎框板上的溝槽寬度板厚加工完成。

確定好高度，切削時注意木板平面與軸承面必須相平。下方為表面，上方為底部。

Triple Wing Raised Panel Bit
下方刀片切削嵌板之表面，上方刀片銑削嵌板之底部（MLCS製造）

嵌板與橫、豎框板組裝起來之後，具品質的門板加工即告完成。實例中板厚為19㎜。

「三枚刀片讓銑削面更加光滑」，這是銑刀製造商的廣告語。

其實，肚板刀還有一個特點。嵌板加工往往使用兩支銑刀，在門板表面的隆起加工之後，還需要按照框條溝槽寬度，對門板底部進行下方銑削加工，讓門板能順利插入邊框。圖中的銑刀能將隆起加工和底部銑削加工的功能合併在一起，所以能順利切削出剛好插入邊框溝槽的嵌板邊緣板厚度。若能和門框接榫刀結合使用，效果更佳！

07 木工雕刻機延長筒夾
在銑削台的桌面上就能更換銑刀

在一般情況下，為木工雕刻機銑削台更換銑刀時，往往需要將手伸到台面下的木工雕刻機，再以扳手鬆開銑刀筒夾。也有一些木工雕刻機是將機器的馬達部分，向上拉出台面上進行銑刀更換，但無論是哪種，都顯得有些繁瑣，如果能把筒夾延伸到台面以上，更換銑刀就變得方便多了。值得慶幸的是，圖中的產品正好解決了這個問題，只要利用纖維板等材料將銑削台台面抬高，就能在台面上方更換銑刀了，只需要小小改進，就能帶來如此便利。

Router Collet Extension
延伸了木工雕刻機安裝軸的延長筒夾。圖中是1/2英吋軸徑使用的延長筒夾（MLCS製造）

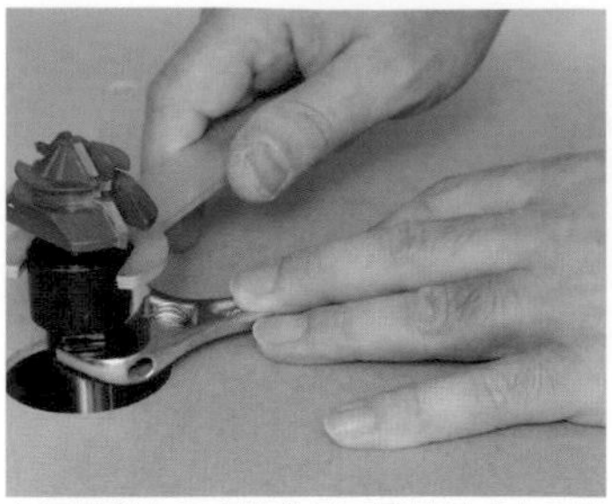

如果銑削台下安裝的是下壓伸縮式木工雕刻機，雖然可透過在台面加高厚度等方面做些處理，來使用延長筒夾，但請細心地綜合考慮伸縮幅度和台面本身的厚度。

08 八邊形刀（台灣CMT製）
自由自在完成多邊形加工

利用膠帶，在待加工的物件上黏貼導木以配合銑削，調節依據木板與軸承面讓它們位於同一平面。

Ball-bearring-guided Bevel-cutting Bit
以準確的角度銑削銑刀高度範圍內之板厚的工作物。（台灣CMT製造）

外形像斜羽刀，實為木工雕刻機用的12.7㎜（1/2英吋）軸徑之銑刀。如圖所示，用該銑刀均等銑削八片木板兩邊，最後將它們組合起來，構成22.5度×16便可作成一個漂亮的八邊形木筒。市售的還有類似加工拼接六邊形木板的30度角面銑刀，加工拼接十二邊形的木板的15度角之角面銑刀等。

參照圖示銑削工作物兩側，銑削完成後拿開導木。

八片木板按相同方法加工後組合起來，就能輕易拼接出一個標準的八邊形。

09 凸半圓刀

完成半圓溝槽等裝飾作業

也可裝飾此類雅致的漂亮家具。

可用於各種裝飾性的銑削加工。

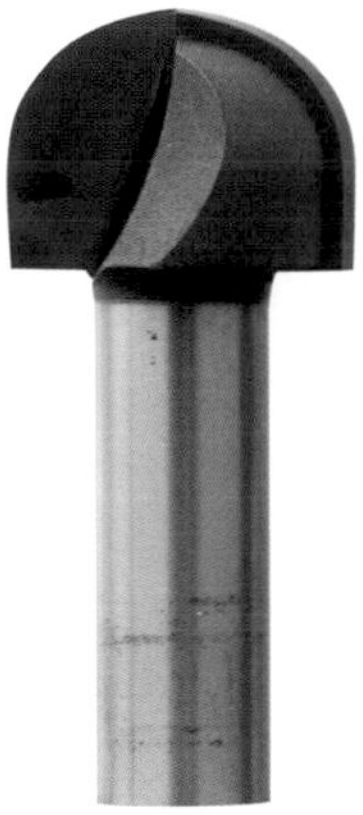
MLCS製造之凸半圓刀。

木工雕刻機銑削台上的圓溝加工。

凸半圓刀外形類似凹盤銑刀，但刀頭整體呈半圓形。同時銑削幾條溝槽時很容易表現出裝飾效果，壁爐裝飾就是一例。實際操作時，可交錯兩次銑削或依據使用方法不同進行變化多樣的飾面加工。依據廠商不同，有的凸半圓刀整體都使用超硬合金。

10 圓角清底刀

可替代鉋刀進行刨平加工

❶ 鳩尾榫或指接榫時，往往要求多留一部分。

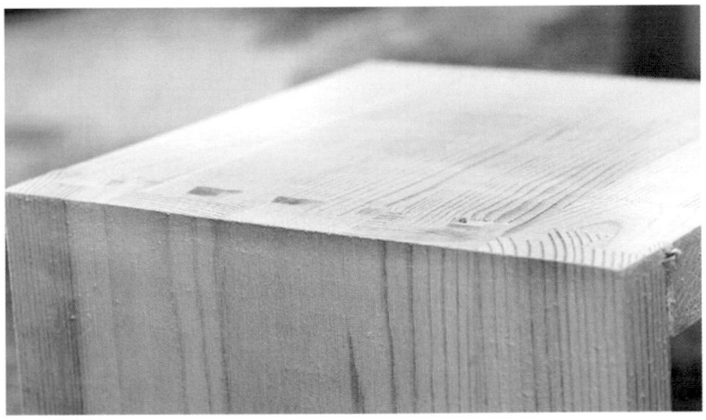
完成「整平」的狀態。

Rockler製造之凹盤銑刀

❷ 在基座底板下面鋪好一塊膠合板，便於調整銑刀進行銑削，這被稱為「整平」。

銑刀轉角帶有弧度的銑刀。顧名思義，圓角清底刀就是用來加工搪挖盤子、碟子的銑刀，不過像圖中這種小型的銑刀還可用在其它場合。鳩尾榫或者指接榫的時候往往會有一側的榫頭稍稍突出，這時就需要銑削掉高出的部分，使加工面變平。修邊機的半個基座下面幾乎都以雙面膠和一塊5.5mm厚度之膠合板相貼，利用高低差，露出的圓角清底刀可以代替鉋刀將突出部分銑削乾淨。該銑刀刀口為圓角，因此極少會在加工物上殘留銑削痕，銑削出的平面相當光滑漂亮。

11 鉋花直刀 ◎應用1
可兼作鉋刀使用

圖例展示一支鉋花直刀兼具兩種功能之實例，除了銑削還可用作鉋刀。使用的銑刀刀徑為1/2英吋，而刀刃長度卻達到約50㎜。前例是對厚木板邊緣進行漂亮的整形，只要反覆多次不斷增加銑刀伸出長度進行銑削即可。後者則是同一支銑刀被安裝在銑削台上，當作鉋刀對木板突出部分進行刨平加工之實例，銑刀刃長度即為能夠加工的板厚度。只需將之視作一台電動鉋刀被平放著使用即可。具體原理如圖❸所示，靠近讀者一側的依板背後夾著一張2㎜左右的墊片，以便利用和右側依板之間的厚度差，對材料板進行類似刨平之銑削加工，銑刀的刀刃與左側依板持平，只要拿起被銑削一半的材料板看一看，你就會明白了。

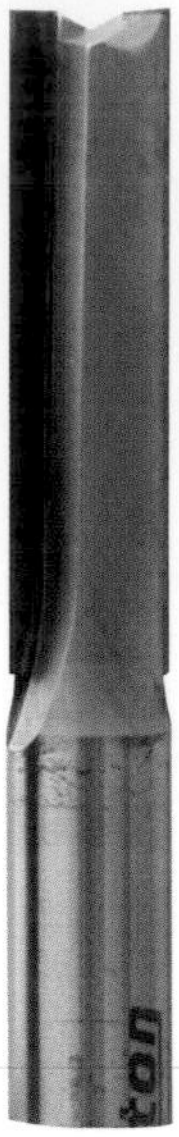

TRITON製作之鉋花直刀

❶ 長刀刃的鉋花直刀不只能開槽、切割，還能當成鉋刀使用。

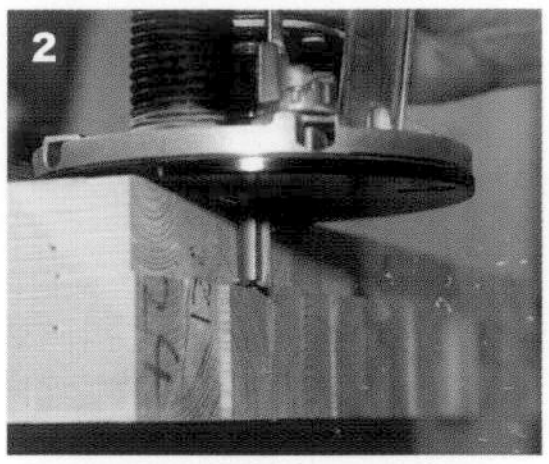

❷ 只要利用依板確定好銑削深度，銑刀就能微妙地進行刨平加工。

❸ 銑削台上的刨平加工。靠近讀者的一側依板後需要夾一塊厚度等於銑削尺寸的墊片，以保證被銑削後的材料板能隨時緊靠依板。

❹ 板緣經過刨平加工的材料板。為對應厚度差須利用墊片對依板的位置進行微調。

12 鉋花直刀 ◎應用2
用於加工指接榫

銑刀直徑為1/2英吋，整個過程都是靠圓鋸＆修邊機利用原創的指接導尺完成的。每加工好一處榫槽都把該榫槽架在銑刀側面可見的那塊小木塊上，逐次挪動材料板直到完成。小木塊的寬度和小木塊與銑刀之間的距離均為1/2英吋，只需銑削木板厚度之榫槽，所以不必使用長型銑刀。像圖中鉋花直刀和木紋在同一方向的案例是非常少見的。

台灣CMT製造之鉋花直刀

❶ 把銑削好的榫眼，套在旁邊和銑刀刃徑相同尺寸的木塊上（突出板面的角木），依次前挪，即可均等銑削好全部指接榫。

❷ 以指接榫組合小木箱，不只強度不錯，看起來也相當美觀。

木工雕刻機銑刀之多彩世界

脫離了木工雕刻機，恐怕也就無從談及我們今後的木工生活了吧！越是這樣想，我越是感到木工雕刻機應用範圍之廣，是其他電動工具無可比擬的。

說到銑刀，木工銑刀種類繁多，有只能用在銑削台上的大銑刀，有看起來簡便，安裝起來卻很麻煩的銑刀，有用起來格外順手的銑刀，也有必須和導尺一起使用的銑刀，真的是不勝枚舉。

這裡介紹的銑刀都是實際生活中常用的銑刀，我的銑刀收納箱裡有差不多一百五十支銑刀隨時待命。其中有經常用到的，也有十多年前就買回來卻一次也沒用過的，講解中我儘量選取實用性很強的銑刀。有時候，一支銑刀也可能具備多種用途，所以我也希望盡可能地多介紹其具體實例。另外，如果銑刀和自製及市售的導尺一併使用，往往能大大簡化加工過程，並提高加工精度。關於這些導尺，本書在第53頁章節有詳細說明。

13

螺旋直刀 ◎應用1

使用於膠合板溝槽加工

刀徑1/4英吋（6.35㎜）之銑刀銑削出的溝槽，正好能插入5.5㎜厚度之膠合板。利用此特性，該銑刀用來加工抽屜底板之嵌入溝槽就顯得非常方便。圖中的收納抽屜就是運用1/4英吋銑刀和5.5膠合板之間的巧合關係加工而成的。

將5.5㎜厚度之膠合板插入1/4英吋螺旋直刀銑削出的溝槽，簡直是天作之合。

1/4英吋的螺旋直刀銑削出的抽屜溝槽。

TRITON製作之螺旋直刀

0.85㎜之空間，恰好便於作品之組裝。

正在加工抽屜底板的1/4英吋螺旋直刀。

14

螺旋直刀 ◎應用2

漂亮完成嵌槽和順銑加工

以順銑銑刀進行嵌槽加工。選用的是1/2英吋螺旋直刀，木工雕刻機上安裝了等同嵌槽寬度之精密導規（請參照第159頁）。順銑的好處在於不會在槽邊留下毛邊，銑削乾淨，適合用來銑嵌槽。精密導規上夾著一塊取自工作物的廢木，如此一來，相當於自動設定了剛好能插入工作物的嵌槽寬度，因此用起來非常方便。精密導規還可用來加工鳩尾槽。

MLCS製造之螺旋直刀

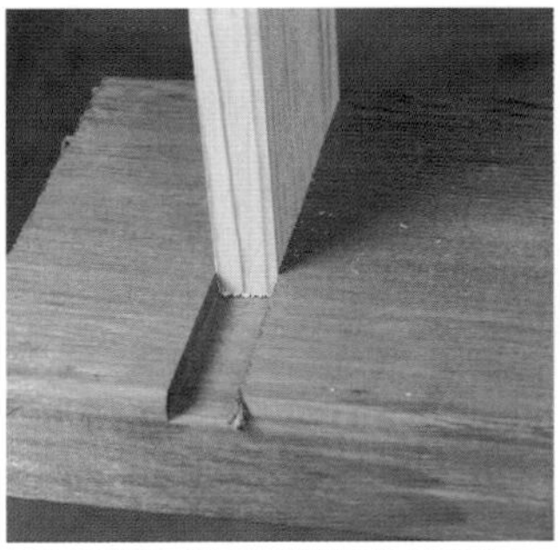

以順銑螺旋直刀所銑削出的嵌槽沒有毛邊。

使用安裝著精密導規的木工雕刻機正在開槽。

逆銑螺旋直刀與順銑螺旋直刀切口之比較

圖為逆銑螺旋直刀與順銑螺旋直刀（左側為逆銑螺旋直刀，右側為順螺旋直刀）。順銑是針對槽底進行銑削，溝槽邊緣不會出現毛邊，但操作起來稍稍吃力一些。因此單就操作性而言，順銑感覺更容易一些。

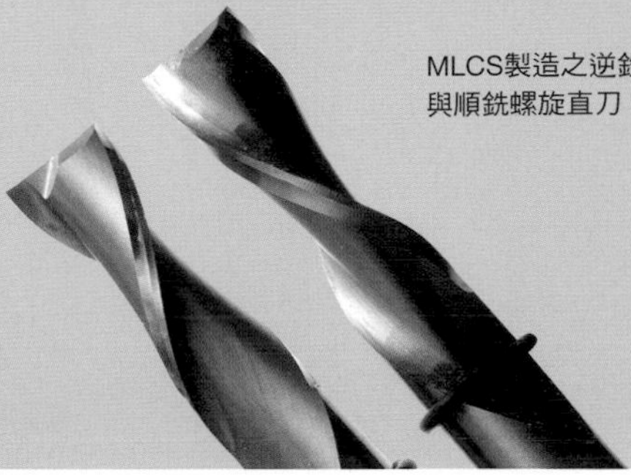

MLCS製造之逆銑螺旋直刀（左）與順銑螺旋直刀（右）。

15 清底L型角刀 ◎應用1

迅速完成搭接榫頭加工

此類銑刀多數刀徑都較大。圖例中用它來進行大面積的嵌搭接加工，正是利用這種「大」的特點。在銑削台上若配合依板一併使用，它們可快速對很多工作物進行加工。工作物後面的導尺上附著一個小圓柱，是用來控制工作物的推入長度，也就是說，有了它就可以準確的控制加工範圍。

Jesade製造之
清底L型角刀

大面積銑削時非常方便，工作物左下角是一個小圓木柱。

運用清底L形角刀能漂亮地完成寬幅的搭接榫頭加工。

16 清底刀 ◎應用2

進行搭接榫加工

刀徑稍小的清底刀可用來進行邊接搭接榫加工（如果不是大面積的榫頭加工，就可以刀徑較小之銑刀）。開始時將銑刀銑削高度設置得低一些，分幾次逐漸銑削至目的位置。

MLCS製造之
清底銑刀

以清底刀進行銑削。

可用於圖中邊接之搭接榫加工。

17 鉸鏈孔刀 ◎應用3

進行半搭接合加工

半搭接合意味著需要將銑刀的銑削高度調整為搭接木板厚度的1/2，同時銑削的面積也比較大。圖例中用的是手執修邊機，在能夠控制機器的範圍內，儘量選擇刀徑稍大，木屑排出效果也比較好的銑刀，以利操作更加容易一些。

MLCS製造之1/4英吋
軸徑之鉸鏈孔刀

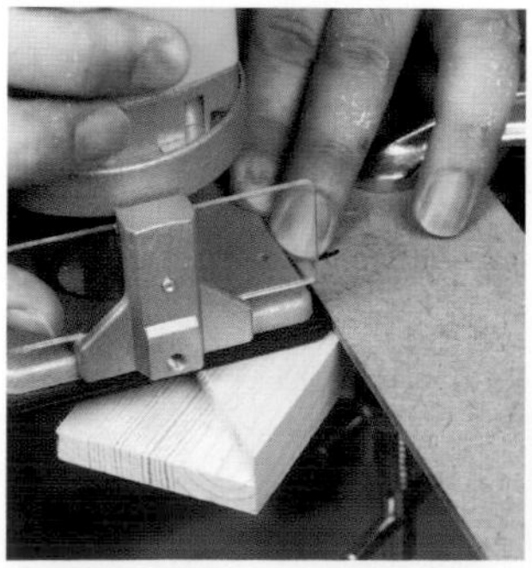

使用簡單的導尺，在工作物一端銑削45度角的搭接榫。

正確地安置導尺，這樣就可以簡單地銑削好搭接榫。

18 後鈕刀

可加工鉸鏈凹槽

讓銑刀上的軸承沿著型板銑削出與型板相同形狀之凹槽。

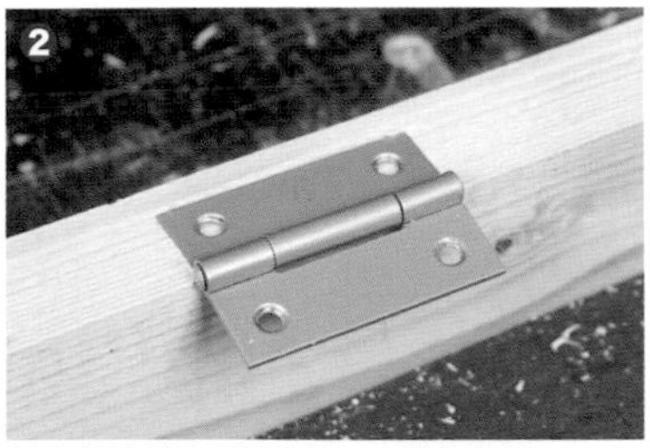

銑出與鉸鏈等厚的淺槽，安裝好鉸鏈。

讓木工雕刻機的銑刀軸承沿著導尺移動，完成銑削。

MLCS製造之後鈕刀

圖中顯示的是如何藉助型板加工安裝鉸鏈之淺槽。由於銑削量很小，所以選擇刀口很短的銑刀更為方便。刀口越短，需要的型板也就越薄。

19 修邊刀

將美耐板邊緣修得整齊漂亮

圖例中是該類修邊刀之典型用法：對黏貼在材料板上的美耐板銑削得漂亮整齊。美耐板表面往往貼了一層保護膜，所以圖中可能顯示有毛邊，但其實等加工完成後，撕掉保護膜就會露出整潔的板緣。操作時，只需讓軸承沿著木板邊緣銑削即可，很少出現差錯的。

MLCS製造之修邊刀

修邊刀隨軸承始終沿著木板邊緣行進，就像切蛋糕一樣整齊漂亮地切掉了多餘的美耐板。

工作物上貼了美耐板做裝飾，請根據工作物的大小，將超出部分的美耐板以修邊刀銑掉。

超硬刀片和防反衝銑刀

現在市售的木工雕刻機基本上都會是在鋼製刀柄前端焊接超硬合金（WC-Co基硬質合金）作為銑刀刀片。超硬刀片的硬度幾乎與鑽石相當，而耐久性也比普通的鋼製銑刀更好，所以成了當今的主流品種。另外，所謂防反衝銑刀（Anti-Kickback）是指專門對刀片做了技術處理，使得刀片切削出的木屑量始終控制在一定的範圍之內，刀片就不會一下子就被拉入工作物深處，而銑削出的面積也最大限度接近刀徑本身尺寸。據說如此一來，被切削的邊緣就很少出現撕裂等情形。目前，市售的銑刀多數都是這種類型。

防反衝的設計可有效防止銑刀刀片過多銑削工作物。

20 凹盤銑刀軸承組合
進行凹孔加工

MLCS製造之
凹盤銑刀

製作型板，便於安裝在銑刀刀軸上的軸承沿著型板內圓邊移動。

製作杯墊時使用這種專用的大刀徑銑刀搭配軸承的組合最為方便。只要事先購置軸承組合，很多種銑刀都可以搭配型板展開巧妙的加工。該實例中，由於沒有和刀徑相同尺寸的軸承，所以選裝了稍大的軸承。開好了六個圓孔的型板一次可輔助銑削好六個杯墊，銑削完成後再把六個杯墊逐一分開。如果不使用軸承組合，加工杯墊是很難的。

對應1/4英吋、1/2英吋
軸徑的軸承組合

將型板安置於杯墊工作物之上，進行銑削加工。

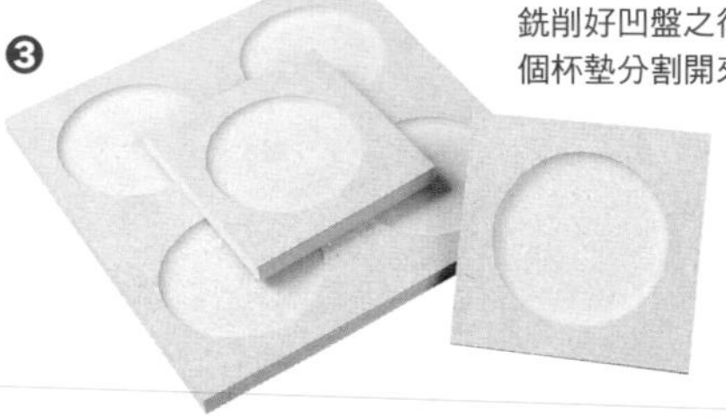

銑削好凹盤之後，再將各個杯墊分割開來。

21 指接榫刀
可擴大木口接觸面積

大家都認為木板的木口之間是無法牢固的結合在一起，而這種指接榫刀藉由增加接觸面積使得木口的部分黏合成為可能。集成材內部板材多數採用這種接合方式。開始正式加工之前，務必使用測試板（廢木）調節好銑刀的高度，然後再利用調節好的銑刀銑削兩片將要指接的工作物。銑削完成後，翻轉其中一片木板將兩片木板漂亮地契合對接。

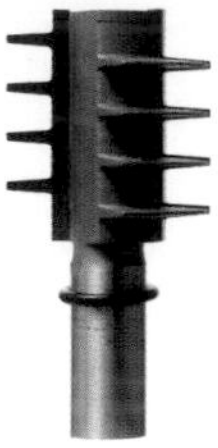

MLCS製造之
指接銑刀

接合乾淨俐落，看不出多少誤差。

使用銑削台進行切削。透過測試確定銑刀之伸出長度。

22 T型溝線刀
貫穿方栓邊接等情形下的側面溝槽加工

T型溝線刀不同於常見的棒狀銑刀，它可以用來在工作物的側面進行溝槽加工。T型溝線刀有多種厚度，不光是溝槽加工，同時也可用來加工搭接榫等。另外，因其能夠加工餅乾榫之榫溝，所以甚至以取代餅乾榫銑刀。圖中是刀片厚度為7/32英吋（5.556㎜）之溝線刀，在工作物側面加工膠合板之溝槽的情景。這裡5.5㎜的膠合板就是貫穿方栓邊接中的「方栓」。

EagleAmerica
製造之T型溝線刀

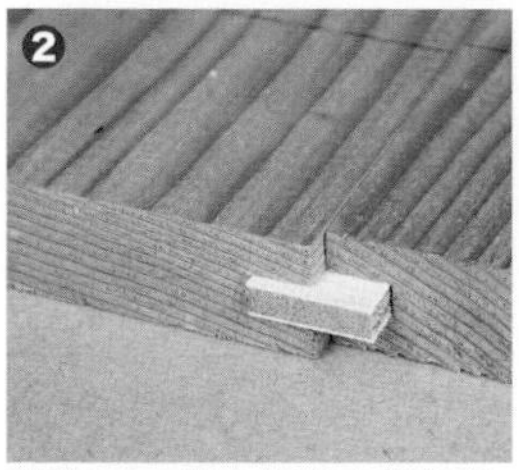

利用5.5㎜膠合板做方栓的貫穿方栓邊接。

可在工作物的端面（側面）開槽的銑刀。

23 平羽刀 ◎應用1

半槽邊接&圓木棒榫頭加工

❶ 使用平羽刀加工半槽。

❷ 從兩片木板上分別銑削掉等量板材後互搭而成。

❸ 圓木棒能夠在導板轉動之半固定狀態下，進行圓形榫頭加工。

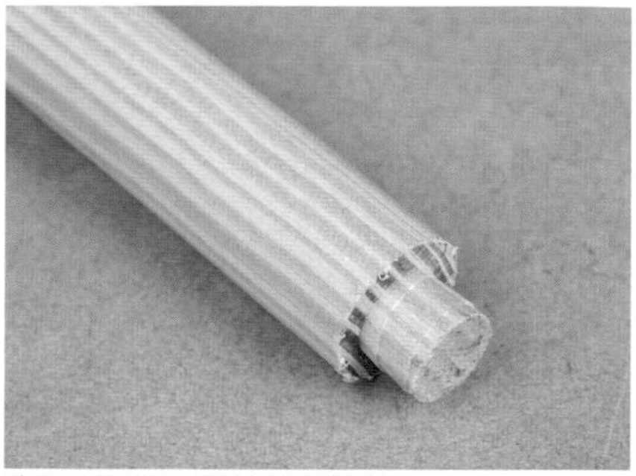
使用平羽刀加工後的圓木棒榫頭

台灣CMT製造之平羽刀

平羽刀適合用來銑削半槽，刀徑大而刀口短。銑刀前端有軸承，刀刃至軸承的距離即為切削深度，有些平羽刀是透過更換軸承來改變銑刀之銑削量。圖中顯示的是使用銑削台加工之實例，加工時軸承面須跟靠板之處於同一平面。另一個例子是用同一個平羽刀加工圓木棒榫頭的情形，由兩塊V字型導板互扣而成的簡易導板夾住圓木棒，操作者用手一邊旋轉木棒，一邊將木棒向銑刀推進，調整銑刀伸出高度即可控制圓榫頭之榫徑。當圓木棒的前端抵達軸承時，加工便完成了。

24 平羽刀 ◎應用2

能完成較大木板之榫頭加工

1 將材料板豎立起來，軸承沿著木板表面移動，推進銑刀加工。

2 繼續降低銑刀按相同方法銑削，即可銑削出更大的榫頭。

切削2×6材而成的大型榫頭。

PRC製造之交換銑刀式平羽刀

一些平羽刀採用可交換銑刀的設計：儘管使用相同的軸承尺寸，但銑刀卻可以更換成不同刀徑之銑頭。例中的銑刀有一個較長的軸身，利用這一點可增加其加工性。藉助自製導板固定好材料板，銑削至軸承靠緊材料板為止。木板被銑削一圈以後，前端就會變細，然後慢慢伸長銑刀繼續銑削即可完成榫頭加工。圖中被加工的是2×6材。

25 鳩尾榫刀（三角梭刀）◎應用1

加工半隱鳩尾榫

安裝專用鳩尾榫機進行加工。圖為美國PORTER CABLE製造之OMNI鳩尾榫機。

Whiteside製造之
14度鳩尾榫刀
（三角梭刀）

使用PORTER CABLE製造之OMNI鳩尾榫機可完成半隱鳩尾榫的加工。半隱鳩尾榫這種榫接方式只會在一面露出接頭，抽屜的前板和側板之間常使用這種榫接方式。該加工還可將兩片材料板同時固定在導板上一次性完成切削，因而非常方便。實例中用的是1/2英吋刀徑14度斜角之銑刀，加工時，雕刻機一定得安裝指定的樣規導板。另外，這種銑刀比較特殊，必須和專用的鳩尾榫機一起使用。

使用一片型板可同時對兩片材料板進行加工。

鳩尾榫刀（三角梭刀）和鳩尾榫機加工而成的半隱鳩尾榫。

26 鳩尾榫刀（三角梭刀）◎應用2

製作準確寬度的鳩尾槽

刀徑1/2英吋，斜角10度之銑刀銑削鳩尾槽之實例。專門用來開鑿鳩尾滑槽的導尺市售比較少，而圖中的精密導規（請參照第159頁）和SD導規則是其中評價很高的產品。

首先來加工鳩尾榫（凸）部分，然後才是鳩尾槽，若將做好的鳩尾榫夾在精密導規上，雕刻機就可自動銑削出準確寬度之鳩尾滑槽（凹）部分，頗為簡單。

據說，因為該銑刀之刀頭外形像螞蟻的頭，所以日本也將這種銑刀稱為「蟻刀」，美國則稱之為鳩尾榫刀（燕尾榫刀）。三角梭刀根部較細，相對容易斷裂，為了不讓銑刀承受太大力道，有的製造商會建議最好先用直刀銑削出大概輪廓，而後再以三角梭刀完成後續的精銑工作。

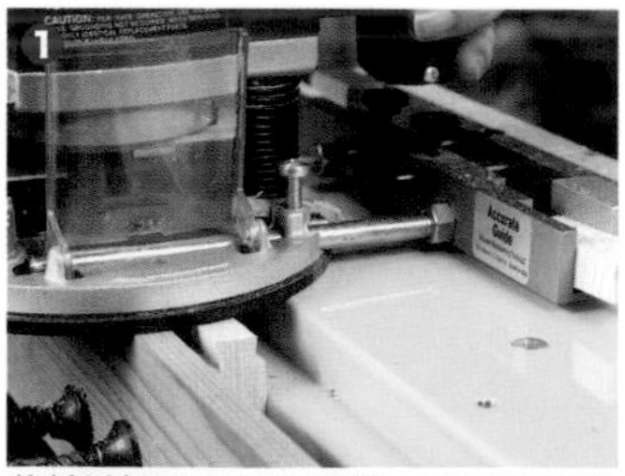

將材料板固定在SD導規，再以裝了精密導規的木工雕刻機進行鳩尾榫加工。

完成後的鳩尾槽。接合面很精確。

使用安裝了精密導規的木工雕刻機加工鳩尾滑槽。

生產商不詳之10度鳩尾榫刀（三角梭刀）

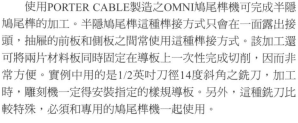

27 雕刻機黃銅導環套件
輕鬆完成鑲嵌加工

圖中的黃銅導環套件專用於鑲嵌加工。為了讓中央的導板適應兩種尺寸的直徑，黃銅導環設計為大直徑部分可以取下來的形式。除了這個部分，套件還包括將樣規導板、控制在雕刻機中心位置的引導棒、螺旋直刀。圖中的型板採用了腰鼓的形狀，而實際上只要採用了這套黃銅導環組件進行鑲嵌加工，具體希望鑲嵌的圖形可以依照自己的願望隨意決定。先以導環較大的直徑在輔助木板上雕刻出腰鼓的形狀，接著再以導環較小的直徑在材料板上切割下腰鼓形狀。比照型板在廢木板等輔助木板上雕刻鑲嵌板時，如果不用雙面膠貼等暫時固定，切割過程中就很容易出現偏差，造成鑲嵌失敗。切割下的鑲嵌木塊之大小是藉由樣規導板來調節的，因此兩次加工都使用同一塊型板即可。

依照樣規以密迪板等膠合板製作鑲嵌物的型板。

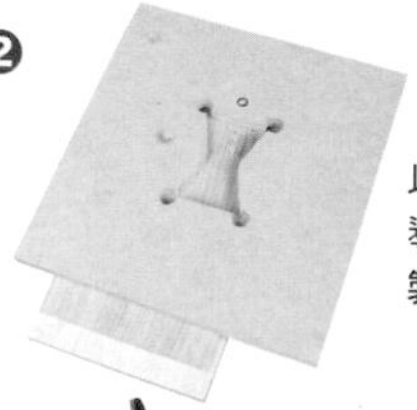

以附屬的黃銅導環較小直徑製作鑲嵌物。

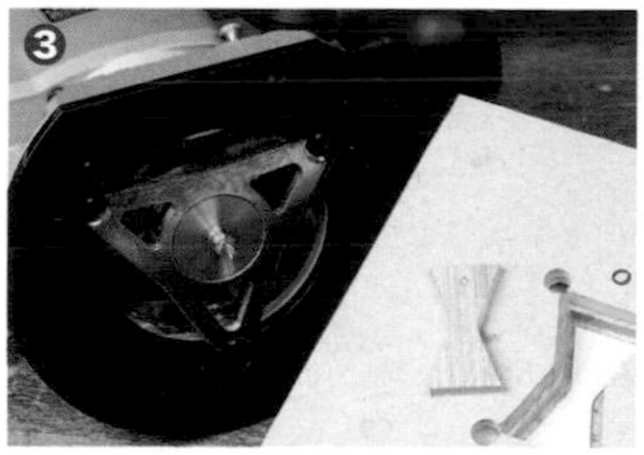

換用黃銅導環較大直徑銑削好鑲嵌孔。

嵌入❷中製作好的鑲嵌物即告完工。

Whiteside製造之雕刻機黃銅導環套件

28 鑰匙孔刀
製作樣規和加工螺栓安裝槽

用鑰匙孔刀加工好T形溝之後，就可將螺栓裝入槽內與其餘部分之連接，所以該銑刀適合用來製作固定導尺。使用時，需先以直刀逐漸銑削好T形的縱向溝槽，接著用鑰匙孔刀銑削T形的橫向溝槽。由於鑰匙孔刀的縱軸上沒有刀片，如果一開始就直接用T形溝線刀銑削T字型的橫向溝槽顯然很困難。若想擴大縱向槽和橫向槽，可以在完成第一次加工之後，透過移動依板或調節銑刀高度的方法來達到目的。

用直刀開始銑削T字形的縱向溝槽。

縱向溝槽一直要銑削到必要的高度。

將直刀換成鑰匙孔刀銑削T字形的橫向溝槽。

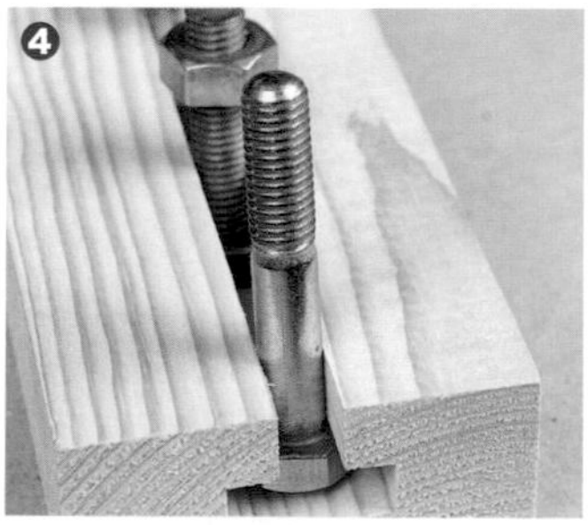

利用T字形的橫向槽卡住螺栓頭，T形槽被用於製作導尺和家具部件。

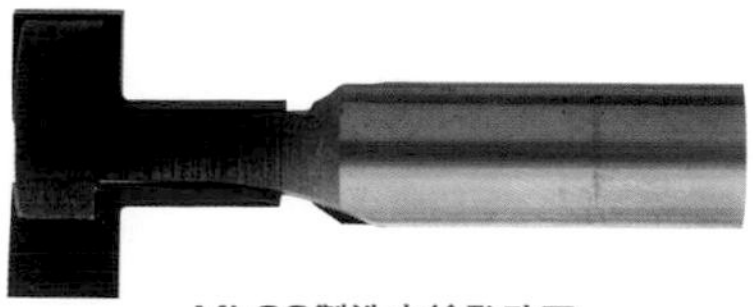
MLCS製造之鑰匙孔刀

木工職人基本技巧

The basic techniques of woodwork

Techniques

Technique 1 拓展工具機能之輔助治具大研究
Technique 2 木工基礎・邊框製作法
Technique 3 本格木工真髓・小木箱製作法
Technique 4 大、中型木工必備・板接技法
Technique 5 木工雕刻機&修邊機之機能擴展
Technique 6 展現品質&個性的塗裝技巧

The study of jig

拓展工具機能——輔助治具大研究

●●●●●●

使用木工雕刻機和修邊機這類電工工具的一大好處就在於，無論是誰都能夠比較快速地學會準確且尺寸均一地完成材料加工。當然，這之所以成為可能，不得不歸功於被稱為「治具」（JIG）的輔助工具。說到治具，大致可分為兩種類型：基本導尺和為了製作特定作品而準備的治具。正是由於治具的存在，電動工具才變得無比活躍。

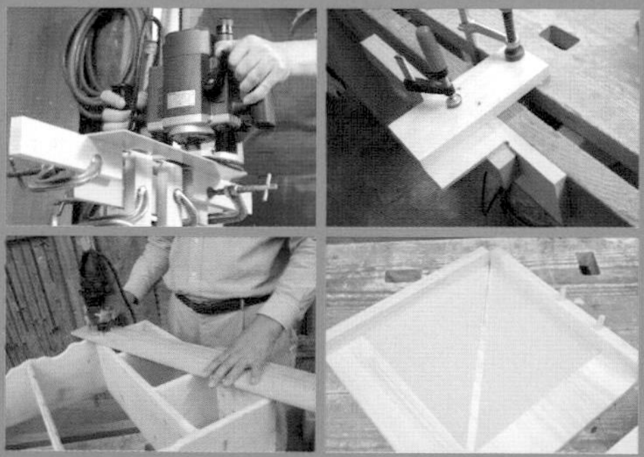

修邊機作業不可或缺的

自製導尺的使用方法

不藉助治具，修邊機甚至連一條筆直的槽也揸不出來。修邊機就像自由馳騁的馬匹，而導尺則像管束它的韁繩。只有藉助導尺，修邊機才可以正確完成既定操作。

每種刀徑的銑刀都有專屬的基本直線導尺

利用主體下方的銑刀高速旋轉來銑削工作物的修邊機，其實是一種很不穩定的工具。

如果是圓鋸，至少切入工作物的鋸刀前後還有導板在一定程度上控制鋸刀的行進方向，而線鋸也能透過將工作物緊緊按壓在操作台上以控制鋸片鋸切方向。然而，修邊機自身卻沒有類似的裝置或者說機能。也就是說，如果不藉助治具，哪怕安裝的是6㎜的小刀徑銑刀，修邊機也無法完全沿著筆直的墨線行進銑削。

在這樣的情況下，需要能幫助銑刀沿著墨線銑削的輔助導尺。首先要製作為了銑削直線的直線導尺（直導尺），如圖所示，製作直線導尺是很簡單，直線導尺是由承載修邊機基座底板的「底板木部分」，以及和修邊機行進時底板邊緣必須一直緊靠的「導木」構成。

底板木用約5㎜厚的膠合板，導木最好使用40×10㎜左右的筆直角木來製作。製作過程中，重點在於底板木的寬度，對於一個完成後的直線導尺，其底板木除了完全平行於導木，寬度還必須恰好等於修邊機底板緣至銑刀緣的距離，聽起來也許會覺得很複雜，實際操作一次你就會發現其實非常簡單。

準備好導木之後，找一塊比修邊機底板邊緣至使用銑刀緣寬度，以及導木寬度總和的膠合板，把它們和導木固定在一起。接著，啟動修邊機，讓修邊機底板邊緣緊靠著導木側面，從胸前向外側推出銑削一次即可。

如此一來，底板板上多餘的部分便被自動銑削掉了，而導木邊緣至底板木邊緣的距離恰好跟修邊機底板邊緣至銑刀緣的距離相等，便完成了圖中使用的銑刀對應之直線導尺。

導尺的底板木寬度因使用銑刀不同而變化，所以，有必要為所有的銑刀製作其專屬的導尺。就算替所有的直刀都製作一個導尺，也花不了多少材料費，因此最好於做好的導尺上，像圖示那樣分別標示清楚是針對多少㎜的銑刀，這樣一來，使用的時候就能更便利。

作好導尺之後，使用時只需將底板木邊緣對準畫好的墨線，接著讓修邊機底板緣緊靠導木邊緣，直接推動修邊機行進，即可完成準確地直線切削。

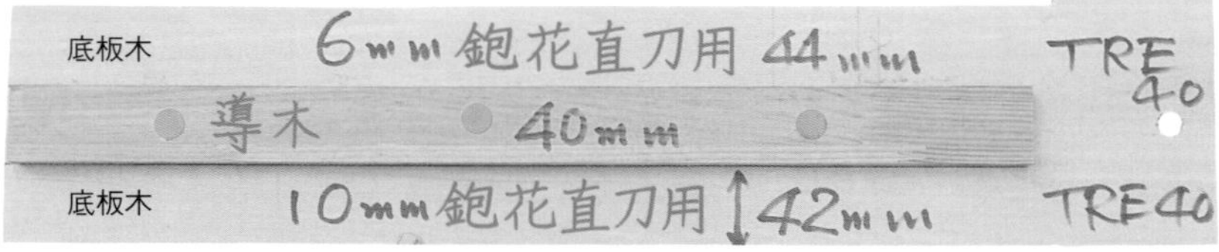

直線導尺是修邊機加工的基本治具，該導尺對應著同一個修邊機使用的兩種不同刀徑的直刀。圖片中的導尺一邊用於6㎜刀徑之銑刀，另一邊用於10㎜刀徑之銑刀。

修邊機與直線導尺在作業過程中的位置關係

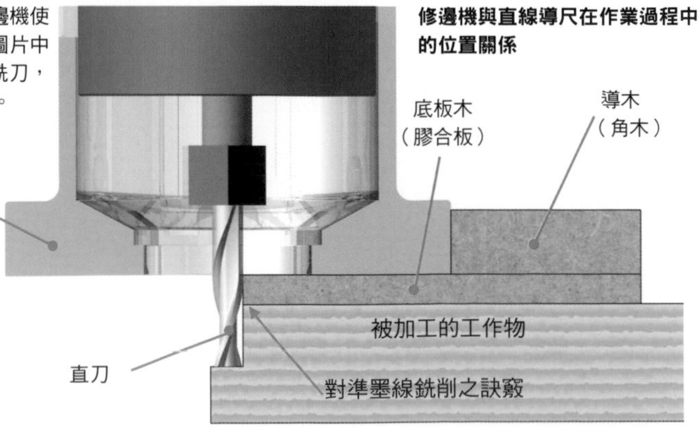

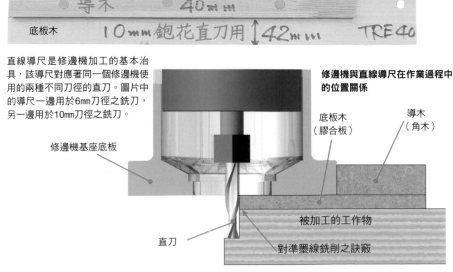

利用膠合板調節銑削深度

要讓直線導尺用起來更穩定，必須使用固定夾將工作物和導尺牢牢固定起來。只要做到這一點，再藉助一些輔助工具，就一定能讓加工過程更加順利。

導尺由於只能托住修邊機基座底板不到一半的面積，所以，在操作過程中修邊機可能會倒向與導尺相反的一側。為了不讓操作中斷，在這裡向大家推薦一種防止側倒的「支撐平台」，支撐平台的原理很簡單，正如下圖，就是在導尺對面放了一塊和底板木相同高度的平台而已，不過這個小平台卻能保證修邊機非常穩定地展開工作。

其實，該平台還有一種升級的活用方法，那就是拿來用作調節銑削深度的高度調節導尺。

例如：在開6㎜深的嵌槽時，一般是在第次先銑入3㎜，然後第二次再調整銑刀伸出長度，繼續銑入3㎜，兩次的深度加起來就是6㎜。這時，我們可以稍作變通：先一次性地把銑刀的伸出量調整為底板木厚度加上6㎜銑削深度的總和。然後，在底板木和支撐平台兩邊都放置一塊厚度為3㎜的膠合板。接著，將修邊機架在膠合板上開始銑削。首先銑出的當然是3㎜的溝槽。此後，拿走兩片3㎜厚的膠合板，讓修邊機架在導尺本來的底板木上再銑削一次，完成加工。這樣變通的優點在於：一次性調節好銑刀的伸出長度，操作兩次修邊機即可分段完成較深的銑削。

用來調節高度（深度）的導尺，只是膠合板經適當切削之後單純地組合起來即成。不過，考慮到膠合板是按照正確的規格製造出來的均一材料，我認為用它們來製作精度要求較高的導尺是很理想的選擇。

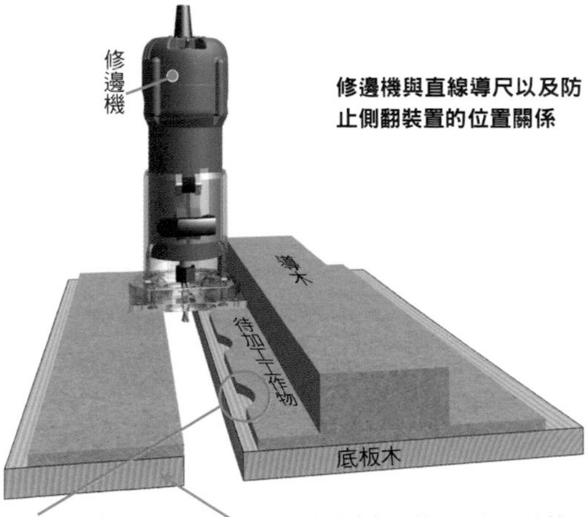

修邊機與直線導尺以及防止側翻裝置的位置關係

為了能看到墨線，特意在底板木上留出一些缺口。

在修邊機底板下放置一個厚度等於底板木＋待加工工作物之支撐平台。

上／直線導尺的基本設定。對應工作物上的墨線安置並固定好導尺，右手邊放著防止修邊機側倒的支撐平台。
中／以底板木上放置的膠合板調節切削深度，調節角木夾在導木和修邊機基座底板之間的寬度。
下／在導尺的對面重疊放置一塊與工作物等厚的木板以及與底板木等厚的膠合板，將修邊機底板跨在兩側的膠合板上銑削，可有效防止修邊機在作業中發生側倒。

利用導木和角木調節溝槽寬度

在直線導尺使用方法中，前面講了導尺基本構造、防止側翻支撐平台、銑削深度調節，接下來我們來談談如何利用導尺調節溝槽的寬度和長度。

圖例為使用10 mm刀徑之銑刀開一條15 mm寬之嵌槽的情形，這裡出現一個重要的導尺，從板厚5.5 mm的膠合板上筆直切下的寬約8 mm的細角木，就是專門用來自動決定溝槽寬度的導尺。

使用方法很簡單。例如：先不用膠合板的細角木，而是直接單純使用直線導尺開出寬度10 mm的槽。接著將修邊機從導尺上取下，如圖示將5.5 mm的細角木緊貼導木放置。如此一來，直線導尺就不必從最初的位置移動，因為修邊機的銑削位置會因為細角木的底板木原因而移動5.5 mm。這時，細角木是被夾在導木和修邊機底板緣之間，只需啟動修邊機從胸前向外推，就能準確地銑削出寬度為15.5 mm的溝槽。該溝槽最適合插入板厚15 mm之板材，因為0.5 mm之餘地恰好能巧妙地吸收掉反翹和扭曲造成的誤差。實際拼接後，稱得上是恰到好處，不會有縫隙。

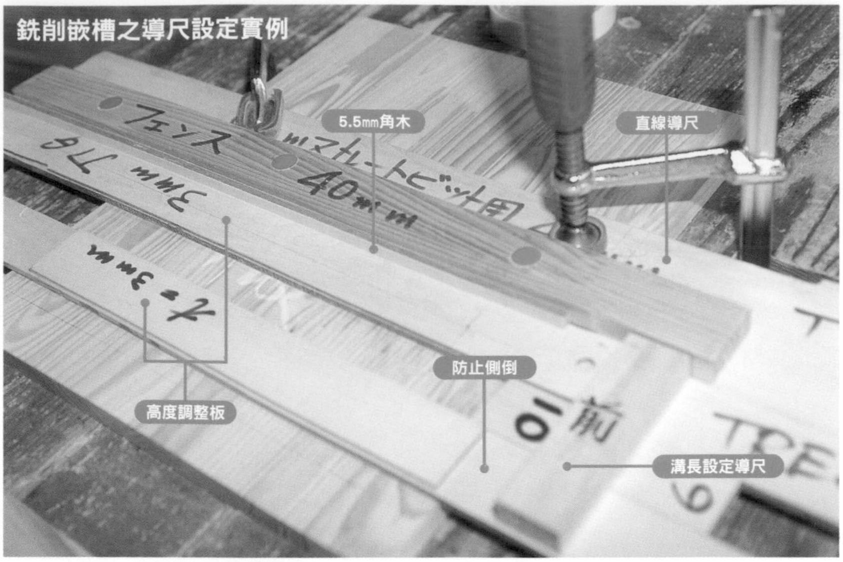

導尺設定實例。比預定完成狀態淺3mm時的狀態，利用移動角木銑削槽寬15mm木槽之狀態。

溝槽無需貫穿板材兩端時，會用到下圖所示的十字形導尺。該導尺的構造與直線導尺無異，只是使用方向不同而已。圖片中寫著數字（表示銑刀之刀徑）的部分相當於直線導尺的底板木，而寫著「前」「後」的部分則等同於導木。只要將十字形導尺的墊片邊緣跟溝槽起點、終點之墨線對準，然後固定導尺，就能控制修邊機恰好銑削至既定位置。製作十字形導尺時，考慮到並非所有修邊機的底板均為正方形，因此，務必現場測量確認底板邊緣至銑刀邊緣的距離之後再確定墊片伸出長度。

在導木和修邊機底板邊緣之間夾上一塊角木，可以改變銑刀的銑削位置，從而增大對溝槽的銑削寬度。

十字形導尺。寫著「前」、「後」的角木是導木，寫著數字的膠合板是底板木，使用時只需將底板木邊緣對齊墨線即可。

使用直線導時，還能同時調節加工寬度、高度的導尺組件。照片中最上面是固定夾固定在工作物上的直線導尺，底板木上平放的是5.5mm之角木，角木右邊是決定槽長的十字形導尺，導尺下面壓著的是防止側倒的膠合板，其板厚與直線導尺底板木厚度相同。防側倒膠合板下方，切削完成寫著3mm密迪板是用來調節銑削深度的。

自製導尺的妙用之我見

木工作家·太卷隆信

巧用導尺讓高難度加工變成簡單操作

在工業生產活動中，導尺是保證產品質量穩定和科學縮減成本不可或缺的好幫手，也是幫助人們將複雜勞動變成簡單操作，卻同樣達到加工目的之輔助工具。使用導尺，操作過程會變繁為簡，操作者可以用更短的時間熟悉操作流程和細節，獲得很好的加工效果，還能有效地降低誤差。

生產線上是否加上尺規治具，對於整個生產線的生產效率影響很大。在木工的世界裡，道理亦然。例如：要想徒手畫好圓或直線，即使是累積了豐富的經驗都會覺得困難；但若是藉助圓規和直尺，哪怕是沒有練習過的人也能畫出標準的圓和直線。這裡的圓規和直線就相當於筆記工具中的導尺，這和木工中用鋸子進行直線切割時徒手在工作物上畫直線一樣，沒有相當的熟練程度，幾乎是不可能的。

在二十多年前，我所從事的相機行業裡，攝影師拍攝照片的時候需要調光圈、對焦距，也就是說，必須具備一定的技術和知識基礎之後才會照相。但是在相機高度發展的今天，這些技術工作都成了相機本身的基本功能，攝影者只需要做就是把心思完全專注於那些必須由人類才可以完成的事情上，例如：在怎樣的瞬間、以怎樣的構圖才可以把被拍攝的物體拍得更漂亮、更動人。當然，時至今日也還有人認為調光圈、對焦距必須由人來完成，但終究是極少數。

現今的木工世界還不是完全自動化，但道理卻是相通的。用於木工的加工工具不斷更新，等到幾乎毫無技術和知識的人都能用它們做出想要的木工作品時，製作者就無需長期練習，而只需重點考慮，和加工「採用何種設計和構造，才更適用於自己的生活，使用更方便，更加牢固耐用的漂亮家具」。就目前而言，木工工具還不能面面俱到，所以很多複雜、繁瑣的操作還得操作者來分擔，導尺的存在恰好彌補了木工工具的不完整性，同時還可以提高工具的性能，協助將複雜的工序變得簡單易行，進而讓我得以把更多的心思集中在具體操作本身之外的事項。導尺是一些小智慧和小設想的實體表現，所以每個人都有機會進行這方面的構想。便利的新導尺作好之後，大家立即就可以享受到它帶來的便利。

為手提圓鋸機搭配導尺，進化成高精度的切斷工具

具體以切斷木料的手提圓鋸機（以下簡稱圓鋸機）為例來談一談。圓鋸機高速旋轉的圓形鋸片上有鋒利的鋸齒，能夠幾乎不受阻礙地輕鬆切斷木料，然而圓鋸機上並沒有製作家具時筆直切割必要木料的裝置，就連定位也僅限於簡單的切口而已，因此不管購置了多麼好的圓鋸機，單靠圓鋸機本身是無法在正確的位置加工出正確的形狀；相反地，若是倚靠著直線導尺（直尺）推動圓鋸機，鋸出的切口就會是正確的直線。可是圓鋸機接觸導木的位置與圓鋸機鋸片的位置是不同的，所以會出現所謂的「偏移補償（offset）問題」，如此一來，就無法確保家具製作中要求的0.1㎜精度。若是使用三合板製作的偏移補償板（底板木）當做導尺，只需將導尺邊緣與欲切割位置對準，就能保證切斷面準確以及尺寸精度兩方面的精度要求（請參照60頁）。另外，也可以用帶直角木片的T形偏移補差板輔助進行切割。這時只需將三合板一端對準欲切割位置，直角木片部分緊靠工作物側面之後就完成了導尺設置。底板木或直角木片等，都只是將一些小創意融入了導尺而已，但也就是這些小創意把難以駕馭的圓鋸機慢慢朝著理想的木工工具不斷演進。

比方說相框，這個人氣很高的製作物，大家都知道在切割轉角處的45度斜角連接時，希望框材結合處能夠絲毫不露縫隙，形成完美、漂亮的方框是件很不容易的事。本來要準確切割45度線就比較難，而普通的偏移補差板也不是簡簡單單就能輔助將工作物切成45度。

OKERA工作室有用於45度切斷的「松井式」導尺（請參照第69頁）。如果說單個切割45度比較難，那麼只需保證切割後兩個合起來是90度不就OK了嗎？該導尺正是基於這種靈感設計出來的。只要相接的兩塊木材配置起來的是準確的90度，僅需將定位好的兩塊木材同時切割，那麼無論如何，二者切口相接之後必定是90度。也因為兩塊木材同時鋸切，誤差只產生一次，所以增加了加工精度。松井導尺將普通的圓鋸機進化為斜角連接的加工機，與專用的斜切鋸鋸出的角度和尺寸相比，精度也毫不遜色，而且使用起來也相當簡單。

太卷隆信先生於2007年逝世，他於本書中傾注了對木工的巨大熱情。

製作粗、細銑刀可分開使用的

木工雕刻機&修邊機專用直線導尺

擁有一台基本的直線導尺，
不同刀徑的兩種銑刀都可以使用。

每個人都可以簡單而精確地完成直線切割之高性能導尺

單憑木工雕刻機和修邊機是絕對不能切割出準確的直線，可是只要跟適當的導尺搭配使用，它們就會變得神通廣大。不管是切斷、開槽，還是修邊等，都可以加工得更加漂亮。在這我們先介紹最基本的導尺——直線導尺，藉助不同的銑刀，修邊機和木工雕刻機可以展開多種加工。可以按照粗、細銑刀分別製作導尺，也由於大小不同，還可以分別製作修邊機和木工雕刻機各自使用的導尺。

木工雕刻機和修邊機的導尺是支撐圓筒形的銑刀表面，及底板邊緣繼而銑削出直線，本書後面介紹的圓鋸機直線導尺也是根據這一工作原理製作而成的。選定好導木之後，找一塊比修邊機底板邊緣至銑刀邊緣距離稍寬的底板木（偏移補差板），安裝好銑刀啟動修邊機，讓修邊機底板邊緣緊靠著導木側面銑削一次，以此將基座底板上多餘的部分自動銑削掉。需要注意的是，一定要標記運用導尺銑削時底板倚靠導木的是哪一面，進而保證每次都用這一面。之所以要這樣做，是因為底板的四個面到銑刀面的距離可能存在微小的差異，如果忽略了這點，有可能銑削出錯誤的尺寸，還會損壞導尺。

圖例中的美國木工雕刻機和修邊機使用的是英製銑刀，所以細的銑刀刀徑為6.35mm（1/4英吋），粗的銑刀刀徑12.7mm（1/2英吋）。大家可根據自己的木工雕刻機或修邊機使用的銑刀刀徑來設計、製作自己的直線導尺。

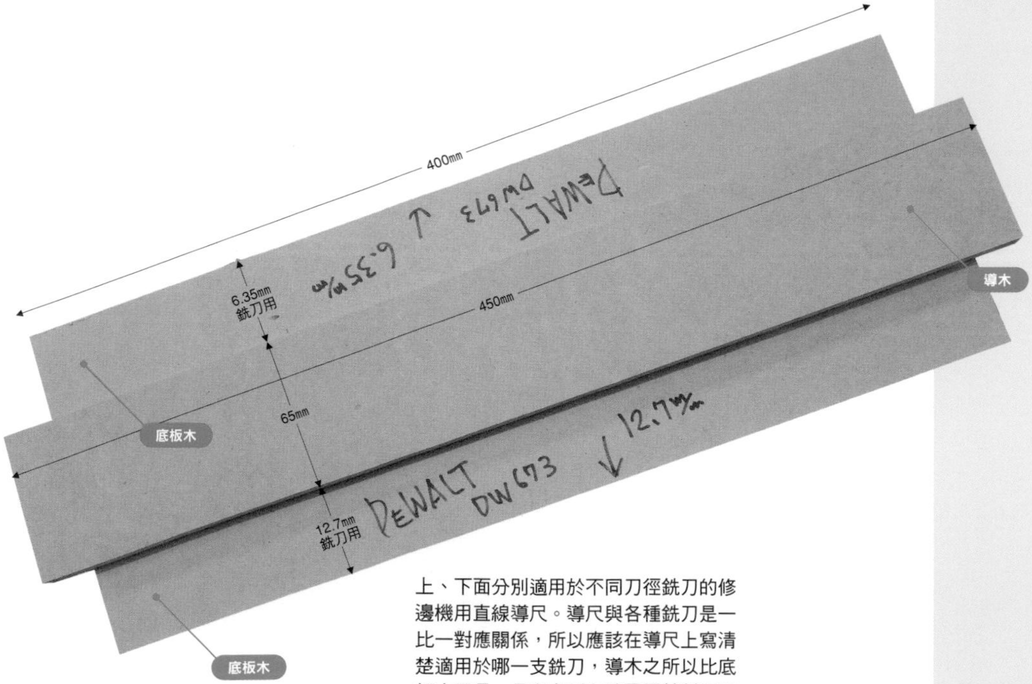

上、下面分別適用於不同刀徑銑刀的修邊機用直線導尺。導尺與各種銑刀是一比一對應關係，所以應該在導尺上寫清楚適用於哪一支銑刀，導木之所以比底板木更長，是考慮到有時需要銑削至工作物的頂端，若將導木設計得更長一點，就是便於修邊機底板能繼續確實地沿著導木前行。

使用方法

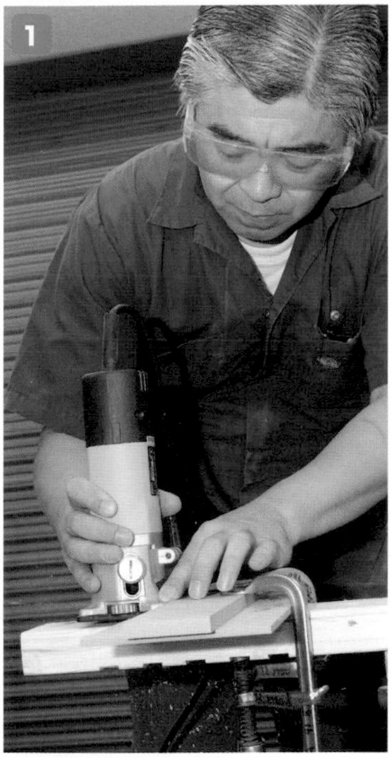

將導尺底板木邊緣對準待加工物上的墨線，然後將二者用固定夾固定。若是直線銑削，確定好銑刀的銑削深度後，將機器從胸前推向前方即可開出漂亮的槽。

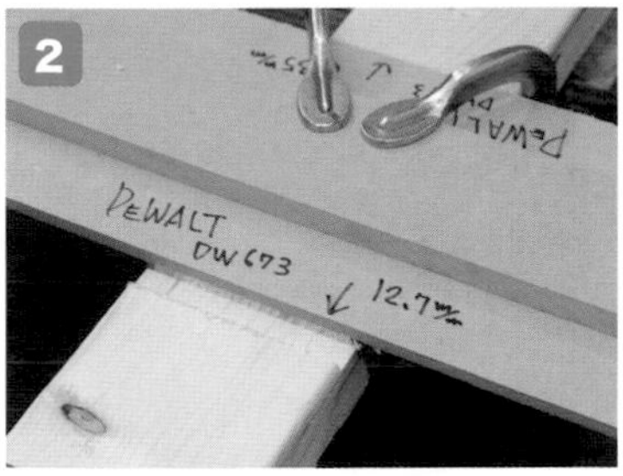

圖中加工部分是12.7㎜銑刀開出的槽，在嵌槽加工等情形下常用，設定銑刀銑削深度時，千萬別忘記加上底板木的厚度。

只要刀徑相同，不同生產商製造的銑刀皆可使用。

細徑的銑刀安裝6.35㎜的，這裡用的是直刀升級後的螺旋直刀。

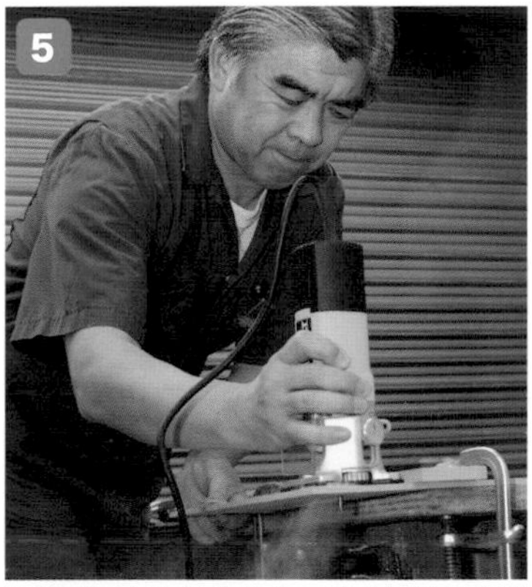

將導尺固定在操作台上，確定好使用修邊機基座底板的哪一面，然後讓底板緊緊貼著導木邊緣。啟動修邊機，使底板沿著導木推進，銑刀外側多餘的底板木會被銑掉，銑削完畢，該銑刀專用的直線導尺即告完工。

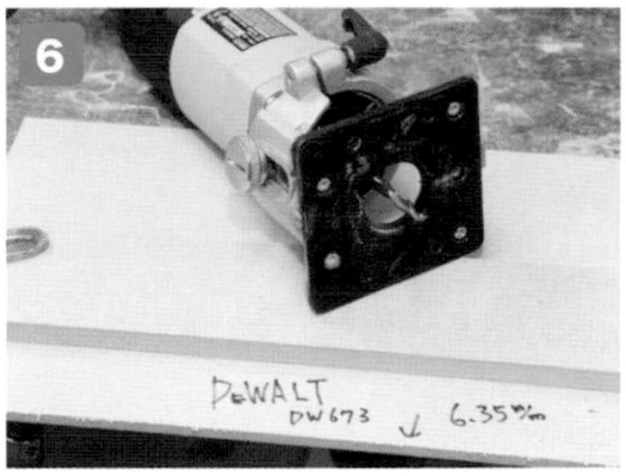

6.35㎜之銑刀銑削好的部分。完成後的導尺即是該修邊機和指定刀徑之銑刀專用的導尺，建議要在導尺上註明工具和銑刀的名稱。

12.7㎜之銑刀銑削好的部分。由於刀徑更大，所以導木至底板木邊緣的距離要較6.35㎜導尺相應窄了一點。

製作方法

材料包括導木用的木板和底板木用的木板。導木可準備寬65×長450×厚12㎜密迪板（MDF），底板木可準備寬265×長400×厚5.5㎜密迪板，使用膠合板也行。

先暫時固定導木和底板木。此時，導木大致放在底板木中間就好。

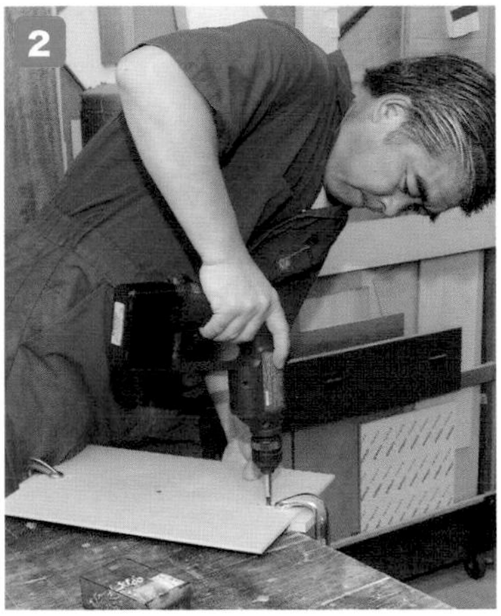

翻轉導尺，以較短的14㎜木螺釘將導木和底板木固定起來，螺釘頭要沒入木板或至少與木板面相平。

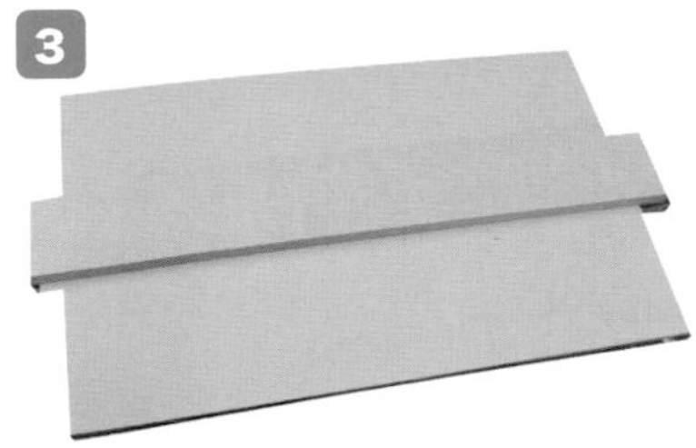

組裝起來的導尺。接下來就將兩側加工成適於不同銑刀刀徑的導尺。

製作能筆直且準確切割出的直角

手提圓鋸機用直線導尺

藉助直線導尺筆直切斷材料，可將偏移誤差控制到最小。

任何人都能簡單而精確地完成直線切割之高性能導尺

使用圓鋸機進行切斷加工時，如果徒手操作，即使事先畫好了墨線，加工過程中也會因為鋸齒之左右微顫而產生大約1 mm至1.5 mm的偏差。此外，圓鋸機的直線穩定性與鋸片刀徑大小成反比；刀徑越小，誤差越大，所以140 mm的小刀徑圓鋸機在加工過程中產生的誤差更大。

如果部件沒能按準確的直角筆直切割，作品組裝起來就會到處出現接合不密的縫隙，導尺於是便應運而生。因為圓鋸機的底板一直緊靠著平行於底板木邊緣的筆直導木前進，因此切斷線不會偏離，而底板木的邊緣也由於始終和墨線一致，也就不用擔心尺寸方面出現閃失。

操作圓鋸機搭配直線導尺，能將切斷作業的誤差從1 mm減小為0.1 mm左右。所以別看它構造簡單，其實是一款高性能的導尺。導尺的材料，圖中採用的是密迪板，其他如膠合板等也是很好用的材料。

圓鋸機用直線導尺。寫著工具名的一側是操作時圓鋸機基座底板下的底板木，中間的是導木，靠近讀者一側的部分，則是用手支撐或者安裝固定夾時使用的空間。這部分要儘量寬，一定會更好用，導木之所以比底板木更長，是為了保證切斷完成前圓鋸機底板一直有「導木」可依靠。

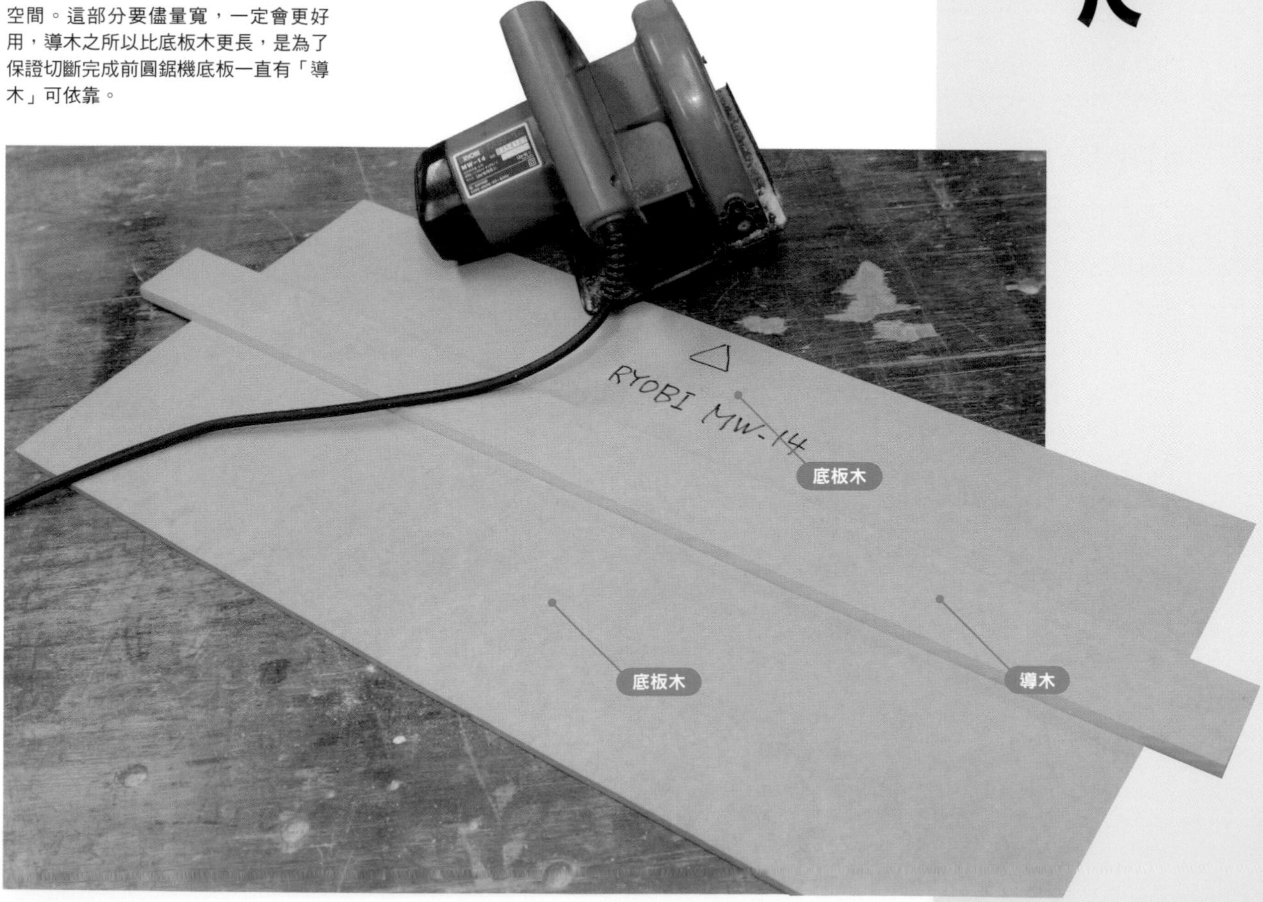

製作方法

需準備的材料：寬50×長700×厚9mm密迪板來作導木，底板木則用寬300×長700×厚5.5mm之密迪板。值得注意的是，導木不能太厚，確保圓鋸機鋸片最大程度沒入工作物時，圓鋸機的馬達也會碰到導木。

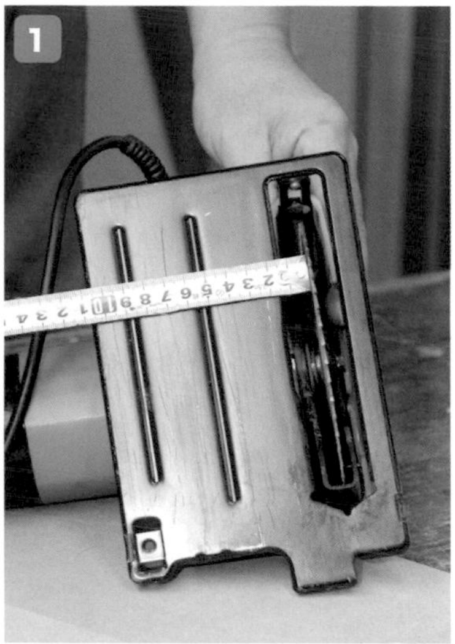

1
圓鋸機鋸片內側（左側）面到基座底板緣之間的距離，即為底板木應有之寬度。

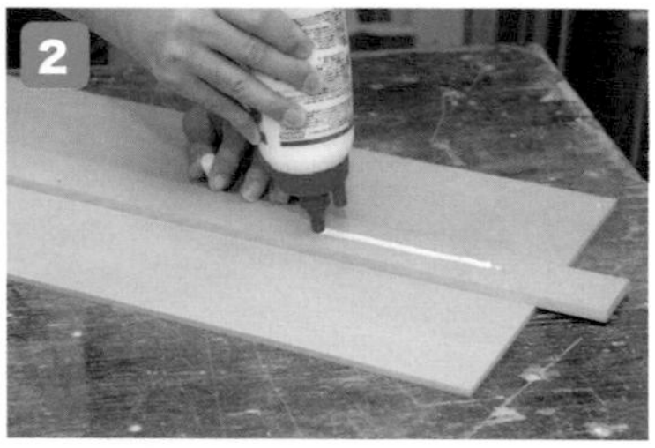

2
在導木底面塗抹白膠。

3
將導木黏貼在底板木上大約正中間的位置。接下來將多餘底板木切割掉，因此導木右側面至底板木右緣的距離宜稍稍大於圖1中的寬度。

4
以固定夾將導木與底板木固定好，直到白膠完全乾燥。

5
對應導木的位置，在底板木背面鑽出木螺釘的預留孔。

6
每15至20cm之間隔就用14mm的木螺釘固定導木，木螺釘釘頭頂面與底板木平面持平或沒入底板木。

7
試著將圓鋸機靠在組合好的導尺導木邊緣，鋸切掉超出鋸片外側的多餘底板木。

8
將圓鋸機底板緊貼在導木邊緣，準確鋸切掉多餘的底板木，導尺即製作完成。

9
導尺與圓鋸機之間的關係。圓鋸機底板沿著導木前進，鋸片則沿底板木邊緣前進。

使用方法

1
底板木邊緣對準墨線，準確放置好導尺。

2
將圓鋸機底板邊緣緊靠著導木緣，啟動圓鋸機，如同於導木邊緣滑行，平穩推進圓鋸機，就能完成漂亮的直線鋸切。

製作能夠完成高精度切割的

手提線鋸機用直線導尺

在一般情況下，線鋸機並不適合進行直線鋸切，一旦藉助適當的導尺，結果將大不相同。

兩片導木，精準度大增

由於操作起來比圓鋸機更加安全，很多剛開始ＤＩＹ的人都會選擇購買線鋸機。可是正如有人稱它為「七巧板鋸」一樣，雖然很擅長鋸切弧形和圓形等，但細細的鋸片卻令它難以用來進行直線鋸切。

不過也不用太過擔心，只要替其製作適當的導尺，線鋸機照樣能切出精度很高的直線。

這裡介紹的是一款藉由兩片導木從左右兩側同時支撐的線鋸機基座，進而輔助線鋸機完成直線切割的自製導尺。在需要許多鋸切的手工藝品製作過程中，這款導尺一定會讓操作簡便許多！

製作方法

材料方面比圓鋸機用導尺多出一片導木，因此需準備兩片寬70×長450×厚12mm的密迪板來作導木，一片寬200×長450×厚5.5mm的密迪板來作底板木，其實以膠合板製作該導尺也很好用。準備材料時，建議利用量販店提供的切割服務，就可以擁有直角精確的好材料。

將一塊導木對齊底板木的一端後，以固定夾固定。

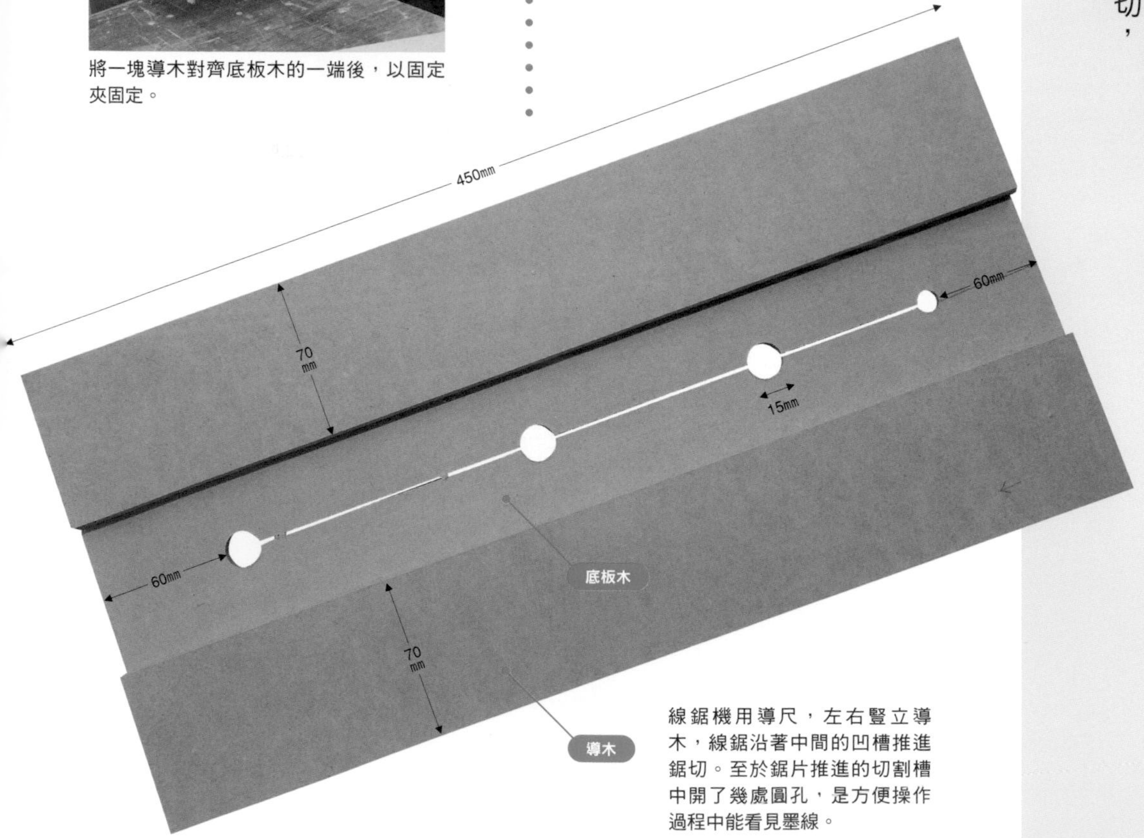

線鋸機用導尺，左右豎立導木，線鋸沿著中間的凹槽推進鋸切。至於鋸片推進的切割槽中開了幾處圓孔，是方便操作過程中能看見墨線。

使用線鋸機底板實際驗證一下導尺正中的低槽寬度是否恰好匹配。

使用方法

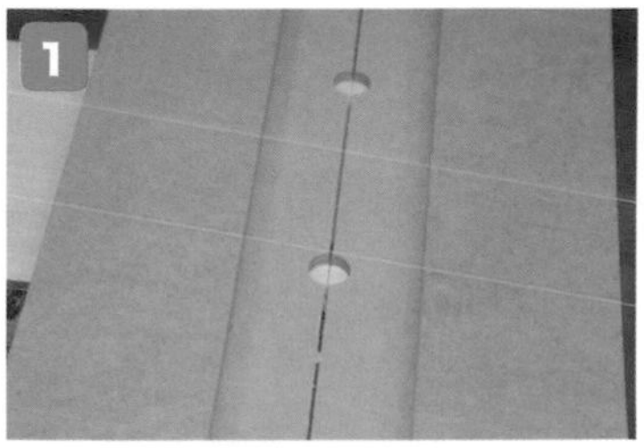

切割槽上的幾處鑽孔便於操作時對準墨線。

有了導尺輔助，即使是鋸片很細的線鋸機也能完成精確的鋸切直線，圖中的斜角切割也是如此，只需對準墨線就能準確切割。

為線鋸機安裝好鋸片，在低槽的一端以墨線標示好線鋸機放入槽中時的鋸片位置。

為了避免做好的導尺裂開，在距離導尺一端6cm的地方用電鑽開出一個插入線鋸機鋸條的鋸切孔。此時是使用10mm鑽頭。

以裝好鋸片的線鋸機沿著低槽，從鋸切孔開始向前鋸切底板木。底板木另一端也留下6cm不鋸。

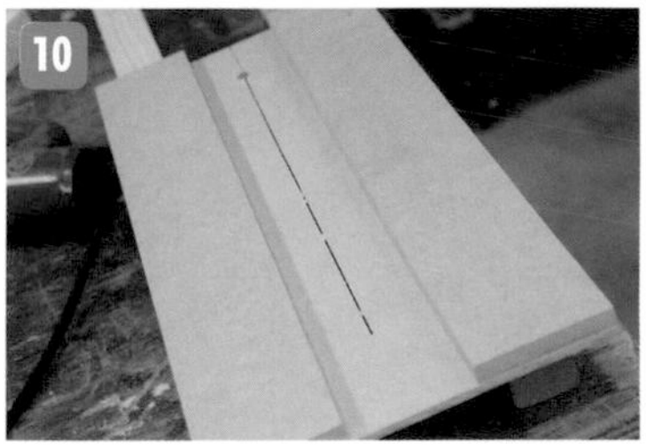

加工好切割槽的導尺，即完成導尺之製作。

這裡使15mm之平底鑽嘴在切割槽上鑿開幾個洞，以便更容易看清下方的墨線。

從底板木背面，以14mm的木螺釘分三處固定導木。

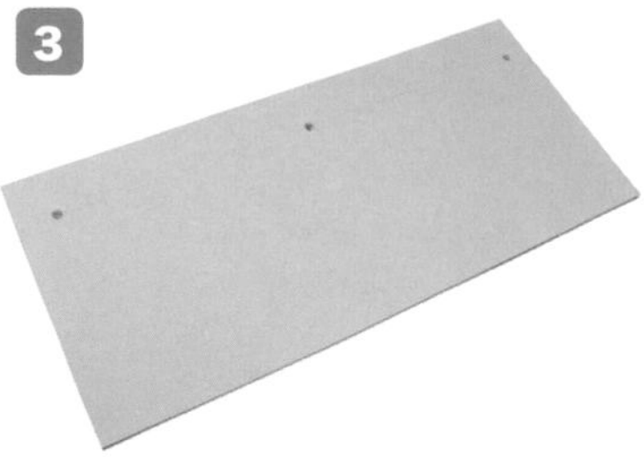

木螺釘使用埋頭小螺絲，螺釘頭與底板木底面對齊或沒入其中。

於另外一塊導木底面貼上雙面膠帶。

卸下線鋸機鋸條，讓線鋸機底板邊緣緊靠固定好的導木，藉此確定另一塊導木的安裝位置，請注意兩片導木一定是平行的。

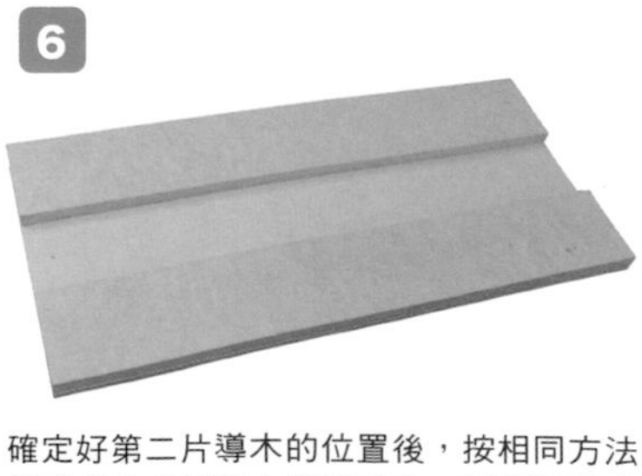

確定好第二片導木的位置後，按相同方法從底板木底面用木螺釘固定。而兩片導木中間的平直低槽，其寬度正好是線鋸機底板之寬度。

JIG
for
Wood working

使用修邊機和導尺加工橫槽接合

運用木工愛好者常用的導尺，完成四種趣味十足的木工榫卯

木工榫卯是木工製作時不可或缺的技術。這裡將以圖呈現，介紹運用自製導尺加工榫卯的方法。正因為有難度，我們才得以充分享受從自製導尺再到榫卯加工的DIY樂趣！

Technique 1

藉助直線導尺完成橫槽接合

開出的木槽和插入木槽的木板厚度相同之槽接就是橫槽接合，橫槽接合屬於頻繁使用的基本槽接方法。

這裡使用的直線導尺與第58頁介紹的直線導尺在尺寸上有些不同，導尺上增加了直角尺規，它們的構造和使用方法完全一樣。為了增加木槽寬度，圖中還用到5.5mm膠合板上切割下的細角木。橫槽接合是搪出的木槽和插入木槽之木板厚度相同的槽接方法，只要加工準確，橫槽接合可以完成接合面很寬且很牢固的槽接效果，如果在豎板上搪槽，插入板用作橫隔板的話，橫槽接合這種簡單的槽接方法就能製作出非常正規的書架等家具。

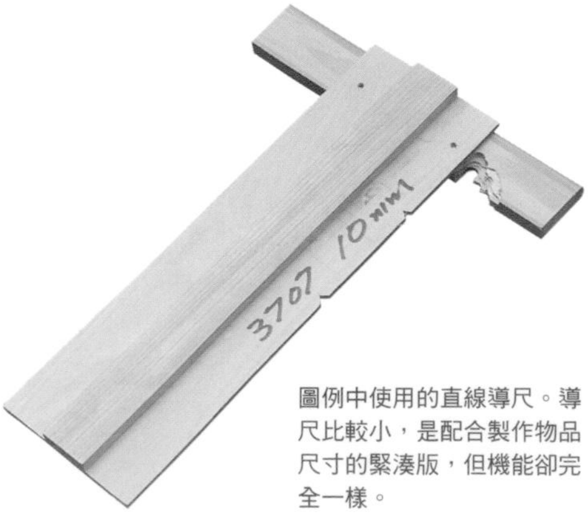

圖例中使用的直線導尺。導尺比較小，是配合製作物品尺寸的緊湊版，但機能卻完全一樣。

板厚為15mm，因此使用10mm刀徑的直刀來搪槽，更換銑刀時切記要先拔掉電源。

在槽寬處畫好墨線之後，配置好直線導尺，設定槽深10mm，導尺對面也放好一塊膠合板，防止修邊機側倒。請留意倚靠導木放置的那條是寬5.5mm之角木，該角木可讓銑刀至導木的距離增加5.5mm。

將銑刀銑削深度設定為底板木板厚5.5mm＋5mm=10.5mm，之後便開始第一次搪槽，第一次搪出的槽槽寬為10mm，深度為5mm。

取走細角木，維持銑刀銑削深度開始第二次搪槽。由於沒有了細角木，銑刀位置向導木一側移動了5.5mm。至此就有了寬15.5mm，深5mm的木槽。

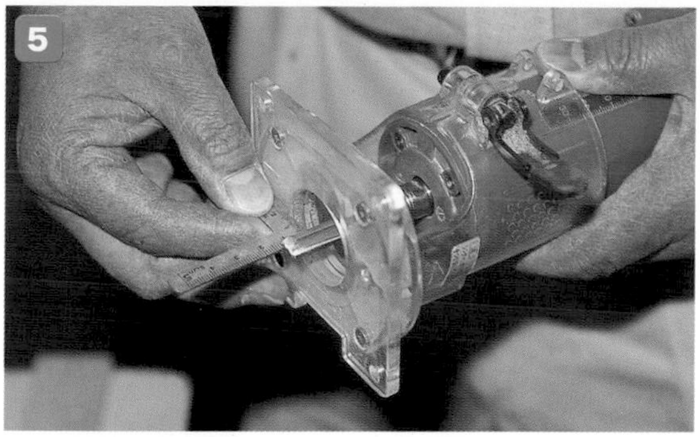

將銑刀銑削深度增加5mm，所以銑刀伸出量達到15.5mm，便能達成10mm之預計銑削深度。

以增加銑削深度的銑刀將圖片3、4的工序再重複一次，最後便搪好了寬15.5mm，深10mm的木槽。

使用匹配製作物尺寸的直線導尺，可大大提高操作性

使用圓鋸機直線導尺在有效防止切割過程中鋸片的輕微搖擺，只需沿著墨線推進圓鋸機就能完成精度很高的直線切斷，盡量準備多個不同大小的導尺，可大幅提高工作效率。

上／圓鋸機的直線導尺。底板木的補償寬度是圓鋸機鋸片至圓鋸機底板側緣的距離，切割線上加工出幾個缺口是為了方便看到墨線。
下／待切斷的工作物下面放著切壞也沒關係的廢木板，工作物上放好導尺，開始鋸切。

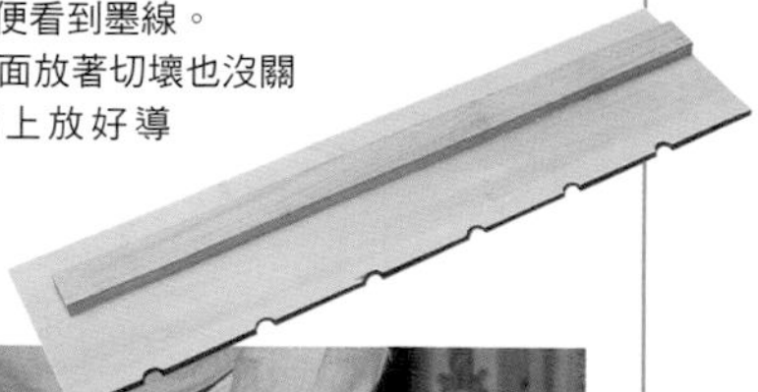

Technique 2

以直線導尺完成舌槽對接

舌槽對接是指擱板端面，直接與豎板板面頂到一起。

如左邊照片所示，相對於普通的橫槽對接，舌槽對接在作品邊緣等位置，使用到了橫槽對接所無法利用的部分。照片實例中，15㎜板厚的木板被分為6㎜和9㎜兩部分，9㎜的部分被企口後成為榫肩，而6㎜的部分則加工成橫槽對接榫頭，被插入木槽中。

加工時，首先使用直線導尺開出槽槽。為了讓作品完成後豎板面與底板木口整齊漂亮，必須先認真畫好墨線。開槽時不要一次就開到預定深度，建議分兩次來作，每次銑削3㎜，即能避免銑刀承受過多負荷，還可讓作品加工得更漂亮。

榫頭加工是在工作物的木口端進行銑削，因此，如果僅僅依靠導尺來規範修邊機，容易發生修邊機側倒等不穩定情形導致失敗。為了避免這種狀況，可如圖6在導尺對面放置一塊與底板木厚度相同的膠合板作支撐台，修邊機的底板只要架在上面就可以保持機器處在穩定的狀態。

開槽使用6㎜刀徑的銑刀，榫頭部分由於需要進行加工，則使用10㎜的銑刀。

在作品的頂端部分對接時，舌槽對接是很好的對接方式。

1

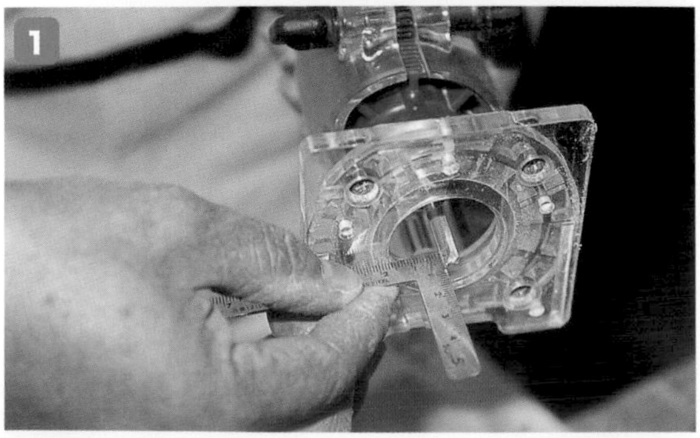

榫槽寬6mm，深6mm。開始就將銑刀設定為加上了墊片厚度的8mm。

在距離工作物的木口15mm（側板厚度）的地方畫墨線，以此作為參考裝配好導尺，沿著導尺開始第一次銑削，這時開好的是寬6mm，深3mm的木槽。

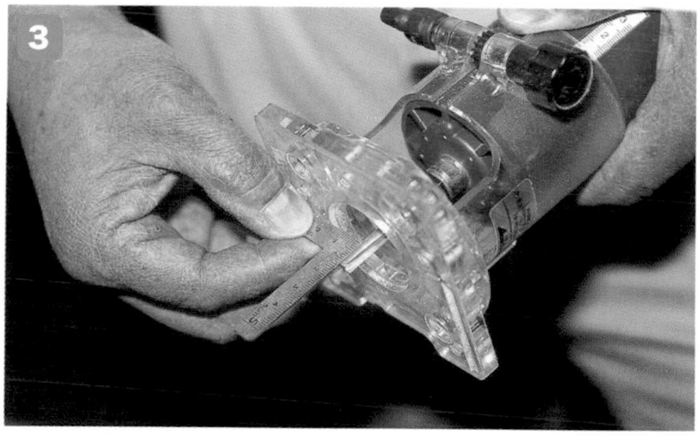

將銑刀銑削深度設定為11mm，和上一個動作一樣開始第二次銑削，最終銑出深6mm的木槽，完成榫槽加工。

已經完成的寬6mm深6mm之榫槽，榫肩寬度，也就是木口端到榫頭側面的距離為9mm，合計15mm。

在製作榫頭的木板上畫好墨線，榫頭長6mm，榫肩寬度設定為9mm。

銑刀換成10mm刀徑，將榫頭一側進行加工。

類似半槽邊接一樣的加工完成了舌槽對接的榫頭部分，榫頭前端為6×6mm，榫肩寬9mm。

只要加工方法正確，就能如圖拼接得非常密合。

Technique 3

利用方榫治具製作方榫

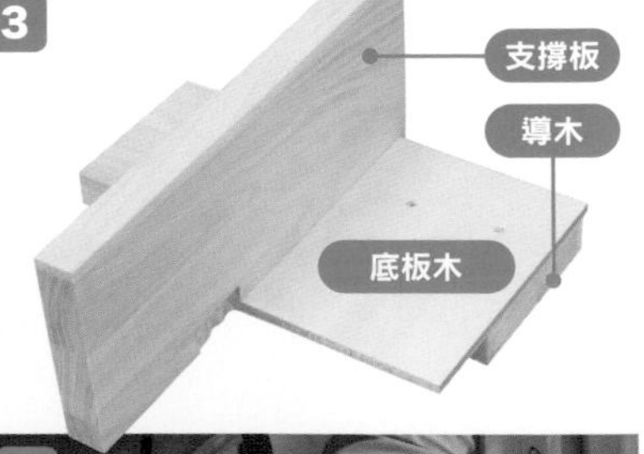

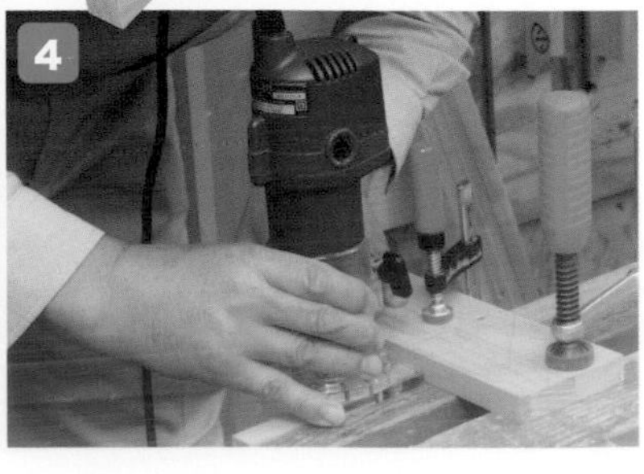

1導尺和工作物都被安裝到操作台上的情形，工作物超出底板木的長度即榫頭的長度。2中間構造複雜的工作物即為加工榫頭的導尺，可以說是偏移補償導尺的擴展型，這款導尺可以自製。3從背面看導尺，支撐板會被固定在操作台上，加工時工作物就緊貼著這一面。4修邊機安裝好逆銑螺旋直刀等銑刀後，開始銑削出榫頭的榫肩。5四方榫肩的四個面均進行的銑削作業，每銑完一面，就更換工作物的安裝面，繼續銑削下一面。6插入事先作好的榫眼，按照預想組合起來。7榫眼四角為圓形，因此需以鑿子將圓角修整成直角。8加工好榫眼，將榫頭插入其中，漂亮的方榫即完成。

Technique 4 45度切斷導尺（松井式）

1構造簡單，被稱為組合直角尺規的簡單裝置，導木面上裝備著兩個決定圓鋸機導尺位置的小木柱。2將兩片待切削的工作物交叉重疊著放置到導尺上，工作物的對面分別放一塊相同厚度的角木，以防止圓鋸機導尺側翻。3沿著兩側合成90度的縫隙，將兩片工作物的切削部分一次性直直地切斷，由於專用的圓鋸機偏移補償導尺被兩根小木柱牢牢固定位置，因此兩片工作物都會被切出準確的45度。

Technique 5 組合直角切割導尺製作缺口

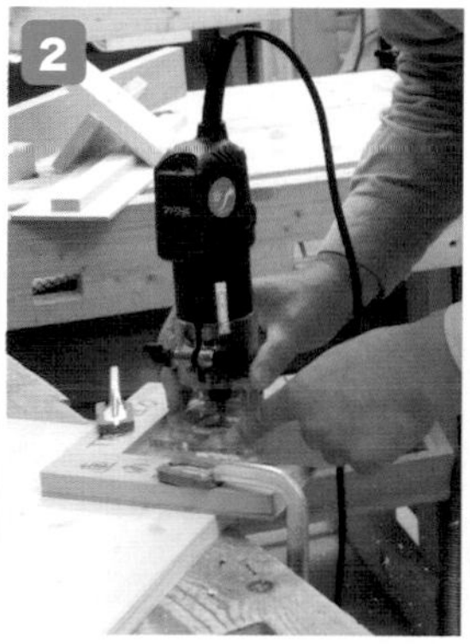

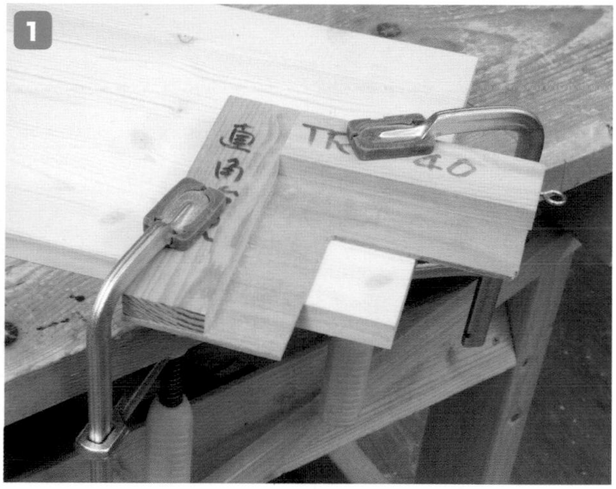

1只要將前面介紹的修邊機用偏移補償導尺（直線導尺）的導木組合成直角即可。2沿著導木移動修邊機，慢慢讓銑刀逐漸深入進行銑削。3漂亮又準確的直角完成了！

Technique 6 為修邊機安裝長木板，製成大型底板

在板材的木口部分進行銑削時，修邊機很容易側翻（斜），建議將修邊機直接固定在一個長長的木板上，作成一個大型的底板，即可放心地操作了。

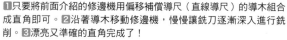

Technique 7

製作用於加工橫槽接合的平行導尺

能靈活對應擱板厚度的開槽用導尺

如圖所示，擱板和豎板相接時，豎板上開出的木槽寬度正好是擱板的厚度。這種接合就被稱作「橫槽接合」，這裡即將介紹的就是用於加工橫槽接合的橫槽接合平行導尺。

這種平行導尺的最大優點在於：它藉由導尺始終保持以平行四邊形變化而使底板木（偏移補償板）之間遠離或靠近，從而變換開槽寬度，只要將擱板夾在導尺中間，然後調節活動臂緊壓擱板，導尺、底板木之間的寬度就會恰好等於隔板之寬度。接著，只需沿著兩片直線導尺展開銑削，即可完成橫槽接合之橫槽加工。

橫槽接合圖解

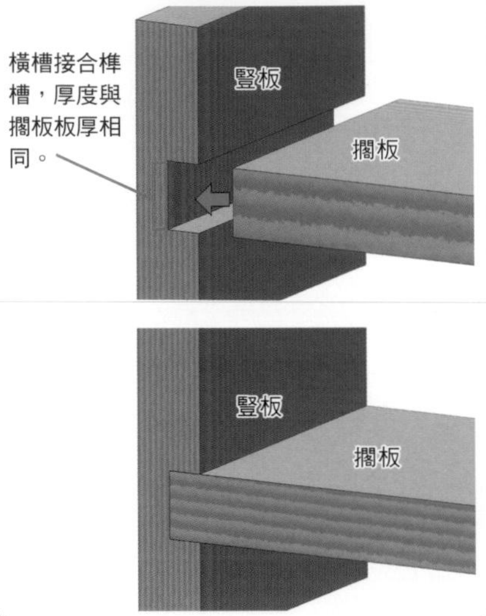

圖示即為橫槽接合。書架的擱板部分多用這種接合，DIY家具製作中，該接合也是屢見不鮮。

活動臂的部分四接頭能自由活動，也能隨時固定，就需要如圖以蝶形頭螺栓或T形螺帽來組合。

導尺構造並不複雜，在待加工的木槽兩側，直線導尺相對而置，兩片導尺是藉由兩活動臂鏈接到一起的，連接部分即可用螺栓加螺帽，也可用蝶形頭螺栓加T形螺帽的形式。當然，若能讓這裡透出幾分玩心，使用起來一定更加方便、輕鬆。

由於兩側均有底板木作支撐，修邊機的基座得以隨時保持水平，所以操作起來相當穩定。

導尺整體以平行四邊形的形式變化，可以隨時對應擱板厚度設定底板木之間的距離。

操作過程中，兩底板木分別在修邊機基座兩側形成支撐結構，所以任誰都可以藉之完成穩定的加工。

橫槽接合平行導尺之構造

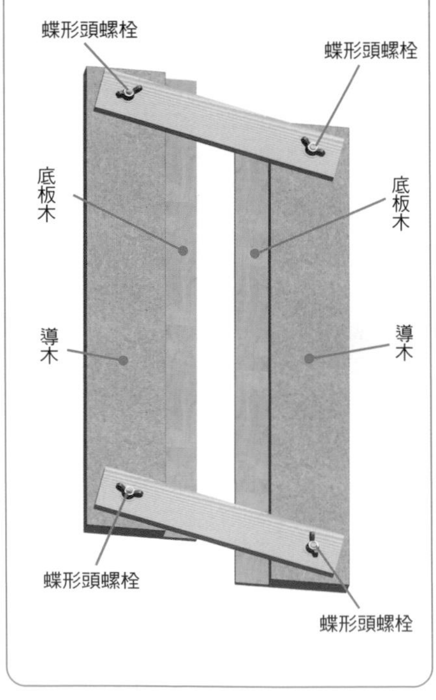

Technique 8

製作加工鉸鏈的型板

比照常用的鉸鏈尺寸製作專用型板

在製作陳列櫃或電視櫃等帶櫃門的家具時，必定會用到鉸鏈。當然，櫃門和家具主體之間，也可以用傳統的螺釘合一進行連接，這在使用方面毫無問題。不過，無論如何，還是在門板上挖出與新式鉸鏈等厚的孔，將鉸鏈突出部分埋入其中，使得鉸鏈與門板處於同一平面的作法，會使作品更加美觀大方，完成度也更令人滿意。

正因為如此，我們需要製作一個對應鉸鏈形狀的型板，準確講應該是鉸鏈用型板。

工作原理很簡單：比照鉸鏈形狀在膠合板（三合板）上挖出相同形狀和尺寸的孔。不過，想要做出好用的導尺，有幾點一定要注意。

儘管使用的膠合板按理說應該越薄越好，但也是有限度的，畢竟其厚度不能低於樣規導板的突出程度，門板用膠合板之厚度必須在4㎜以上。

其次，依靠樣規導板開出的孔之孔徑會比型板的內徑更小，所以型板必須較鉸鏈實際尺寸大一圈（準確講必須大過2㎜）。

為了更加方便地確定工作物的位置，鉸鏈的邊緣與工作物的邊緣準確對齊，應該像左下角的圖片那樣，在導尺下方配置一塊導木。

最後，同樣是為了準確定位，最好在導尺上畫好一條通過鉸鏈中心的墨線。

導尺製作本身很簡單，只要對應常用的鉸鏈尺寸作好鉸鏈型板，相信在加工門扉的水準和速度方面都會有很大提升。

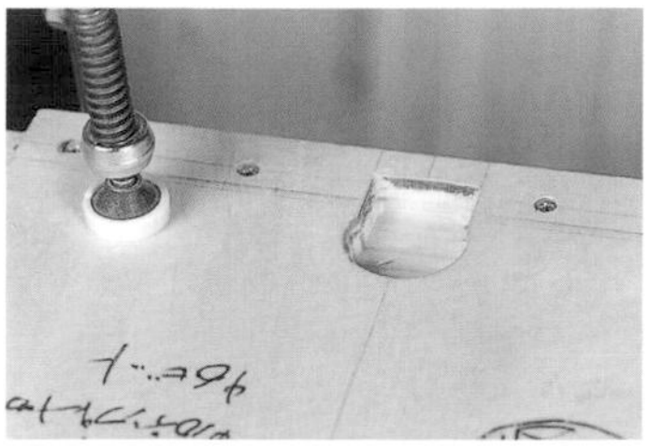
外形複雜的轉角鉸鏈也能漂亮完成的專用導尺，鉸鏈型板雖然必須是在安裝了樣規導尺之後才可使用，所以嚴格來說也屬於樣規導板的配件。

將鉸鏈試著放入加工孔中比照尺寸的情形，很完美地嵌入了門板中，鉸鏈型板盡量使用線鋸機認真鋸切加工。

實際用於櫃門的情形，由於安裝時是埋入工作物之中，所以整體感十分完整。

鉸鏈型板不管是修邊機還是木工雕刻機，必須先安裝好附屬的樣規導板之後再開始使用。

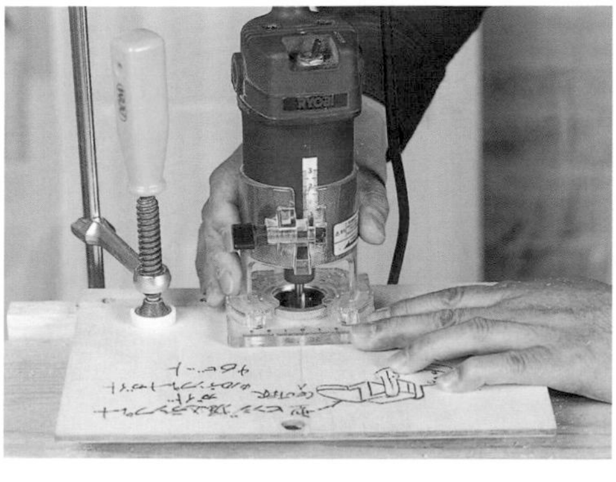
操作很簡單，只需沿著鉸鏈型板銑削至必要的深度即可，有了這麼一個專用型板尺，製作很多帶櫃門的家具都會很方便。

對應普通外形的鉸鏈製作的鉸鏈型板，下方安裝的是方便確定角木位置的導木，自製型板時，請注意樣規導尺與銑刀的直徑差。

Technique 9

製作鳩尾槽治具

輕鬆讓工作物緊密接合的鳩尾槽

由於鳩尾槽的其接合強度很高，一些美國家具也常常採用這種接合方法。

採用鳩尾槽接合方式時，鳩尾榫接合處會讓相接工作物之間形成互相牽引的作用力，而順利對接。正因為這個緣故，使用鳩尾槽接合的作品中，接合處無需再使用用釘子、木螺釘等金屬零件或白膠等。

鳩尾部被加工成梯形的鳩尾〈燕尾〉造型向前突出，而栓部則依據鳩尾部之形狀被銑削成鳩尾形榫槽向內凹陷。

加工栓部的竅門在於不要將榫槽銑得太深，盡量擴展其寬度（板厚方向），如果榫槽銑得過深，被銑槽的工作物自身的強度會收到損傷。與此相呼應，鳩尾部也請盡量加工得寬一點以增大摩擦力。

栓部的加工原理比較簡單，用鳩尾榫刀直接銑削出4至5㎜的鳩尾槽即可。如果不精準地畫好墨線，來銑出筆直的溝槽，鳩尾部就很難順利滑入其中，所以一定要細心而穩當地進行加工。

說到治具，外形看起來像是兩片直線導尺兩端被連在一起之後形成的治具。只需對應想要開槽的寬度切割下適當尺寸之膠合板後，在兩側安裝好角木，銑刀會沿著膠合板邊緣推進。

如果想把栓部的榫槽設定得很寬，那麼最好在使用鳩尾榫刀之前，先以直刀粗銑一次，這樣一來，開槽作業會更加輕鬆。

鳩尾槽加工順序

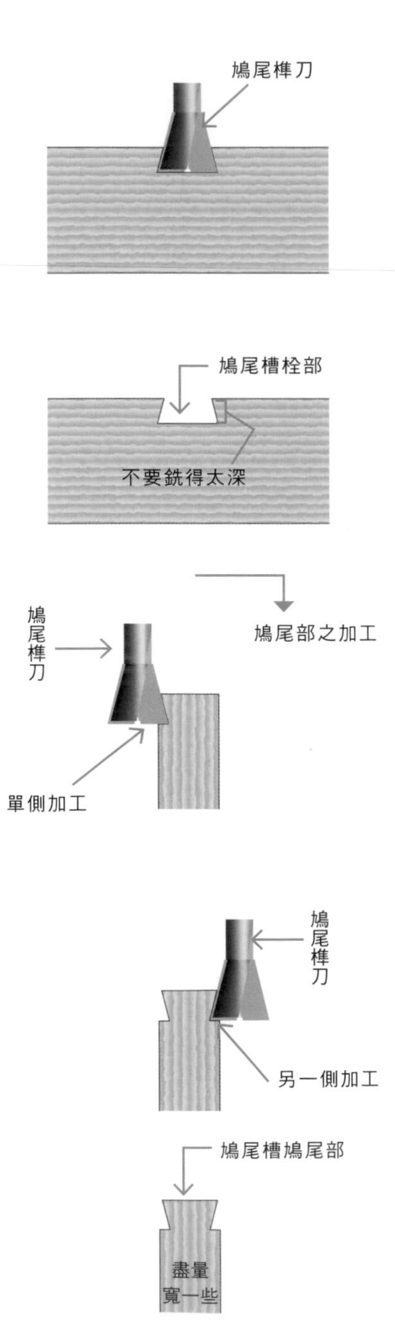

美國稱之為Sliding Dovetail（日本叫蟻頭槽），鳩尾槽是一種很多家具製作過程中經常用到的技術。

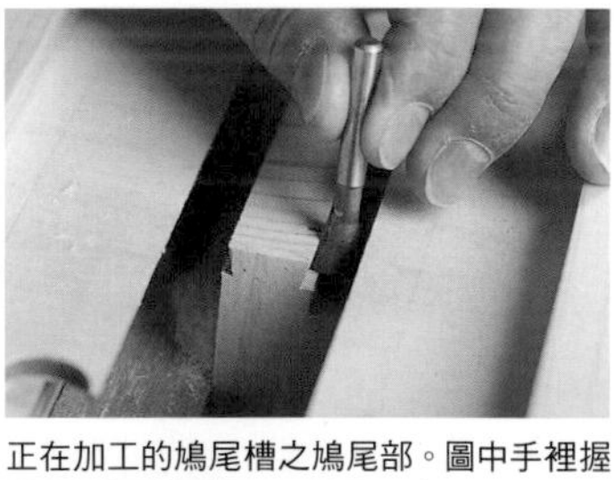

正在加工的鳩尾槽之鳩尾部。圖中手裡握著的那柄鳩尾榫刀，就是用來對工作物兩側進行銑削的，該銑刀也用於栓部的加工。

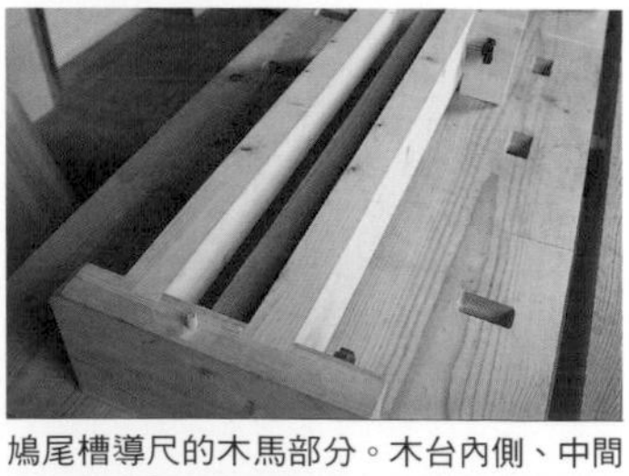

鳩尾槽導尺的木馬部分。木台內側、中間部分的木板是夾緊裝置，它會隨著右側可見的把手之旋轉而左右移動，來固定待加工之工作物之用。

跨在木馬上，調節加工深度的木板，和加工栓部的導尺之底板木厚度相同。木板下方嵌入木馬內側，木馬內側有固定該木板的塞子。

木馬上方安裝好深度調節木板之後的情形。木馬上的操作台也極為好用，由於去除了桌面，即使加工像擱板那樣較長的工作物也不會感到不便。

使用鳩尾槽的結構效果

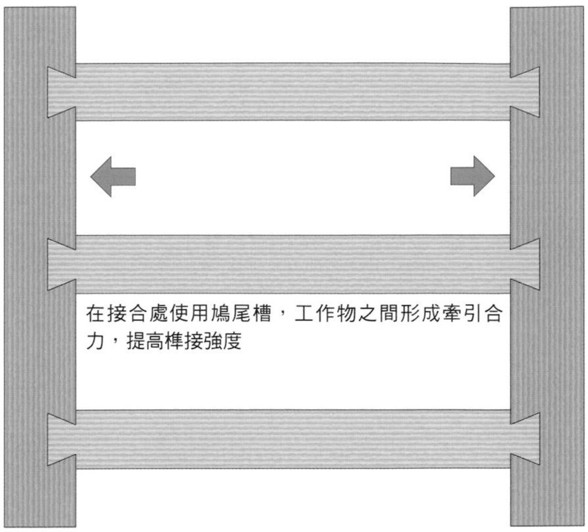
在接合處使用鳩尾槽，工作物之間形成牽引合力，提高榫接強度

正在使用自製治具進行木工作業的木工專家太卷先生，前面介紹的多款導尺都是其作品。「得益於木工治具，只要正確地畫好墨線，就算是面對大量加工作業，也能輕而易舉地快速完成。」

在最上方放置導板和安裝底板木之後，鳩尾槽導尺就做好了。使用該導尺，可以為擱板加工出鳩尾槽同尺寸之鳩尾部，效果非常漂亮。

鳩尾部導尺具有三層結構

加工鳩尾槽鳩尾部的導尺包括三層結構，豎立並固定待加工工作物，同時輔助導尺穩定跨在工作物上的II型木馬；加工栓部時的導尺底板木同厚的調節銑削深度之木板；兩片直線導尺兩端被連在一起的木板。

各層結構利用塞子等裝置組合進行作業時，一定要花心思防止它們出現鬆動、偏移等情形。

加工原理可參見第72頁的插圖，無非是分兩次對豎立的板材左右兩側依照栓部榫槽之尺寸、形狀進行銑削而已。

該導尺基本源於直線導尺發展而來，不過由於它是對工作物的兩個方向進行加工，所以導木、底板木都必須均等配置。因此在自製導尺時，需要縝密計算。

實際製作導尺時，最好先針對將要製作的鳩尾槽之鳩尾部、栓部分別做一個模型，然後比照實物製作和組裝出導尺，如此方法能保證做出準確的治具。

木工職人愛用的治具

研究各種木工技法的同時，杉田豐久先生新創造了不少新型治具，且成功將其商品化。這裡列舉出幾種杉田先生的工作室常用的治具，其中也有搭配自製工具而製作出的款式。

手作橫斷鋸推板

同樣是針對自製鋸台製作的依板。所謂「推板」，其實是類似「雪橇」，銑削台上安裝了鋁質的滑軌，導尺會在下方安裝的引導板拉動下沿著滑軌向前滑動。

膠合板底板上立著兩面擋板，擋板上方正對鋸片的位置安裝了一塊壓克力保護板，結構簡單而結實，工作物推動面很長，所以操作起來非常穩定。

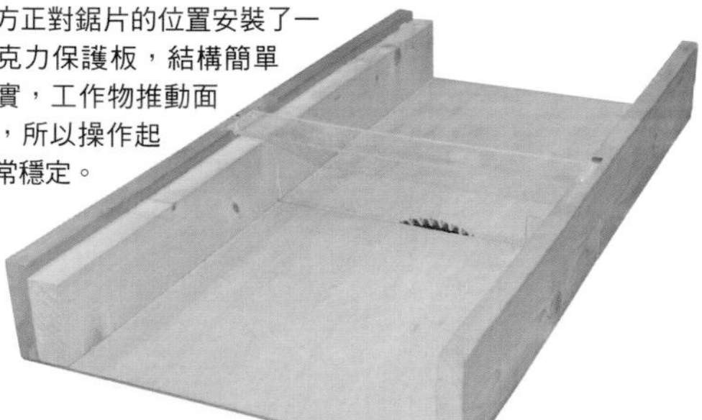

上／推板的底面對應銑削台桌面上的滑軌安裝著擔當引導板的角木。
左／推板的後部放置著廢木撐板，有了它，工作物得以穩定推進，切斷面也會平整漂亮。

手作橫斷鋸滑板

針對自製鋸台製作的依板，導尺選用鋁製L形角材，保證了精度和強度。

在具備一定厚度鋁製L形角材上安裝大型的直角規尺，將會組合得很結實。L形角材本身就具有準確的直角結構，是擔當依板好素材。

上／導尺翻轉後的情形。靠近讀者一側的組件，是用於將依板緊緊固定在銑削台台面上的裝置。
左／確定好導尺和鋸片的寬度後，讓工作物沿著依板邊推進，就能以準確的寬度切割工作物。

角度切斷導尺

這是從美國郵購回來的角度切割導尺。只要確定好切割角度，就可以將之安置在鋸台上輔助切割。圖中的產品是鐵製的，但完全可以木材來手工自製。

橫斷滑板導尺是筆直的參照基準，設置好任意角度之後即可使用。

斜角推板

能進行45度角切斷的治具，治具的底面與前頁介紹的橫斷鋸推板具有相同的結構。

前後都有引導滑軌牽制，操作過程中很難出現位置偏移。

以準確的直角來製作治具成為製作過程中的最重要的一環。

鑽台架的使用方法

即使是市售的鑽台架，只要充分活用，也能像導尺那樣固定加工位置而展開作業。

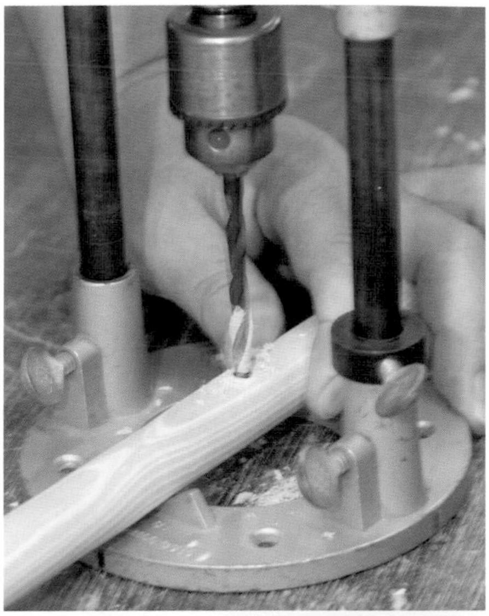

利用基座上配置的V字形結構，鑽台架便成了能在圓木棒上正中位置正確鑽孔的實用導尺。

上／只要用兩條支柱夾住工作物，就一定能在工作物的正中央鑽孔。
下／鬆開鑽台架的支柱，讓支柱突出基座之底板，鑽台架立即搖身變成一個能對所有寬度不超過兩支柱間距的工作物，確定其中間點的實用導尺。

邊框型板

這是以木工雕刻機完成方框類等製作時的輔助型板。如果板厚超過15mm，則無需微調即可進行作業，而且一次性設定好之後，可以一併完成兩處榫頭製作。榫頭厚度固定，均為7mm。示例是用6.35mm之螺旋銑刀對18mm的木板進行加工。

邊框型板／MIRAI（未來） http://www.mirai-tokyo.co.jp

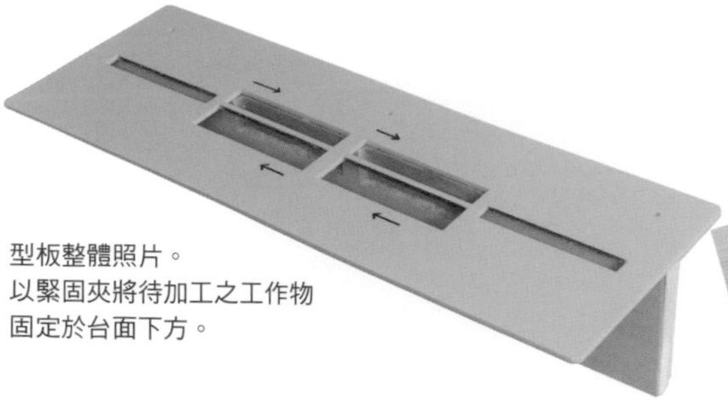

型板整體照片。
以緊固夾將待加工之工作物
固定於台面下方。

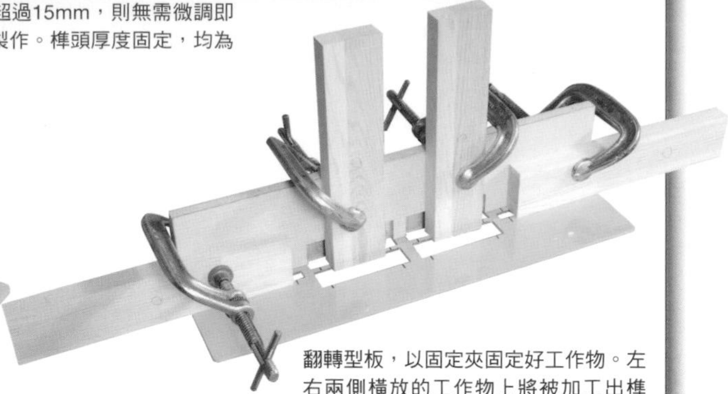

翻轉型板，以固定夾固定好工作物。左右兩側橫放的工作物上將被加工出榫孔，而中間縱向固定的兩片工作物將被加工出榫頭部分。

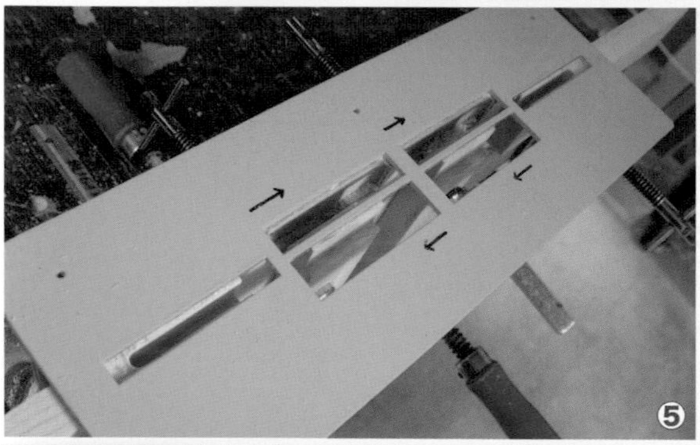

①將裝配好工作物的型板固定在操作台上。利用足夠的固定夾保證工作物不會在操作過程中鬆動。 ②為木工雕刻機安裝好6.35mm（1/4英吋）之螺旋銑刀，然後再安裝樣規導尺。 ③操作過程中的俯視圖。不難發現，榫孔已經被挖好了。 ④加工中的狀態。樣規導尺沿著型板邊緣移動，正在銑削榫頭部分。 ⑤加工完成後，從型板上方看到的情形。木工雕刻機已經沿著導尺孔銑削好兩組榫頭。 ⑥從型板上卸下工作物，圖中的木榫即告完成。

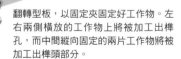

Technique 2

Making a frame

木工基礎課——邊框製作

初涉木工世界的人絕大多數都鍾情於相框製作。相框的魅力之一在於，它雖然外形寬大，卻又不失精緻與韻味。接下來我們針對以四根木材拼接四邊形木框，具有代表性的技法作簡單介紹，帶著大家一起體會相框製作之樂趣。

攝影／西林 真（ループ）

斜角接合

基本形邊框

這裡所講的「邊框」主要指的是相框或窗框一類，以四片細長材料板組合成的四邊形方框。材料板之間採用何種接合方法，對作品的整體感將產生很大影響。

「斜角接合」是最具代表性邊框接合方法之一。所謂「斜角接合」是將相接的兩片材料板木口部分切割成45度角（即斜角），然後拼合在一起構成90度轉角。斜角接合這種接口簡潔漂亮，是專業、業餘木工都很喜歡使用的代表性技法。

〈材料清單〉
使用材料：松木集成材（單位㎜）
長邊：長350× 寬40× 厚18㎜ ×2片
短邊：長250× 寬40× 厚18㎜ ×2片

以斜角接合而成的邊框完成圖，斜角的加工精度直接決定著作品之成品效果。另外，邊框中使用的材料中，較長的兩片稱為「長邊」，較短的稱為「短邊」。

利用專用推板立刻完成

對工作物進行斜角加工時，如果使用圖中的專用推板，操作就會變得簡單而準確。這裡是使用自製的「斜角推板」在鋸台上加工的實例，如果沒有鋸台，則可直接以傳統手鋸進行鋸切。

這時候，先將兩木口進行45度鋸切，注意留下一些墨線。再以餐刀等工具剝離被雙面膠帶黏合在一起材料。最後以刨刀將木口刨削至既定尺寸。

將兩片材料板黏合

將邊框的材料（材料板）進行斜角加工時，只要以雙面膠帶將兩片長邊、兩片短邊兩兩黏貼在一起切割，理論上它們會被加工得一模一樣。在進行這種黏合時，請注意避免材料板之間出現誤差（偏移、上下錯位、露出等）。因此務必在平整的操作台上進行作業，並不時以手指腹觸摸結合面以確認沒有出現偏差，希望大家將隨時防範誤差當作享受木工樂趣的基本遵守法則。

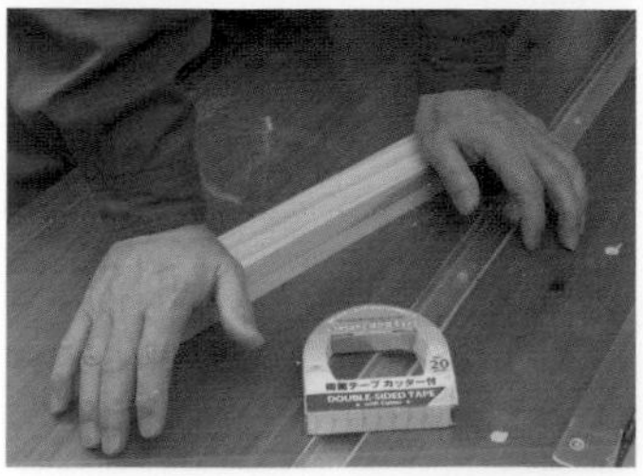

推薦使用轉角固定帶

利用白膠固定剛剛拼接好的邊框時，若採用圖示中的專用轉角固定帶（Corner Clamps），邊框之四個轉角都可以被同時牢牢固定。

以細綁帶暫時固定

為了促進白膠黏合，這裡使用了市售的細綁帶，細綁帶具有足夠的長度，可以固定很大的邊框，但由於沒有附屬的專門固定轉角之附件，所以在邊框轉角的內側都用了貼了膠貼的市售鋁質角材。（上）

纏繞細綁帶時務必細心，注意各個轉角的角材都沒有造成移位和誤差。細綁帶的棘輪下方必須放置一塊墊木，以避免棘輪戳傷工作物。（下）

以遮蔽膠帶臨時固定四片材料板

將斜角推板加工出的四片材料板組合起來（1）時，這裡採以遮蔽膠帶（Masking tape）臨時固定轉角的方法。

在平整的操作台上放置好材料板，以手緊緊按住材料板接合部分，注意避免接合面發生移位，然後將遮蔽膠帶貼在兩片材料板對接後形成轉角之外側，以臨時固定（2）。此時宜緊繃膠帶，加大膠帶反彈力有利材料板之間互相緊貼。

三處轉角都以遮蔽膠貼黏貼好之後，打開轉角，在各材料板木口處塗抹白膠。（3）

各木口塗抹白膠後，將展開的各材料板重新拼接成四邊形（請參照第82頁3），將最後剩下的第四個轉角按2的方法以遮蔽膠帶固定（4）。這裡必須提醒大家注意的是：滲出的白膠必須及時地以濕布擦拭乾淨，這是木工的基本常識，否則後期塗裝時很容易出現漆斑。

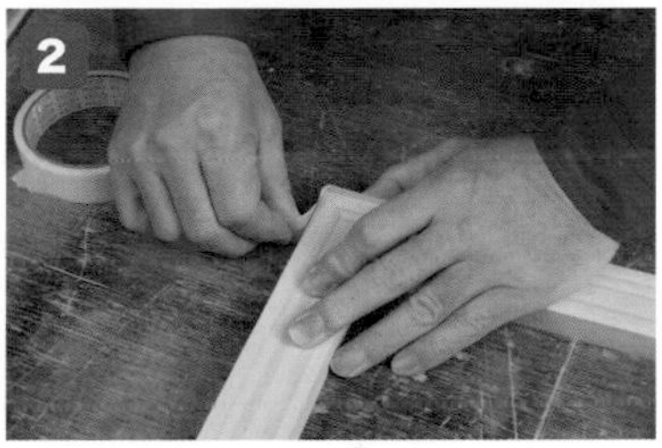

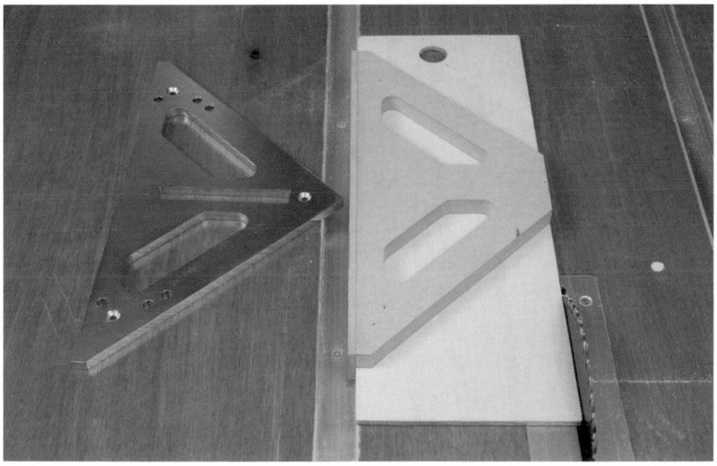

兩片材料板拼接成直角時，務必以方形水平角尺確認四個轉角均為直角，這也是木工的基本常識，操作過程中要習慣不時的拿起水平角尺驗證和確認。

自己嘗試動手製作專用斜角推板

邊框材料板需要對木口進行斜切（即斜角加工）時，如果有專用的推板，操作就會變得快且準確。此類推板基本是根據作品實際需要，建議自己動手製作。

這裡使用的斜角推板，是比照市售的鋁質三角尺由密迪板加工而成。如果沒有找到鋁質三角尺，使用一般三角尺也無妨。

將頂點為90度的等腰三角形貼在底板上，照輪廓切割好之後，再將三角形底板頂端切削掉，導尺就完成了！

細綁帶固定邊框以及以水平角尺確認直角時，無論多小心都會造成一定歪斜。建議使用牽引對角線的方法加以修正。

加強和裝飾斜角接合

楔片

所謂楔片，是指為了加強材料板之間接合部位而插入材料板中的楔形板片。這裡以前面講過的斜角連接的邊框為例，介紹這種插入技法，除了能加強接合處，同時還有美化裝飾的作用。

以鉋刀修整好楔片的厚度

這裡選用塑膠薄板作為楔片的原材料，厚度為1.5㎜。為了刨削出該厚度，我們先在鉋刀底面兩側分別貼了厚1.5㎜的雙面膠帶。（上）

以雙面膠帶將塑膠薄板黏貼在刨台上，鉋刀刨至沒有細屑刨出為止（下）。這裡沒有使用自帶定塞器的「刨台」，是因為成品的厚度只有1.5㎜，如果使用刨台，上面的定塞器反而會阻礙鉋刀工作。

使用楔片加工推板

為雕刻機安裝刀片厚為1.5㎜的T型溝線刀，準備在邊框上切好插入楔片的窄溝。（上）

這裡使用的導板是利用第79頁介紹的鋁質三角尺製成的「楔片加工推板」。將兩塊與邊框材料板同厚的材料板，沿著構成直角三角形的兩直角邊固定於底板上，依照圖片將邊框轉角頂著這兩塊材料板和推板頂端一起被銑刀開槽即可（下）。

調整好厚度後，將塑膠片放入斜角治具（能輔助手鋸鋸切45度斜角的專用治具。有市售產品）中，以鋸齒無交錯的手鋸，鋸切出略大於實際需要的三角形楔片。

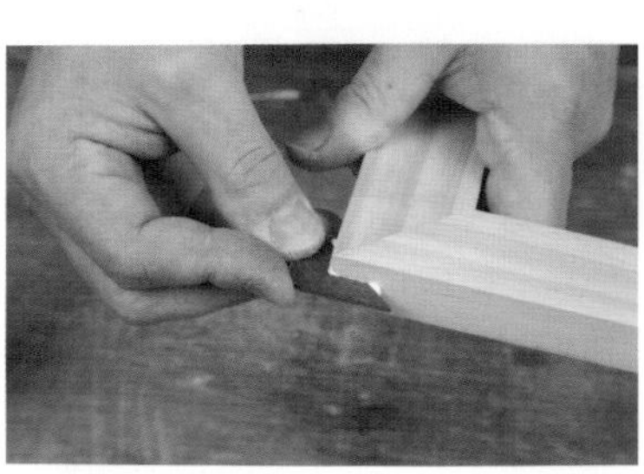

在邊框各轉角的切槽（寬1.5㎜）中填入充足的白膠，然後將加工成三角形的楔片插入槽中，擦拭掉溢出的白膠，待完全固定好之後，切割掉多餘部分，再以鉋刀刨平。

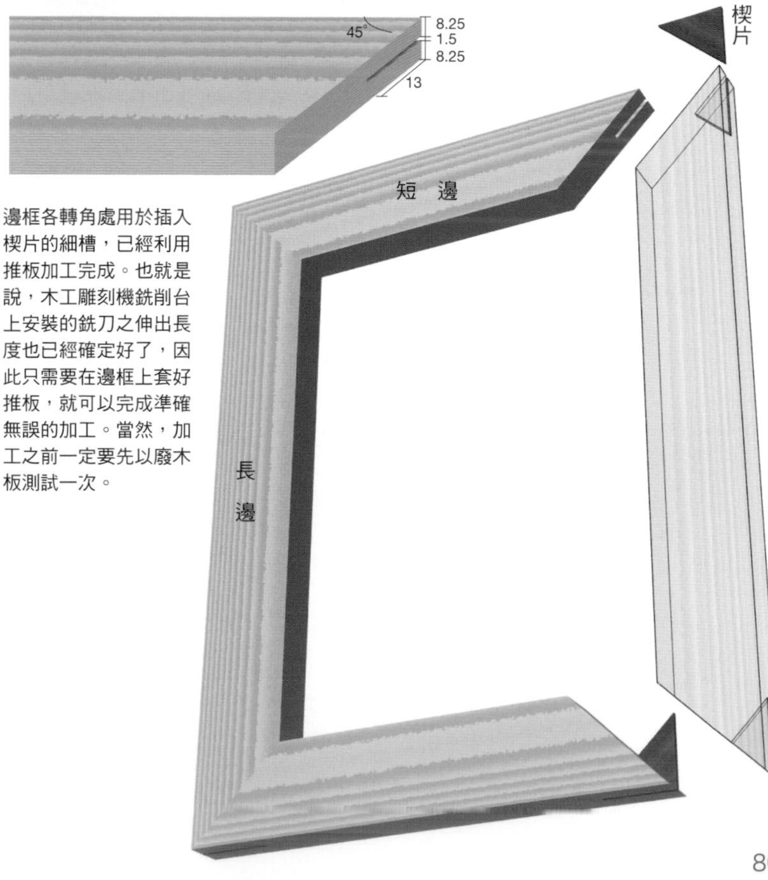

邊框各轉角處用於插入楔片的細槽，已經利用推板加工完成。也就是說，木工雕刻機銑削台上安裝的銑刀之伸出長度也已經確定好了，因此只需要在邊框上套好推板，就可以完成準確無誤的加工。當然，加工之前一定要先以廢木板測試一次。

製作相框

運用楔片和斜角接合

要說哪一種作品能將邊框製作的技法運用到極致，應該還是相框。接下來就要介紹，如何應用前面學習過的斜角接合和楔片加工方法，來製作相框。

邊框和相框最大的區別主要在於有無玻璃（示例中用的是透明壓克力板）和背板，除此之外相框正面也會裝飾得更加美觀。因此斜角接合等針對各材料板的加工完成以後，在拼接邊框之前需要額外進行幾項操作。

在這些操作中最常用到的是各種木工雕刻機銑刀。常言道「適才適用」，在木工製作過程中，如果能夠不時想像作品完成後的情形，正確為每道工序選擇最恰當的銑刀，這也是木工DIY的樂趣之一吧！

圖中使用了強調加工精度的木工雕刻機銑削台，當然也不是說用手執機就無法完成加工，只是在製作尺寸較小的材料板時，有必要藉助特別的治具謹慎作業。

半槽加工

邊框長邊、短邊斜角加工完成後，為木工雕刻機安裝平羽刀，對長、短邊作鑲嵌壓克力板和背板的半槽加工。

半槽寬度和厚度都取決於銑刀伸出長度，因此安裝銑刀時務必正確測量。

半槽加工時還需要注意，不要一次就銑削到既定尺寸，應該分二至三次逐步銑削。（上）

選擇木紋漂亮的一面作為表面，在另一面施以半槽加工。（下）

線板加工

邊框材料板完成半槽加工後，把平羽刀換成凹盤銑刀，對相框的表面做美化加工（上）。與半槽加工不同，這時需要一次性銑削。由於相框完成後，表面一側會完全呈現在大家眼前，操作時需要認真些才作得漂亮。如果推進速度太慢又會造成材料板被燒焦，必需格外注意。

線板加工完成（下）。經過這道工序，相框看起來已經漂亮很多了，線板加工也可以以手持修邊機來完成。

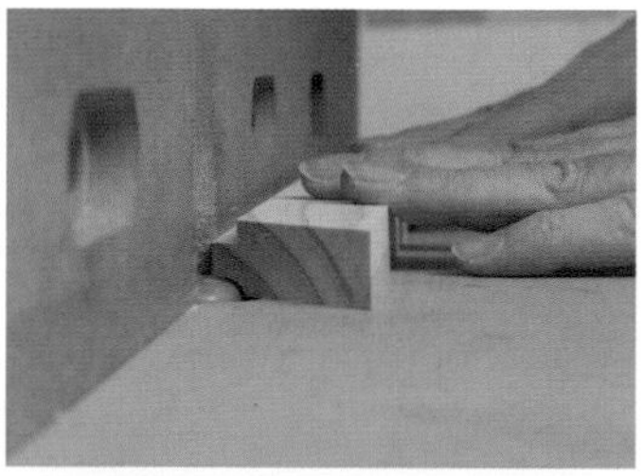

主要的木工銑刀

【平羽刀】

「嵌槽」（rabbet平羽刀）的本意是「溝槽、切口」。軸承（滾軸）可防止銑削過多，是嵌槽加工專用銑刀。

【凹盤銑刀】

顧名思義，就是為了加工深盤側面形態的裝飾用銑刀，多準備幾種裝飾用銑刀，操作會更有趣。

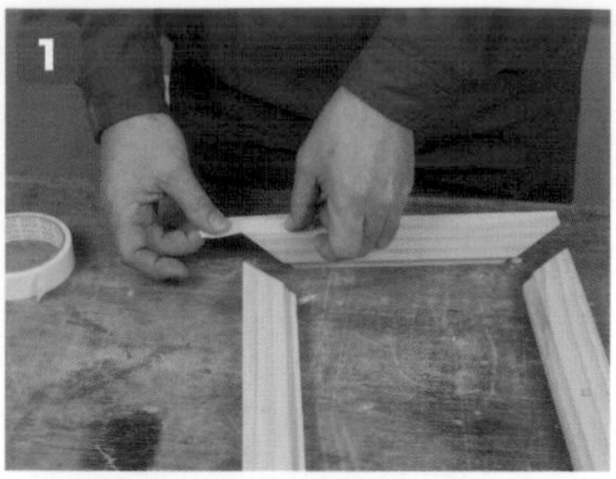

使用遮蔽膠帶完成斜角加工、半槽加工、線板加工而將邊框材料板連接起來（三處轉角），黏貼時繃緊膠帶可使相鄰材料板接合得更加緊密。

在各處斜角加工部位（八處）塗抹白膠，以手指或刮刀儘量均勻地塗抹，如果有漏塗的地方就很容易出現脫落、縫隙現象，每一道基礎作業都須認真操作，作品的完成度才會大大提高。

斜角加工部分塗抹白膠後，將四條邊框材料板全部組合起來，最後剩餘的轉角也以遮蔽膠帶暫時固定，讓各接合處緊密相接，再以濕布擦拭接縫處滲出白膠。

如第79頁中介紹，以綑綁帶和鋁質角材固定相框，固定後放置一晚，待白膠凝固。

無論操作多麼細心，接合部位難免會產生微小的錯位（誤差）。這時使用鉋刀消除掉這些錯位，讓鏡框表面完全平整，是木作的基本操作。

為木工雕刻機裝上T型溝線刀，銑削出插入楔片的窄槽。這裡使用了第80頁介紹的楔片加工推板，使用該推板可以加工出一樣寬度、深度的窄槽。

將之前確定好厚度並藉由斜角治具鋸出來的楔片，插入並黏貼在插槽之中，楔片擔當著加強接合的重要職責，所以務必在插槽內各處塗抹足夠的白膠。

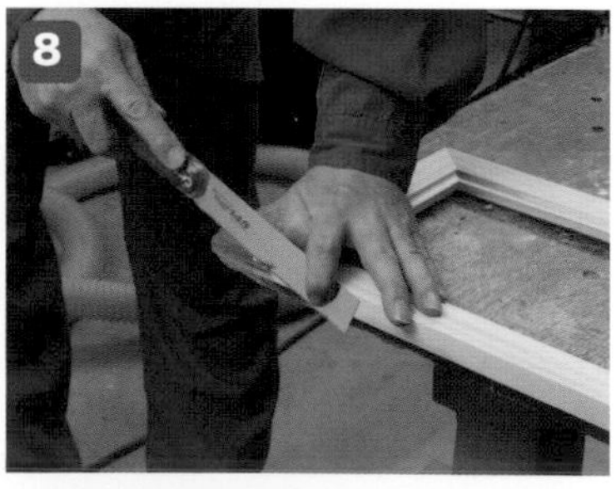

細心擦去溢出的白膠，等待楔片完全被貼牢，以手鋸鋸掉多餘的楔片，操作時請注意不要傷到相框材料板。

鋸掉多餘的楔片，需要再次刨平。用木工虎鉗夾緊邊框，細心進行加工，不要傷及接合部位和楔片，鉋刀一定要從斜角接合的部分開始。

整體刨平後，最後對材料板的稜角進行一至兩次刨削，由於刨出的木屑呈線狀，該操作也被稱作「倒角」，雖是不起眼的工序，這方法卻左右著作品的外觀品質。

安裝背板與壓克力板

1
從相框背面直接量出嵌入之背板和壓克力板的尺寸。雖然事先就能推算出尺寸，但由於製作過程中多少都會產生偏差，因此最好是利用實物直接確認尺寸，這叫做「實物比照法」。

2
依照實際尺寸在壓克力板上畫好墨線，在鋸台上切割，如果沒有鋸台，利用直線導尺和手提圓鋸機加工也無妨。

3
以同樣方法切割背板（三夾板），背板也可以使用直線導尺和手提圓鋸機進行加工，以砂紙將切割面處理至平整光滑。

4
安裝扣壓壓克力板和背板的瓜子片（相框壓扣）。瓜子片安裝位置是隨意的，以錐子先刺出小凹洞，然後以木螺釘固定瓜子片。圖中是在長邊上安裝了兩個瓜子片，如果相框很小，只裝一個也行。

5
安裝P形三角掛鉤，安裝方法與瓜子片相同，圖中是準備完工後豎著掛相框，因此掛鉤裝在長邊。如下圖所示，也可將掛鉤裝在短邊讓相框橫著掛，安裝位置在中間偏上一點較好。

6
簡單卻有情趣的相框完成了，表面的裝飾性加工效果明顯，可以塗裝一層清漆彰顯實木本身淺白色澤，也可使用桐油加深實木顏色。完工後，在相框裡放入喜歡的照片或插圖、繪畫，就可以慢慢欣賞啦！

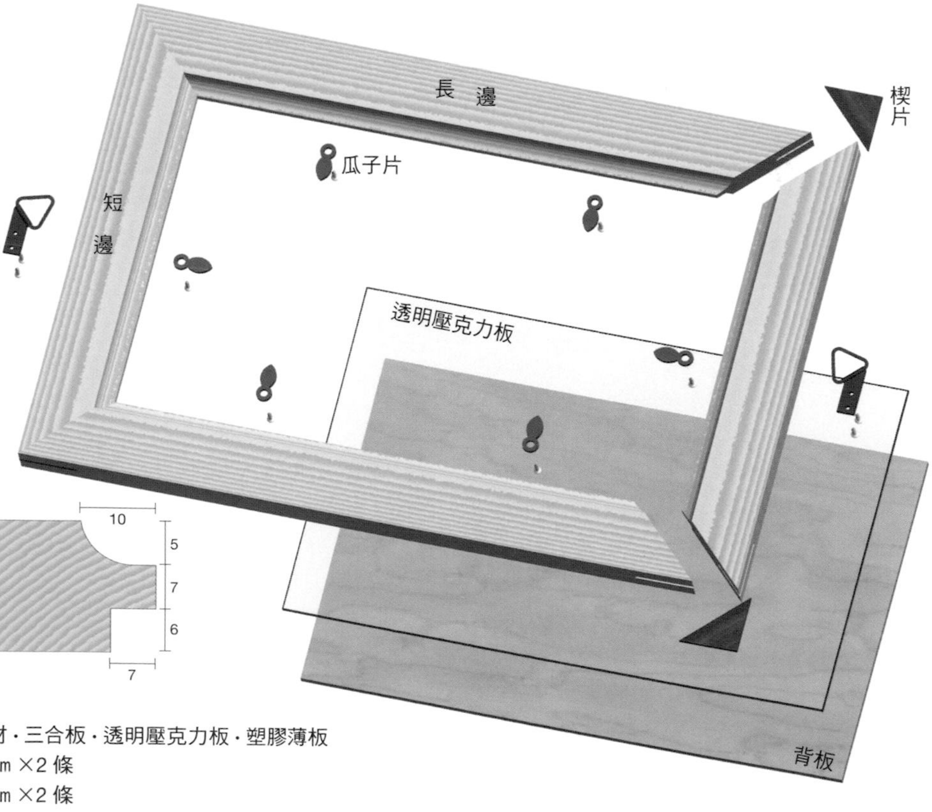

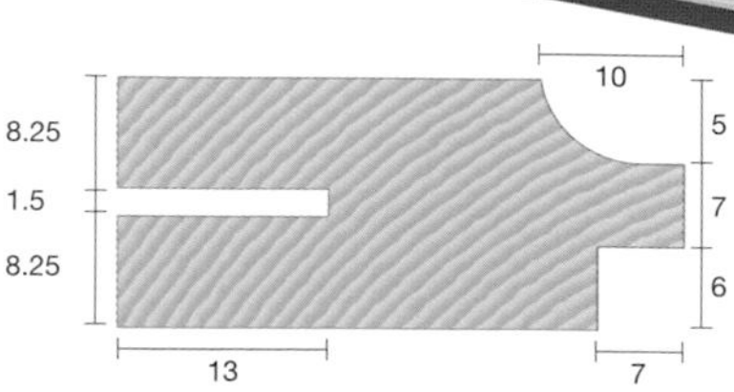

〈材料清單〉（單位 mm）
使用材料：松木集成材・三合板・透明壓克力板・塑膠薄板
長邊：350×40×18 mm ×2 條
短邊：250×40×18 mm ×2 條
背板：280×180×3 mm ×1 片
透明壓克力板：280×180×3 mm ×1 片

榫接

製作邊框

角木之間沿著直角方向相接時，會先將一方的木口前端加工成四方形的榫頭，然後將榫頭插入另一方角木上開好的榫槽，繼而將兩塊角木接合起來。這種接合方式就叫榫接，是木工接合中很普遍的接合法，在邊框製作中也極為常用。

利用邊框型板同時加工榫頭與榫槽

1

榫接時，如果榫頭裝上去是鬆動的，這個榫頭就失去了意義，因此有必要畫好墨線精密加工，請大家先以筆頭削得很尖的鉛筆，或者畫線規、尖刀等專用工具畫好墨線。

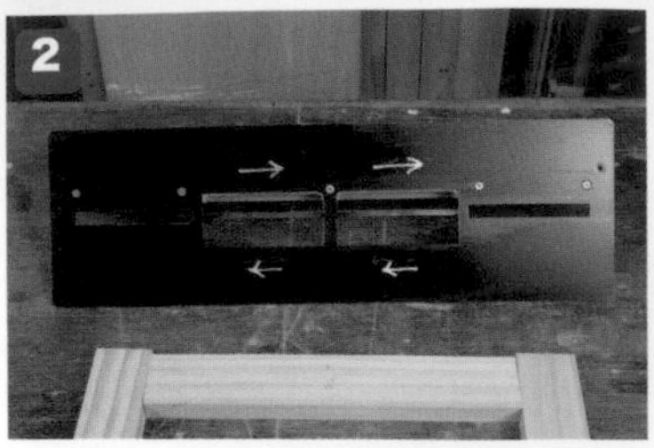

2

圖中使用市售能夠同時進行榫頭和榫槽加工的「邊框型板」（請參照第76頁），有了這個型板，只要確定使用的銑刀，就能準確均一地加工好榫頭和榫槽。

3

利用固定夾把要加工榫頭的材料板（短邊）牢牢固定在邊框型板的中央，而加工榫槽的材料板（長邊）固定在型板兩端。為了避免損傷材料板，建議在材料板和固定夾之間添加墊木。

4

四片材料板緊密固定在邊框型板上之後，像圖示那樣將短邊固定在工作台上的虎鉗上，接下來要使用木工雕刻機進行加工，務必再次確認固定夾和虎鉗都不會鬆動。

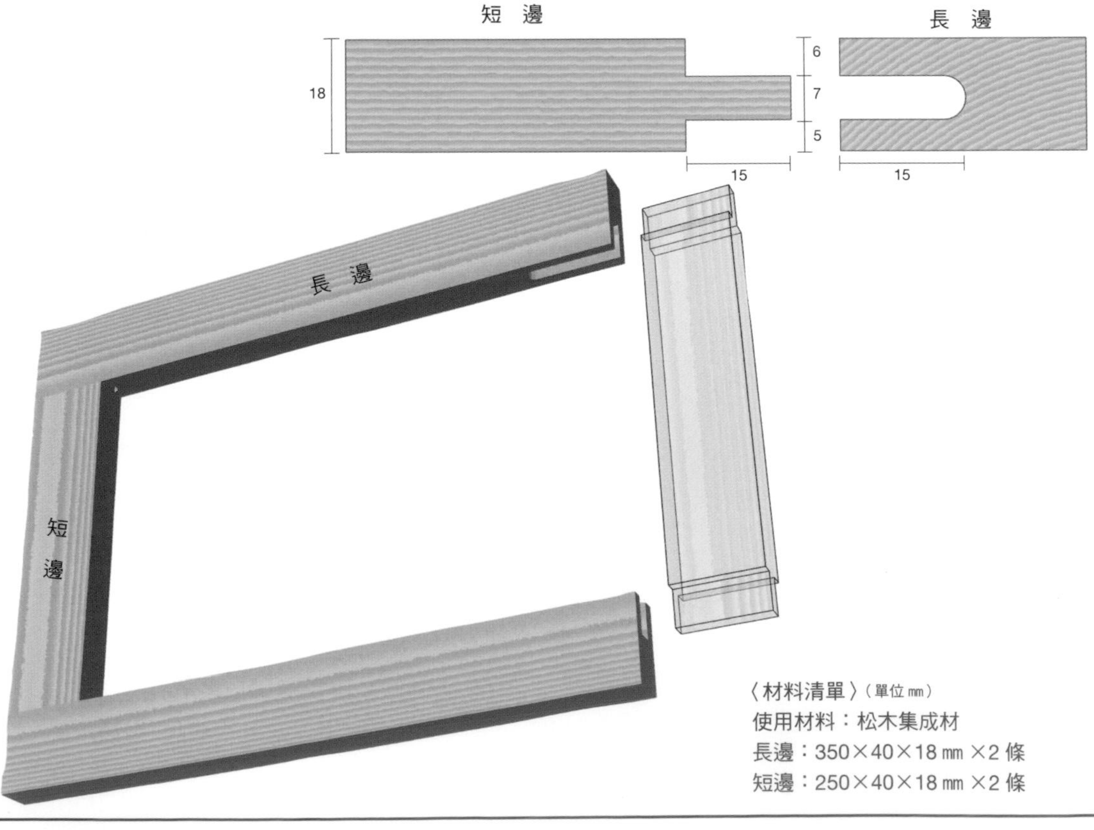

〈材料清單〉（單位 mm）
使用材料：松木集成材
長邊：350×40×18 mm ×2 條
短邊：250×40×18 mm ×2 條

為木工雕刻機安裝樣規導板

使用木工雕刻機進行銑削作業，必須像下圖般安裝樣規導板（包在銑刀外圍的淺色金屬部件）。樣規導板不只能防止銑刀直接碰觸到導尺型板等物品，其圓環設計是便於帶動木工雕刻機緊靠導尺型板側面運行，使其能夠均一、準確的銑削。樣規導板因木工雕刻機廠商不同而分為不同的種類和形狀。右上圖是UNIVERSAL的樣規導板，下方則是博世（BOSCH）專用的樣規導板。

自己製作便利用品

看到方便且安全的自製木工雕刻機放置台，忍不住想為大家介紹一下。木質的放置台呈馬蹄形，每次木工雕刻機完成一項作業需要暫放時，就只需放到馬蹄形木座上即可。這樣一來，工具就不會受到損傷，更重要的是，加工者被突出的銑刀戳傷、劃傷的可能性也大大降低。

※ 製作方法請參照第 113 頁

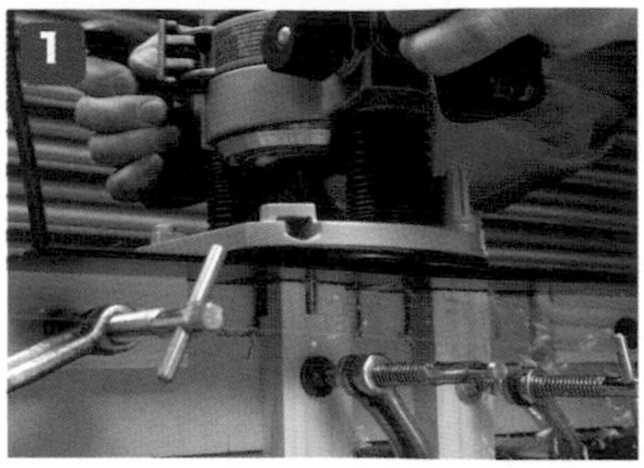

這裡安裝的是1/4英吋螺旋直刀。若沒有螺旋直刀，使用直刀也可以加工。圖中是正在對一個榫頭進行單面加工時的情形。

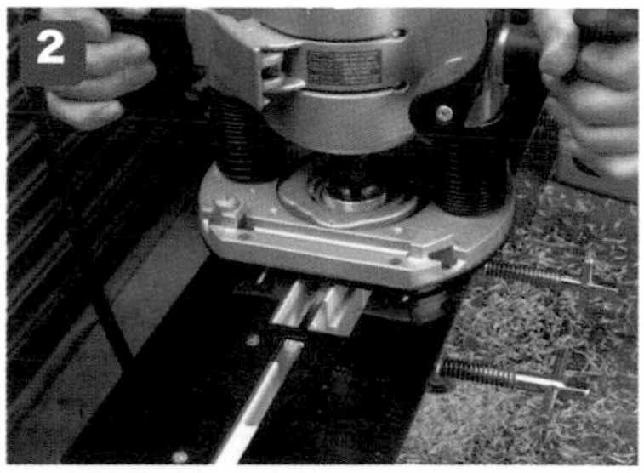

邊框型板是金屬材質，木工雕刻機在上面的滑動非常輕鬆，儘管如此，在操作時仍然不能大意。使用電動工具，無論什麼時候都必須小心謹慎。

銑削榫槽時，不是一次到位，而應該像圖示般，先用木工雕刻機在材料板上幾個地方打孔，再將這些孔連成一線構成槽。此加工方法不光是加工者自己輕鬆，也可減輕木工雕刻機的負荷。

一系列操作之後，長邊、短邊都完成了一端的榫頭、榫槽加工。上下（短邊）、左右（長邊）對調材料板位置，重新固定在邊框導尺上，再一次展開作業。

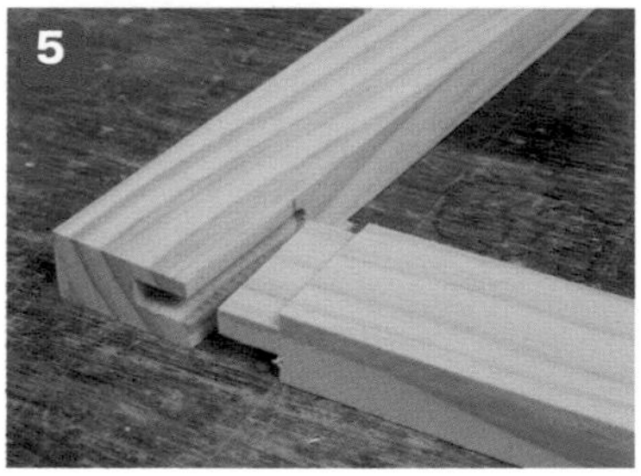

完成加工的兩片材料板。一旦設定好銑刀銑削深度，之後的操作都無需微調，完成的榫頭和榫槽在尺寸上都相當準確。若是想用手鋸、鑿子、刨刀等進行製作，以細細品味木工樂趣也沒問題。

為榫頭和榫槽接合處塗抹白膠，完成榫接後再以緊固夾固定。擦掉滲出的白膠，完全黏合之後，再以鉋刀對接合部分進行刨平處理。

活用榫接邊框製作

製作門扇

「框」就是指邊框或者邊框材料板，由此意義來講，它和邊框幾乎同義。平時常見的門扉、窗扉，通常都會在邊框的內部裝上一面作「嵌板〈肚板〉」的薄木板。這裡就介紹一下門扇的簡單作法（橫框板&豎框板）。

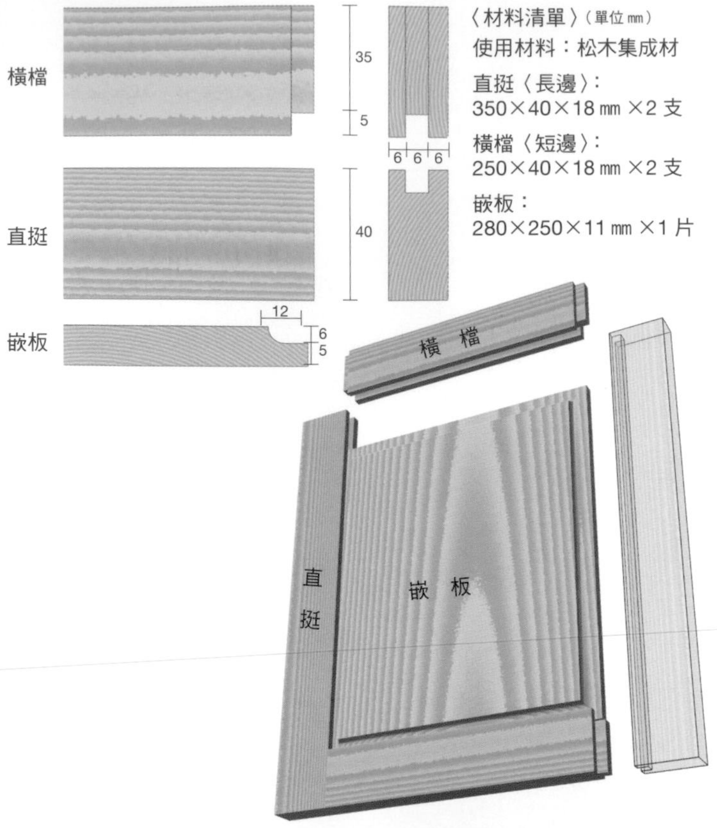

〈材料清單〉（單位㎜）
使用材料：松木集成材
直挺〈長邊〉：
350×40×18㎜×2支
橫檔〈短邊〉：
250×40×18㎜×2支
嵌板：
280×250×11㎜×1片

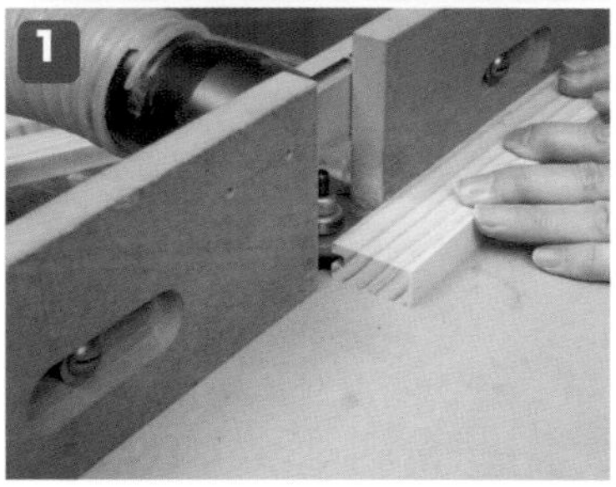

這裡製作的門扇，嵌入嵌板的木槽同時兼有榫槽的功能。在木工雕刻機銑削台上對各邊框材料板木端進行一次性溝槽銑削。圖中用的是1/32英吋（約5.5㎜）的溝線刀。

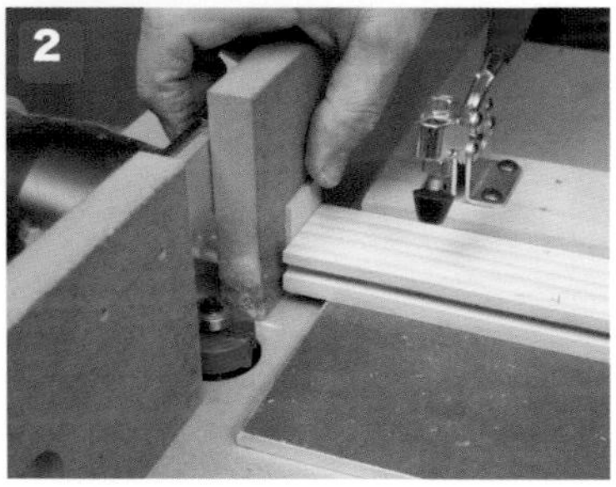

四條邊框材料板都完成溝槽加工之後，將短邊固定在木口加工推板上，為木工雕刻機換上平羽刀，對木口部分加工出榫頭。

加工榫頭時用的木口加工推板是自製的。有了這個推板，材料板和銑削台之間可以始終保持3㎜之距離，而且材料板也一直沿平行於依板的方向移動，將材料板翻過來，另一面也進行一樣的加工。

準備好嵌板用材料板之後，選擇木紋漂亮的一面當表面，然後對其四邊展開裝飾加工。這裡使用的是第82頁也介紹過的凹盤銑刀，如果從木口開始改加工，可有效減少毛邊。

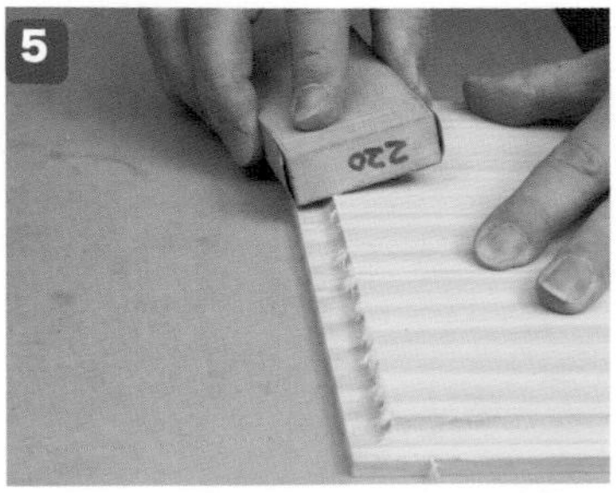

為嵌板進行裝飾加工時，木口側難免會產生毛邊。因此加工完成後，最好以砂紙將銑削面處理乾淨。若能順便把嵌板全體都磨一次，自然有助於提升作品美觀度。

材料板加工完成後即可組裝。由於尺寸本來就較寬，嵌板插入插槽時並不會太緊。邊框乾燥後容易收縮，這樣操作便可防止因乾燥而導致接合處出現開裂等情形。另外，嵌板通常是不以白膠固定的。

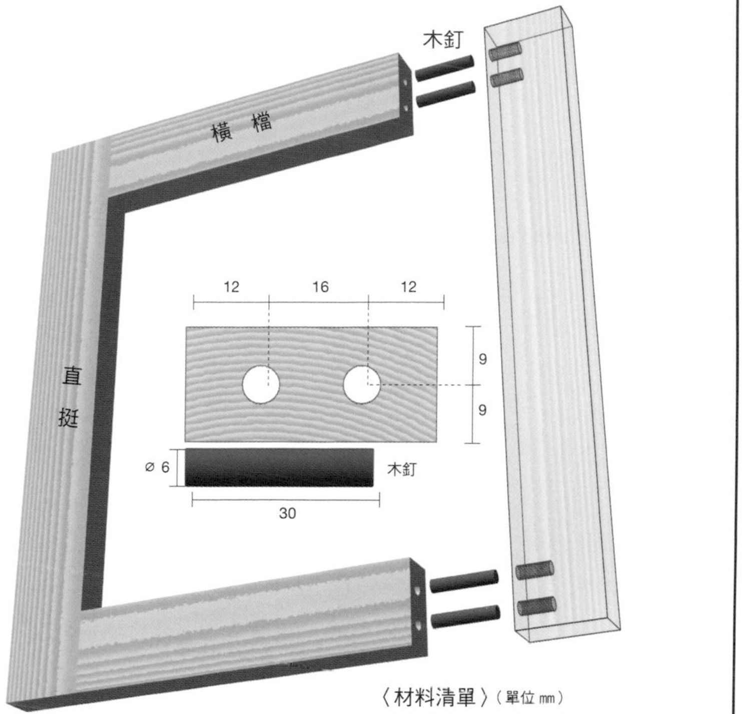

〈材料清單〉（單位 mm）
使用材料：松木集成材
長邊：350×40×18 mm ×2 條
短邊：250×40×18 mm ×2 條
木釘：直徑 6× 長 30 mm ×8 條

木釘接合

製作邊框

不需依賴木工雕刻機或修邊機，甚至連導尺等輔助工具也不用，卻能作好邊框的方法，就是使用木釘接合。

參考左圖就可理解，將兩木件以木釘接合的技法，即使是初學者，也可容易學習這個技法。

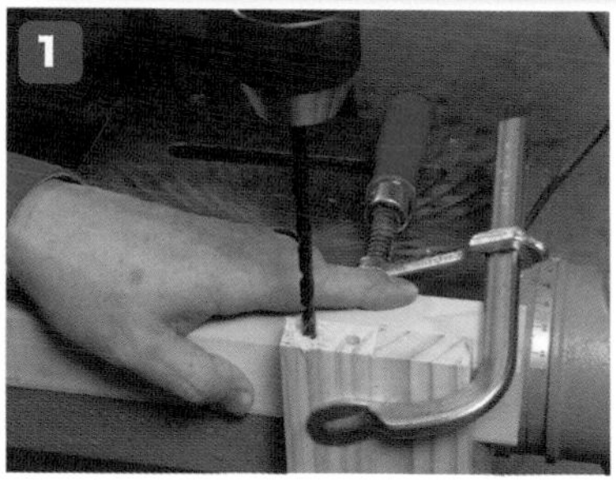

在兩條橫檔材料板上以墨線確定好插入木釘的位置，然後搪出直徑6mm，深度16mm的圓孔。圖中使用了鑽孔機，其實使用普通的鑽台也無妨，必須保證垂直鑽孔即可。

橫檔的兩個木口分別開好兩個圓孔之後，在孔中插入市售的被稱作木釘中心沖的金屬輔具。該輔具是作業變得簡單的關鍵，可在量販店或DIY用品店找到。

以固定夾將廢木材固定在操作台上當作導木，像圖示那樣利用橫檔上的中心沖用力頂直挺，以印出將要鑽出的圓孔之中心位置，請注意別讓材料板之間發生移位。

在確定好圓孔中心位置的長邊上，垂直鑽出與橫檔上圓孔大小相同的小圓孔，使用到電動工具的操作到此結束。該技法的優點就在於能快速完成加工。

往橫檔材料板的小孔中填入白膠，敲入圓木棒，在木口處也塗抹白膠，該接合便可完美無缺，但如果太用力敲打圓木棒，圓木棒可能被敲壞。

就像蓋住直挺材料板木口一樣把邊框組合起來，以橡皮槌組合邊框就不用擔心傷到材料板，如果沒有橡皮槌，可用墊木隔著用鐵鎚敲入，組合好之後，以鉋刀刨平。

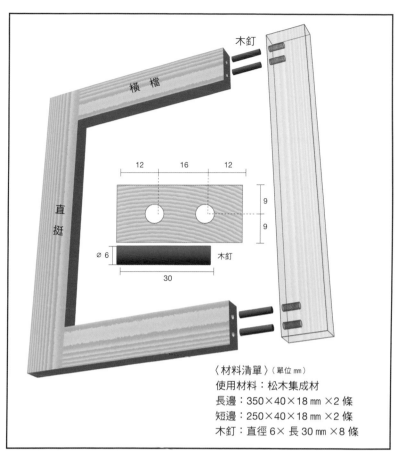

為不同作品添購修飾用銑刀

接下來我們將針對6mm軸徑銑刀介紹幾款常用的帶軸承的銑刀。這些銑刀都採用了不同的設計，它們都有軸承，使用方法是一致的。先安裝到修邊機上，確定好銑削深度，將修邊機底板放在材料板待銑削之角落上，然後讓軸承緊靠側面，從胸前向前方推出銑削即可。

這裡介紹的銑刀有標準的簡單設計，也有相對華麗的複製式樣，每一支銑刀都可以銑出一種式樣。常使用修邊機的人中有不少人是一有需要就會添購，以致於最後多到了專業收藏的地步。

解說中的「R」表示銑削曲線半徑之mm數值。帶軸承的銑刀，即使圖形設計一樣，大小尺寸上也有大不同。從盒子等小作品，到書架等大型作品，都可以按實際需要，根據作品尺寸、板厚等情況選擇到相應的銑刀。（本文介紹的銑刀全都是ARDEN品牌的產品）

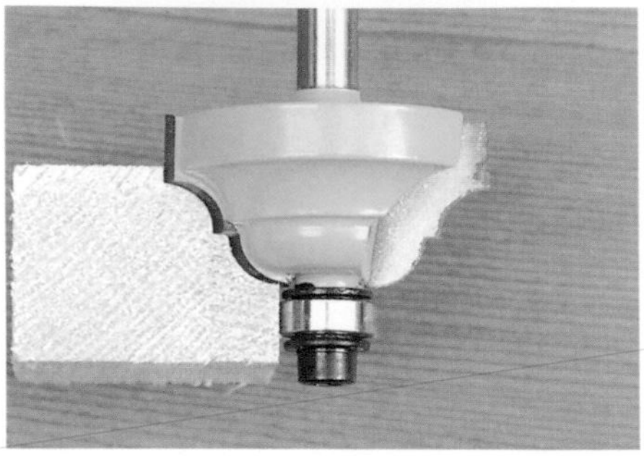

帶軸承的雙層戶西線刀。刀徑31.9mm，R4.8mm。對於修邊機而言，屬於較大型的銑刀。同一個面上組合了銀杏面和匙面兩種弧線。

帶軸承的側1/4R銑刀。刀徑22.3mm，R6.4mm。銑出的圖形似湯匙（spoon），可完成尺寸較大的凹1/4圓槽。

帶軸承的凸敏仔刀。刀徑21.5mm，R3mm。該銑刀能銑削出銀杏面銑刀被倒轉後的圖形。想讓作品給人輕快印象時，選擇這種匙面銑刀非常適合。

帶軸承的敏仔刀。刀徑20.7mm，R4mm。銑削出的圖形酷似從斜上方俯視銀杏果時看到的形狀，用其加工的修邊會有一種飽滿感。

帶軸承的1/4R刀。刀徑25.5mm，R6.4mm。簡單的和尚頭式圓形設計，經常被用來修邊，R尺寸有大有小，初學者也可以輕鬆使用，很少失敗。

帶軸承的敏仔刀。刀徑25.5mm，R6.4mm。屬於大型的敏仔刀。在加工桌腳、柱子時用它來倒棱，效果明顯。

Technique 3

Making a box

木工職人真髓
小木箱製作

和相框類似，木箱製作也深受廣大木工愛好者們青睞。尤其是小木箱，除了可以收納常用的小物件，如果花一番心思巧加以修飾，它們還可以變身精美的禮物呢！接下來，我們就簡單地介紹製作箱子時的基本方法，請大家一定要動手製作自己獨有的小木箱喔！

木箱製作
基本技巧
01

筆直切割

充分利用
筆直切割輔助工具

垂直上下無偏差地沿著直線，或者準確地沿著直角切割是木工鋸切的基本要求，製作四方木箱的關鍵也同樣在盡量完成準確的直角切割。切口哪怕存在一點點偏差，組合部件時接合面都會出現明顯的縫隙。如果偏差再大一點，甚至會出現根本組合不了的狀況。要想筆直或者沿準確直角切割，藉助多角度切斷機或圓鋸機、帶鋸機、木工雕刻機銑削台是確實的好辦法。職業木工家正因為是專業人士，對這類基本的鋸切工作尤其非常重視，他們往往會先用圓鋸機把材料板鋸得稍大於預計尺寸，然後再以鉋刀進行微調，以加工出精確的直角。

說到筆直切割出直角邊，倒不是說普通的手鋸無法勝任。例如：市售有很多專門輔助對材料板進行橫割的器具，藉助它們往往能大幅提高切割準確度，在沒有電動工具的時代裡，大家只能用手鋸來切割。所以那時候能否精確切割，往往視木工個人努力程度而定。

使用手鋸筆直切割的要點就在於：墨線、手鋸鋸片、視線必須筆直處於同一條直線上。

在使用手鋸鋸切時，藉助自製的導尺使得筆直切割成為可能。

小木箱的構成材料板都是標準的直角材料板，因此精確的直角切割顯得極為重要。

橫鋸材料板時，墨線會成最重要依據。只要倚靠角尺畫墨線，就能畫得筆直準確。

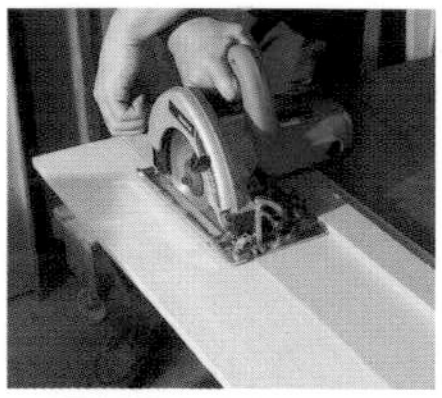
只要有圓鋸機專用導尺，就能完成近似圓鋸機之精度木工切割。

使用自製的圓鋸機導尺即可實現對材料板進行筆直的橫鋸、縱切。

圓鋸機利用依板確定好切割寬度後，即可對板材進行切斷加工。

多角度切斷機是能夠輔助鋸片對材料板進行準確橫鋸的精密工具。

幫助手鋸完成直角鋸切的輔助工具示例

針對直線鋸切難度較圓鋸機更大的手鋸，人們很早就發明出了一些輔助手鋸進行直線鋸切的輔助工具，靈活運用這些治具，每個人都能用手鋸完成正確的橫割（垂直於木紋進行切斷）作業。

斜角盒
兩片平行的擋板都有一條手鋸鋸片可通過的窄槽，鋸片只需沿著窄槽鋸切，就能切成直角、45度角，是種傳統的輔助器具。

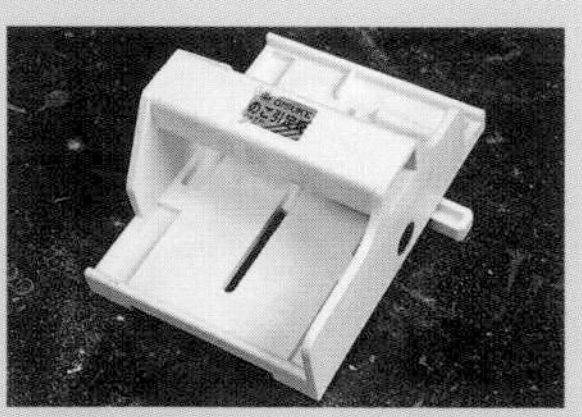
鋸切尺規
主體的側面安裝著磁石，能輔助鋸片處於直立狀態，同時保持一定的角度進行切割。屬於一種輔助導尺。

鋸條導架
兩片圓盤夾住手鋸的鋸片，圓盤確定好角度後固定，鋸片就可以沿著固定角度切割。該導尺非常便利，除了切割直角，還能應對很多情形下的傾斜切割。

木箱製作 基本技巧

02

校驗直角

角尺是校驗直角的基本工具

木工作業過程中，使用最頻繁的測定工具應數角尺吧！大約1000日元即可購得。跟曲尺一樣，角尺也是用來確認直角的工具。不過，如圖所示，二者之間有所不同。角尺的一條臂明顯較厚，這條直邊臂會緊貼著材料板邊緣，操作時，只需將厚臂貼在材料板邊緣，即可判斷出材料板轉角是否為準確直角。製作家具和木箱時，小型和中型的角尺很好用。

角尺往往做得很堅固，通常不易出現偏差。不過如果跌落在水泥等較硬的地板上時，最好還是確認一下工具是不是出現了彎折的狀況。確認的方法如下：在適當的木板或紙板上放好角尺，用其畫一條垂直線。隨即將角尺翻轉90度，再按同樣的方法畫一條垂直線。如果畫出的兩條垂直線重合到一起，說明角尺完好無損。

另外，角尺有銅製的，也有不少用橡木和柚木製成，讓人見了就想收藏的精緻高級品。當然，我們希望角尺具備最佳用途，畢竟是拿它來產生準確直角，因此平時一定要注意，儘量避免角尺跌落，更不要踩踏角尺。

各種大小的角尺。選用比曲尺厚很多的材料製成，以長邊15cm的角尺為標準，建議準備更大及更小的角尺，方便需要時隨時取用。

以角尺校驗出的非直角切割示例

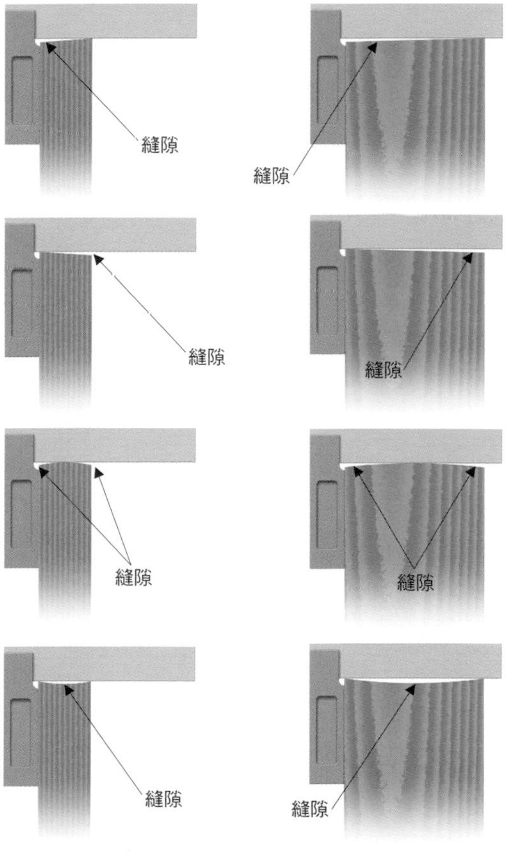

測定實例之一。將厚的短邊緊貼在材料板側面，透過觀察長邊和材料板之間的貼合情況，即可判斷轉角是否為直角。

通常以短邊緊貼材料板，這是使用角尺進行校驗的基本原則。將角尺貼在材料板上，可以如圖示發現各種各樣的加工誤差。

利用已經切斷的木板判斷直角

如圖，先將一片木板切割成 1 和2兩部分。將這兩片木板立放在平坦的地方，翻轉其中一片，立好並比照結果。如果兩片木板之間出現了V字型或者倒V字型的縫隙，則說明直角切割不成功。

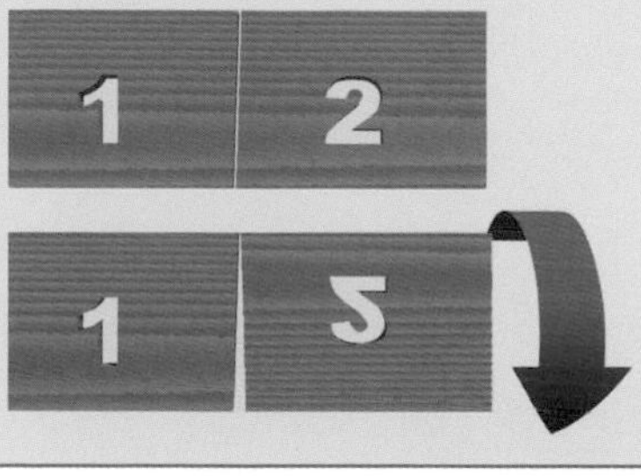

以角尺確認直角

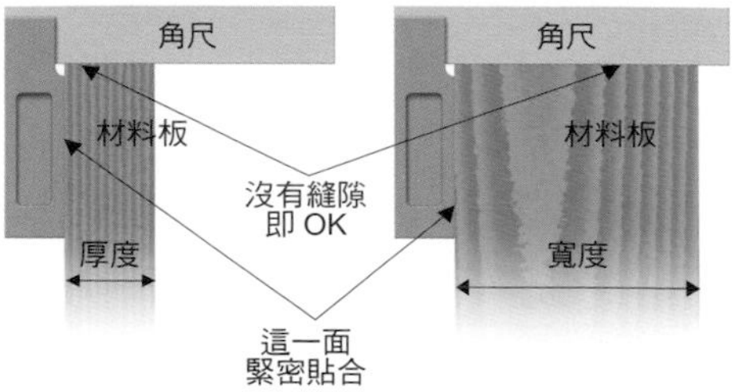

木箱製作
基本技巧
03

裝配底板

最重要的是各部分的直角加工以及底板與主體之間的尺寸差異

箱底常常採用兩種方式與箱體結合，一種是直接黏貼在箱子的側板底部，另一種是在側板內側開出溝槽，然後將底板插入其中。直接黏貼的方法在第94頁的木箱製作中會做介紹。這裡先給大家講解在側板內側開槽，再將底板嵌入槽中的裝配方法，開槽過程中主要用到的工具是修邊機。

如圖所示，使用標準的直徑為6㎜之直刀，沿著箱體四面側板之內側底部分別開出深6㎜的溝槽。溝槽之所以要比使用的膠合板厚0.5㎜，是專為應對木材可能出現翹曲之狀態而故意這樣做，也是基於同樣的緣故，底板插入側板的溝槽中也不會用白膠黏合，只需插入其中即可。底板按照箱內尺寸加上10㎜進行切割。可以先組合三片側板，插入底板之後，再組合最後一片側板，底板通常都採用標準的厚度5.5㎜之膠合板。

這種在側板上開槽，然後往槽中插入木板的方法，也可應用於滑軌式箱蓋和窗戶製作過程中。

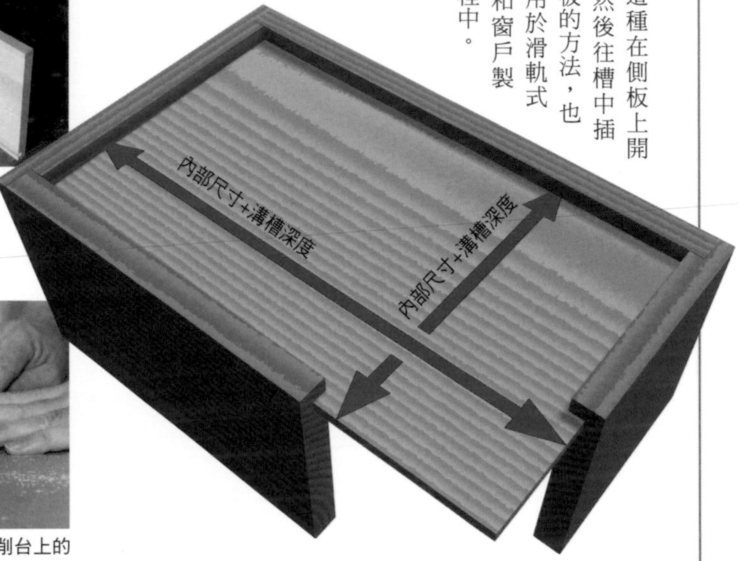

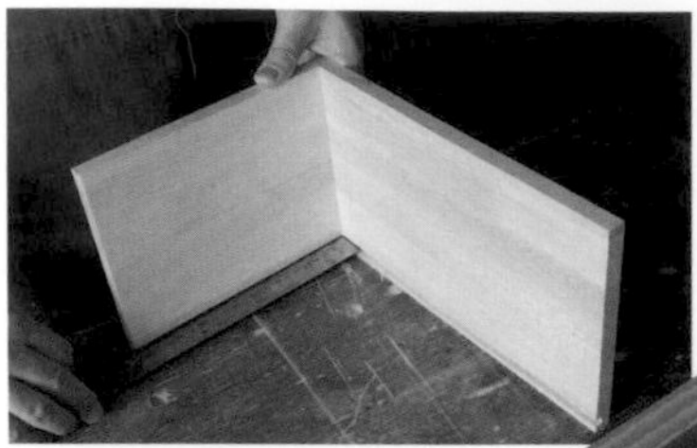
根據實測箱內尺寸來確定底板的大小就不會出錯，直接以箱內尺寸加上溝槽深度即可。

要為底板開槽時，若使用安裝在銑削台上的修邊機或木工雕刻機，操作就非常簡單。

箱子的底板多採用圖中的安裝方法，先在四面側板上開槽，然後插入底板，很多抽屜也採用這種方式，底板若採用三合板，成品效果會更漂亮。

底板插入槽中後還可以輕微活動，不需以白膠固定。

組合底板這項工藝中，各部分的直角非常重要，圖中使用的是金屬工藝品專用曲尺。

木箱製作
基本技巧
04

拼合側板

決定木箱樣貌的各種接合方法

木箱都需要四片側板拼接而成方框。側板接合部分的情形會經常顯露於外，所以採用怎樣的接合方式、處理的水準如何，都會直接顯示操作者的審美和技術。在日本，隱藏式的榫頭往往被視作上等之作而受到大家推崇；但在美國等地則不然，人們更傾向於使用鳩尾榫等完全將榫頭暴露在外的方式。從下面的圖中大家不難發現，儘管側板接合部有各種各樣的拼接方法，但所有的接口加工都有一個基本共同點：接合時側板間構成的四個角都是直角，製作時側板之間不能有縫隙。

白膠黏結之前，需要用到固定夾（Gluing Clamp）來加強固定的部分。如圖所示，固定夾往往兩個一組左右對稱使用，這也是順利固定的要領。另外，如果插入底板的溝槽一直貫穿側板，則會在木口處遺留下一個小孔，這就還需花上一點功夫來處理。

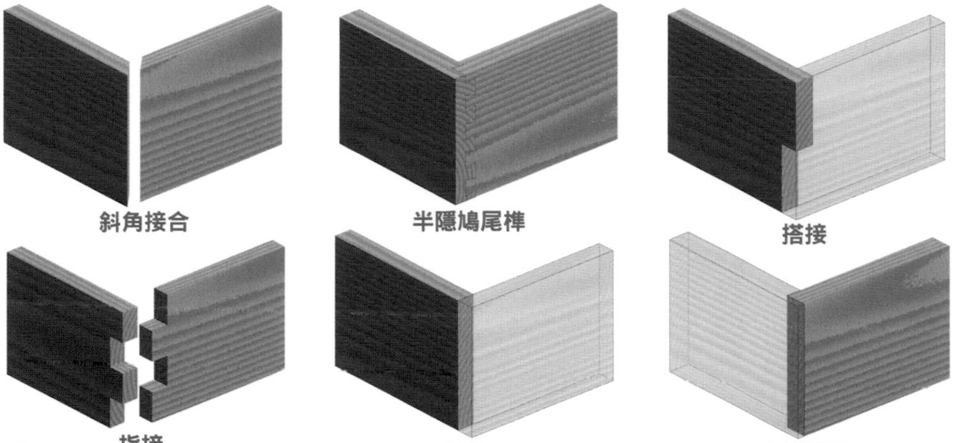

斜角接合　半隱鳩尾榫　搭接

指接　對接　半槽對接

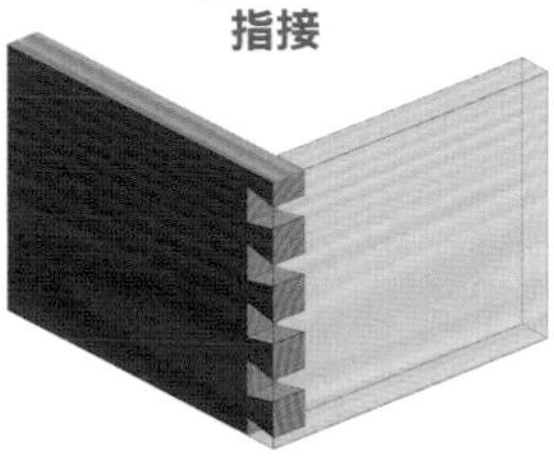

鳩尾接

利用固定夾組裝木箱

小心翼翼地在接合處塗抹白膠，並將黏合的側板以固定夾夾緊。

固定好三面側板後，插入底板。底板無需以白膠黏合。

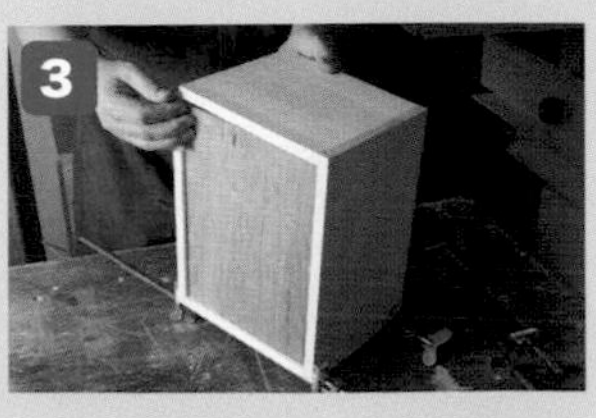

黏合好最後的側板，完成組裝。

在對面的側板兩端也以固定夾夾緊，平放直至白膠黏固。

隱藏側板上殘留的小孔

如果插入底板用的溝槽貫穿側板兩端，拼裝完成後會殘留小孔。

找來粗細跟小孔大小相近的木筷，塗抹白膠之後插入小孔。

輕輕將木筷敲至小孔底部，上方凸出部分以手鋸鋸掉。

小孔被掩藏得幾乎不留痕跡。

木箱製作
基本技巧
05

以平接方式組合側板

看起來就像每一片側板都朝著相同方向，
緊追前面的木口。

最重要的是各部分的直角加工以及底板與主體之間的尺寸差異

這種平接的木箱製作法非常簡單，適合初學者使用。就像圖示那樣，這種接合方法的接合部分呈現一種螺旋形的構造，採用這種接合法，意味著木箱如果是正方形的，那它的四片側板都按照相同的長度切割成下料即可。所以準備材料板這部分的工作相對簡單，材料板的組合也很容易，我們得以將更多精力投入到正確的下料、材料板的直角切割方面。

構成箱子邊框的四片側板之間是由白膠和木螺釘組合起來的，每個轉角都是以板端蓋住相鄰板的木口部分，然後以白膠黏合，接著藉助木工角夾臨時固定後，再以長釘加以固定。最好選用前端經過錐尖處理的容易鑽進木板的木螺釘，用起來更方便，如果剛開始鑽入木螺釘時框架不太穩定，可以考慮用剩餘的側板直立於橫木板下方作支撐，這樣被鑽空的橫板就不會太晃動了。

還有，木工角夾可以作為臨時固定材料板，但不能達到緊固接頭的效果，因此如果僅依靠白膠來接合材料板，還必須要用普通的緊固夾壓緊接合面才能達到緊固的目的。

希望大家學會如何比照木箱邊框大小，利用釘子和白膠將膠合板黏貼在箱子底部的簡單方法。底板和木箱的外部尺寸相同，所以大家可以待箱子邊框組合好之後，直接依據實物尺寸來準確備料。

接合處用的釘子長度通常為所用側板板厚的三倍。只要具備這種長度，通常就可以保持足夠的拉力。如果是木螺釘，則建議兩倍於板厚即可。

釘釘子的時候，由於必須限定於15㎜的狹窄範圍之內，所以如果事先如解說4、5，在充當蓋板的材料板上以墨線輕輕標示出釘釘空間，就不容易釘偏。

材料清單

側板	長285×寬180㎜厚×15㎜	4片
底板（膠合板）	長300×寬300㎜厚×15㎜	1片

使用工具

圓鋸・桌上型圓鋸機・木工雕刻機銑削台（修邊機銑削台）・改錐〈依個人習慣選擇〉・角尺・捲尺・直尺・木工角夾・鐵鎚

木箱的製作順序

備好四片側板和一片底板。底板也可以在側板拼裝成邊框之後，再比照實物尺寸加工。

材料板的組合關係。側板就是這般如同螺旋形拼接起來的。

在製作這件的作品時，若使用角夾固定，加工者完全可以獨立地準確加工，塗抹白膠完成拼接。

釘子會釘入看不見的相鄰板之木口中，事先在起釘的橫板上以墨線標示好起釘範圍，可以減少失誤。

確定固定準確無誤後，使用長度兩倍於板厚的細木螺釘，固定每塊側板。

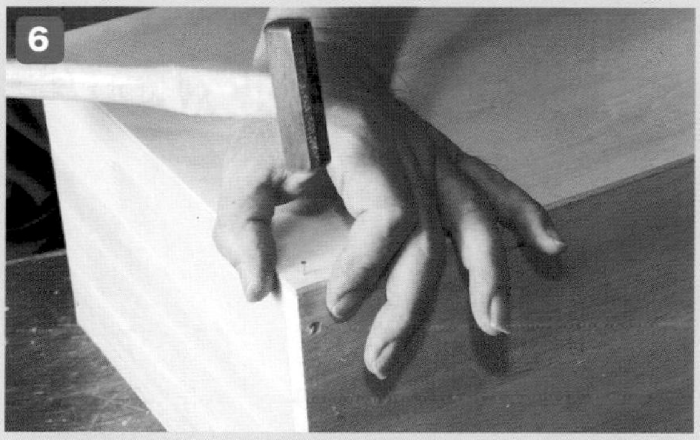

木箱邊框組合好之後，以白膠張貼木箱底板，再釘入釘子並釘牢，這時使用長度三倍於板厚的普通釘子。

平接木箱之構造

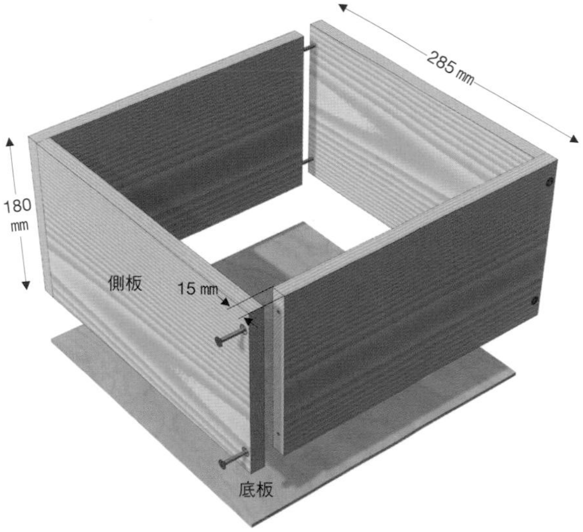

鋸開箱子製作箱蓋

從六面體的箱子上鋸出箱蓋

箱子根據使用目的不同，很多時候需要有一個箱蓋。箱蓋可以是單純地在箱子上蓋上一塊薄板，也可以是比箱子本身大上一圈完全罩在箱子頂部的大蓋帽，不一而足。不過這裡要介紹的是：如何從六面體的箱子上平整地切割下一塊帶檐的面，以之作為箱子的箱蓋。最關鍵的環節在於，配合箱子本體的直角構造筆直地進行切割。圖中採用了能夠平直固定和切割木料的鋸台，即使大型的帶鋸也能漂亮鋸切，把鋸口處理光滑之後，安裝好鉸鏈，氣派的有蓋木箱就完成了。如果在箱蓋內側的蓋口貼上一圈超出蓋口約10 mm的薄木板，就全然成了覆蓋式箱蓋了。

如果有能夠反覆多次按同樣寬度筆直切割的工具，那麼製作帶箱蓋的木箱就會變得很簡單。

製作六面體木箱・鋸出箱蓋

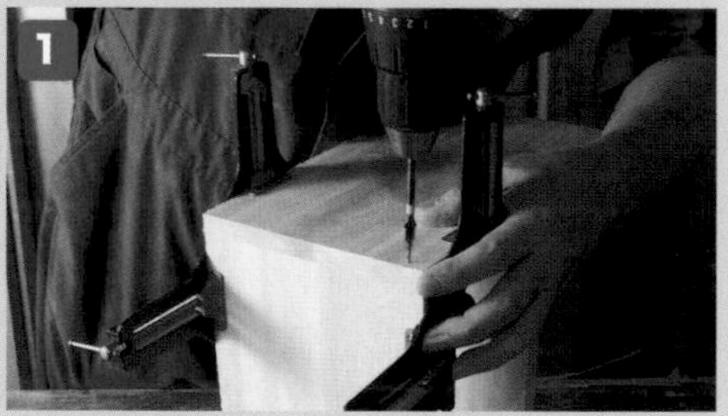

拼裝木箱，以兩個木工角夾緊壓側板。

木箱組合完工，在其上方釘上將會成為箱蓋的木板。

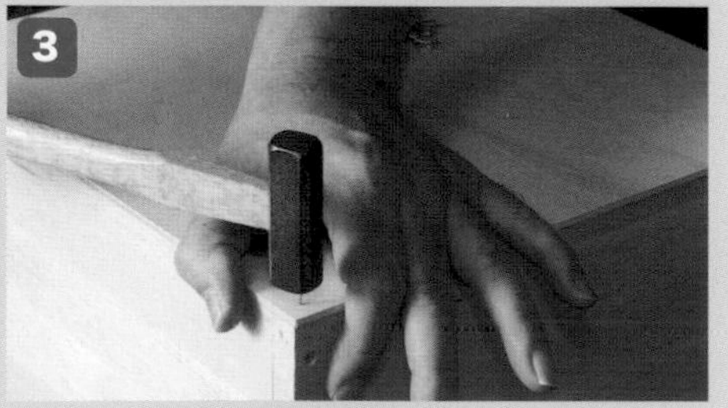

釘牢木板，作成密閉的六面體木箱。

鋸台上的依板位置決定了箱蓋的高度。

沿著依板在木箱四面都鋸開切口。

以砂紙對切口部分做打磨拋光處理後，完成加工。

木箱製作基本技巧 07

以斜角&楔片製作文件盒

使用45度切斷製作木箱的基本木工

若能漂亮地在接合處採用45度之斜角連接，則說明了在木箱製作方面已經具備足夠的能力和信心。

整個製作過程中，希望能把重點放在構成邊框的四片側板上，除了長度必須精確之外，45度斜角的切割也特別重要。側板的斜角（45度傾斜切斷）是以斜羽刃在木工雕刻機銑削台上加工出來的。其實修邊機也能完成該項加工，另外只要夠仔細，藉助手鋸和斜角盒也應該能切割出來。這是一款有品味的作品，所以用手工工具來製作的話，或許更有樂趣喲！

嵌入底板的溝槽是以修邊機開出來的，由於是直線槽，將圓鋸切割台上的銑刀高度設定為6mm，倚靠依板固定好材料板位置之後，直接推送材料板就可以開出溝槽。

要想讓組裝作業更加輕鬆順利，可以把底板切割得比指定尺寸小2mm，而溝槽則開得深1mm，便能夠巧妙地迴避掉因材料上的些許歪斜造成的影響。

楔片除了具有裝飾的效果外，還有加強榫接的功能，所以儘量採用柚木或紫檀等深色的材料，更容易達到畫龍點睛的裝飾效果。圖例是在木工雕刻機銑削台上，藉助固定箱角的90度導尺，在木箱轉角插入楔片處鋸開切口的。實際上，只要設定楔片厚度為6mm，並正確地畫好墨線，利用手鋸和3分寬度（6mm）鑿子也可以完成。

以斜角接合的文件盒（帶楔片）

製作順序

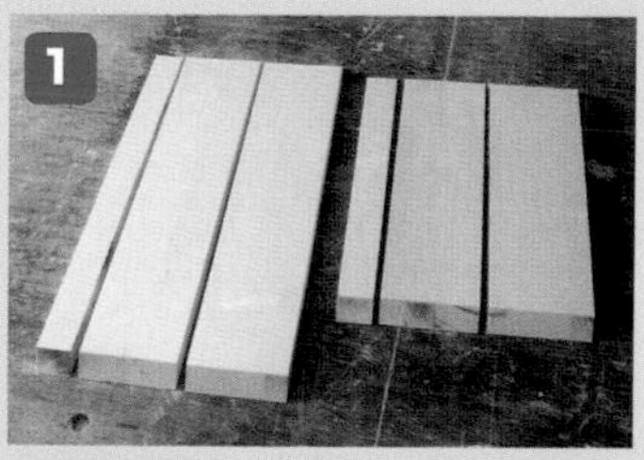

1 備好長短各兩片側板。細角木可用做撐木。

2 利用安裝在木工雕刻機銑削台上的90度V溝銑刀，對各木口進行45度傾斜。側板的尺寸長度必須正確，請勿切過了頭。

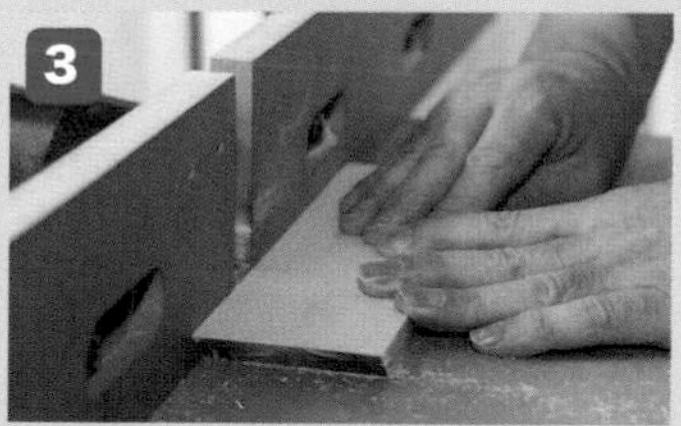

3 以刀徑為6mm之鉋花直刀或螺旋銑刀在側板內側開出溝槽。槽寬6mm，槽深6mm。

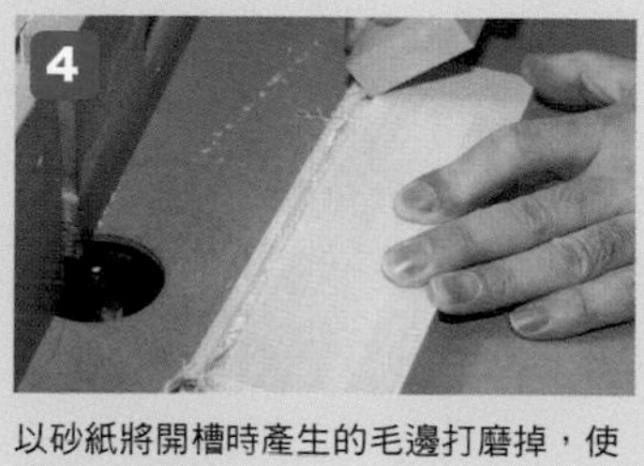

4 以砂紙將開槽時產生的毛邊打磨掉，使溝槽平整漂亮。

材料清單

側板		
長330×寬70mm×厚15mm		2片
長250×寬70mm×厚15mm		2片
底板（膠合板）		
長340×寬260mm×厚5mm		1片
楔片		
厚5mm	適當大小	8片

使用工具

鋸台・桌上型圓鋸機・角尺・90度導尺・棘輪綑綁帶・手鋸・修邊機・直尺・捲尺・砂紙

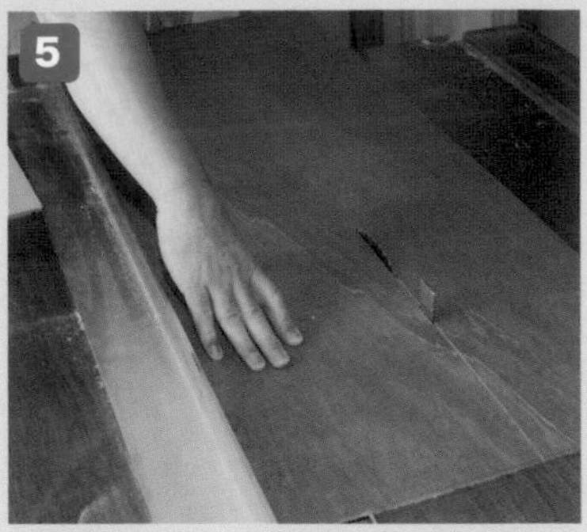

拼組好木箱側板，量出框內尺寸繼而推算出底板尺寸，按準確的直角切割出底板。底板直橫兩個方向的尺寸都按箱內尺寸加上8㎜。

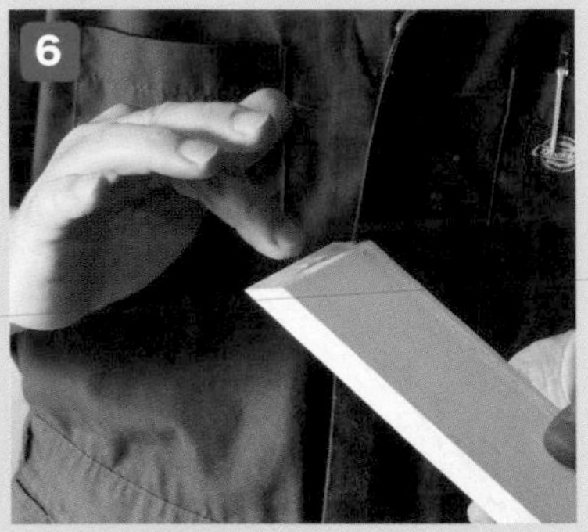

在木口部分塗抹白膠。木口是吸水性較強的部位，需要細心地塗遍整個斜面。

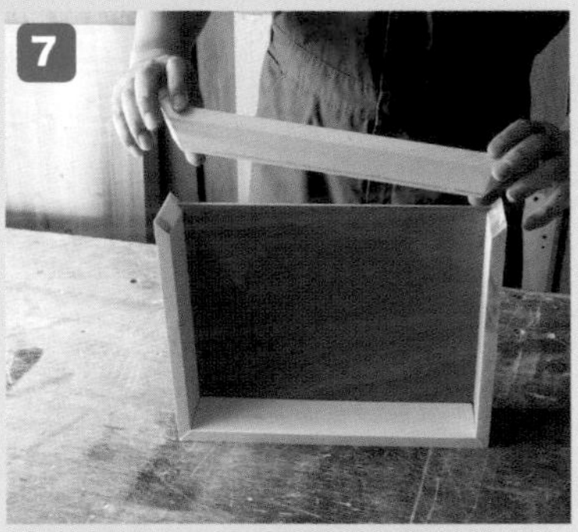

組合好三面側板，插入底板後再裝第四片側板。四片側板之間均以白膠黏合固定，但底板無需黏合。

斜角連接不能用固定夾夾緊，所以宜選用帶棘輪的綑綁帶，圍繞整個邊框進而將木箱一次性繃緊牢固。

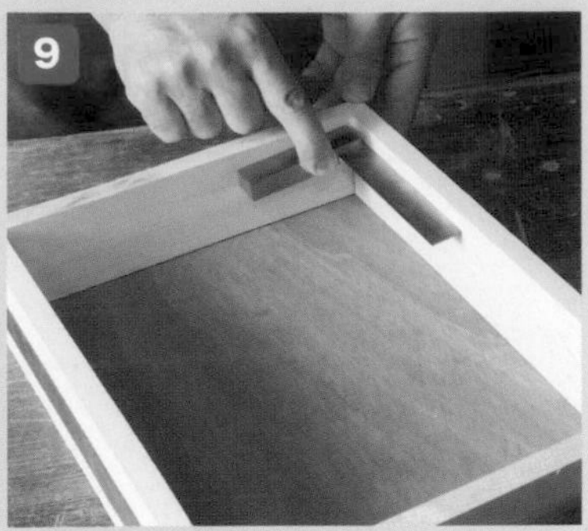

棘輪綑綁帶繃緊邊框之後，在白膠變乾黏緊之前，一定要以水平角尺確認四個轉角均為直角，如有偏差，立即動手修正。

將木工雕刻機銑削台的銑刀換成修邊刀，對側板上不平的地方進行整平，將木箱整體修整漂亮。

準備好厚度為5㎜的柚木，切成便於用作楔片的大小。具體是40×15㎜左右。圖中的銑刀是被稱為「溝線刀」的嵌槽銑刀。

能夠固定直角三角形的治具。將木箱的轉角放入該治具以後，以溝線刀銑削出插入楔片的溝槽。

溝線刀的位置確定後，將木箱置於治具上進行開槽作業。

保持溝線刀的位置不變，顛倒木箱的上下位置，在溝槽的對稱位置進行開槽加工。

在木箱轉角上切出的溝槽中插入塗抹好白膠的楔片，待其乾燥。

楔片上的白膠乾燥之後，沿著直角方向切掉楔片大部分露出部分，以高出側板面2㎜左右為準。

在修邊機底板下面再安裝一個高出底板底面3mm左右的輔助底板，再將銑刀更換為圓角清底刀，對楔片剩餘部分進行銑削。

調整銑刀之銑削深度，充分利用底板下形成的縫隙，一點點伸長銑刀，將楔片銑削到與側板處於同一平面。

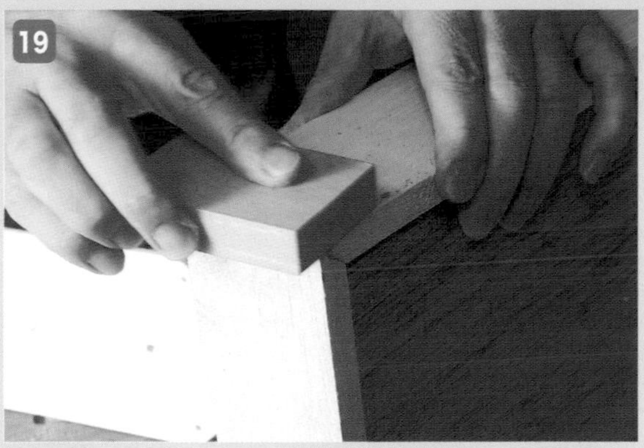

以包裹著150至240號砂紙的磨砂塊將楔片的銑削部位砂光光滑。

漂亮完工的楔片。這樣的楔片裝飾既美觀大方，同時又有加強接合處的作用，非常實用。

以斜角 & 楔片製作文件盒的構造圖

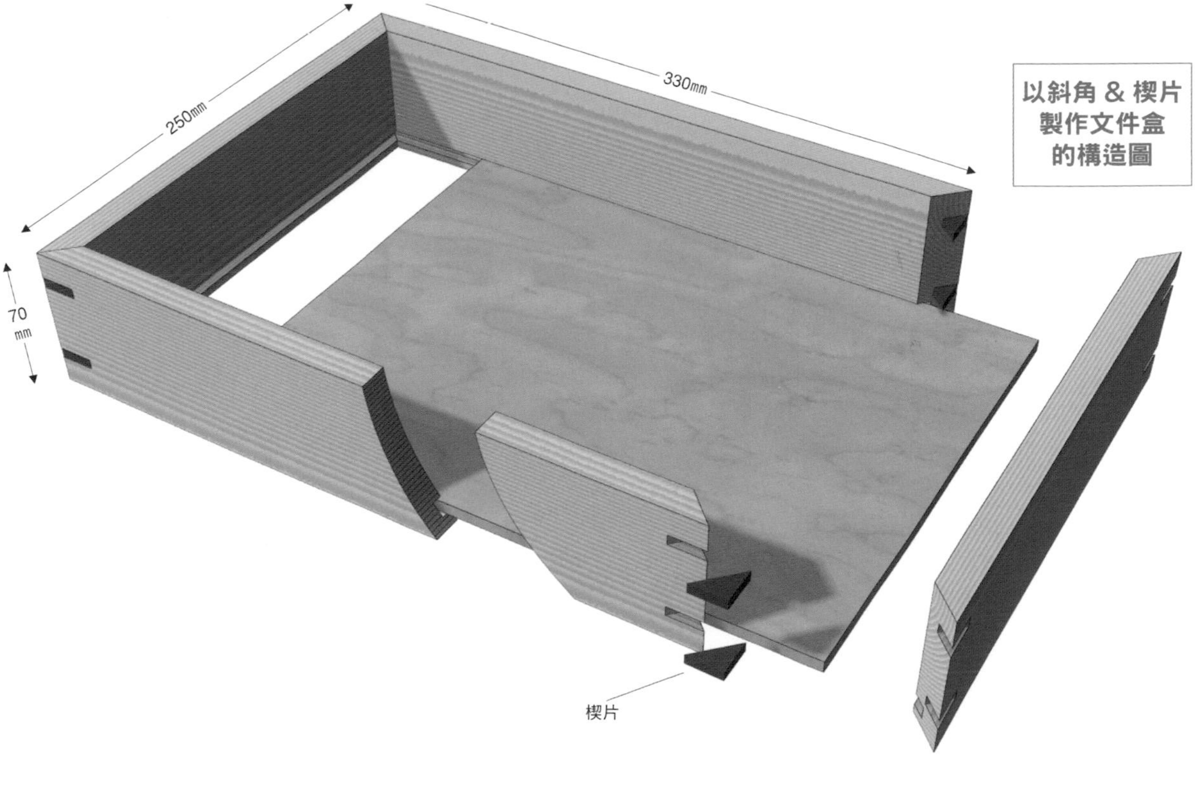

家具各部分名稱 1

〔椅子〕

家具之中，椅子是僅次於桌子結構簡單的常用家具。椅腳或椅面是通用的普通稱呼，而橫撐木則是指沿水平方向連接左右兩塊材料板具有加強作用的結構。特別是椅子的結構中，椅背最上面的橫撐木被稱作搭腦〈椅枕〉，以區別於其它橫撐木。圖中連接冠木和背撐的叫背板，表明它是垂直方向上的連接結構。

另外，所謂牙條是指桌子或茶几等的桌面下連接桌腳與桌面，具有支撐桌面之作用的結構。就椅子來講，椅面下方的結構板就是牙條。

將這些結構板和專有名詞當做行業專用語言都記起來的話，一定會在家具製作過程中有所受益。

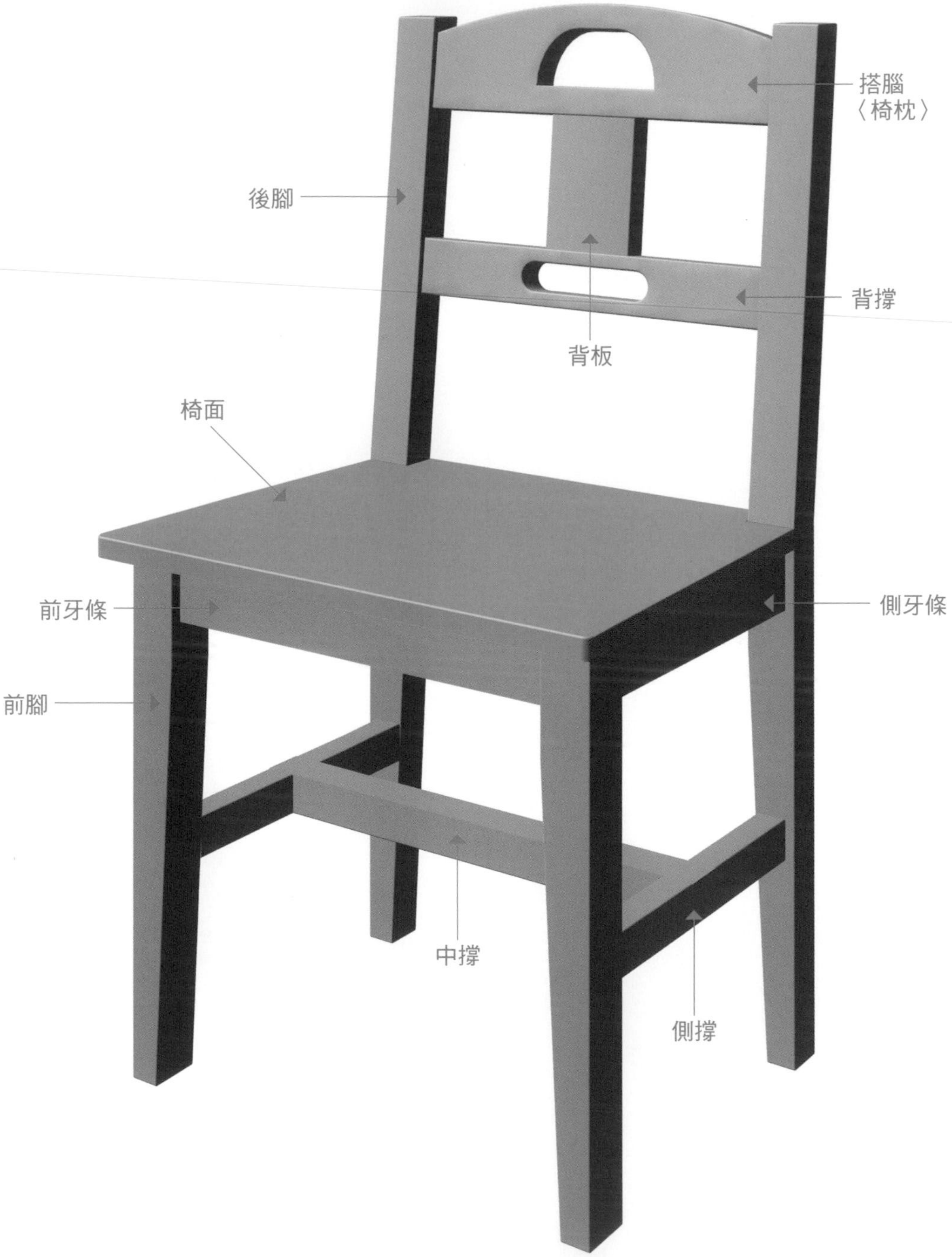

Jointing work

大、中型木作
必備板接技法

為了增加木板橫向面積而使用的技法就被稱為「拼板」。拼板是為了獲得桌面等大面積材料板而產生的重要技法，剛接觸時可能會誤認為它很難，但實際上，只要正確使用安裝了適當銑刀的木工雕刻機或修邊機進行加工，這項工作會比你想像中簡單許多。綜合考慮材料板是安裝在何處、如何使用等方面的因素之後，就可選出最合適的銑刀，希望大家盡情享受之中的過程。

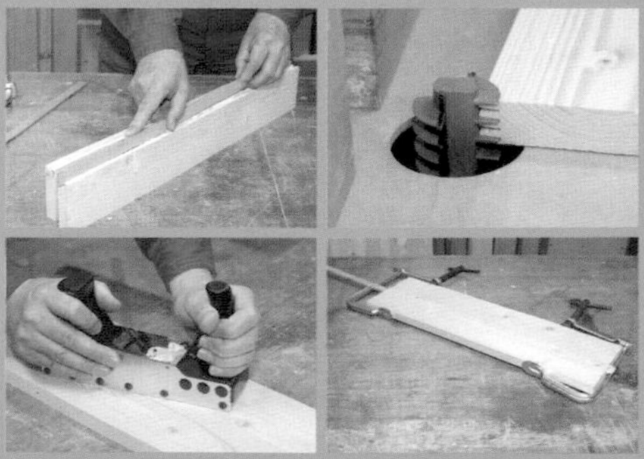

01 使用銑刀製出
平接

所謂平接，是指利用白膠直接將修整得很平的木板側面，相互黏結起來的拼板方式。在白膠的性能不斷提升的今天，平接已經成了常用的拼板方式之一。

圖例中使用的銑刀是澳大利亞Kirby公司製造的前端附帶軸承的12.7mm刀徑之修邊刀。當然，使用刀徑超過12.7mm的銑刀也能完成此類加工。

加工原理很簡單，相當於手壓鉋機被豎放著進行銑削而已。只是這裡沒有使用鉋刀，而是以修邊刀將木板端面銑平，再以白膠直接黏合。

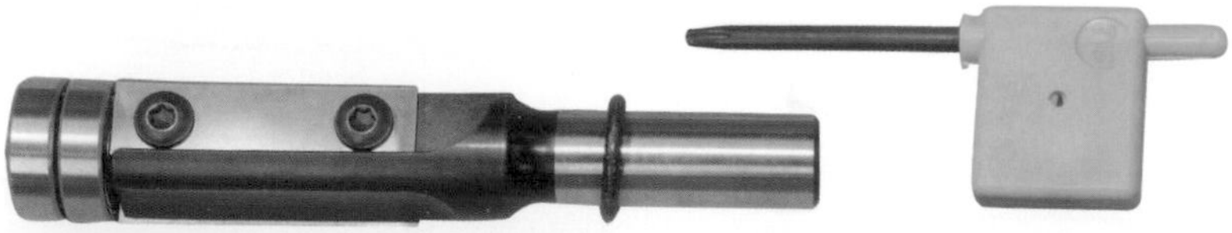

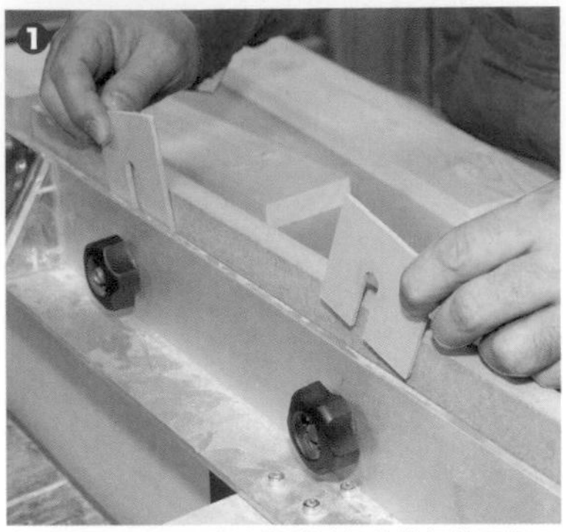

參考圖示，在承受待銑材料板的依板後面插入墊片，銑削厚度會被反映到依板前面。墊片可以用塑膠板製成，根據銑削量將厚度確定為1mm或1.5mm等。

安裝銑刀，確認插入了墊片的依板是不是和銑刀面相平，右側的依板由於沒有墊片，所以是向內凹陷，而兩塊依板因此產生的高差，正好是材料板將被銑掉的尺寸。

沿著依板從右到左推動材料板，就可以銑削掉等同於墊片厚度的端面，使端面均勻平滑。

因為夾了墊片而產生高低差的依板。上面的部分是正對木工雕刻機銑削台右側的依板，下面的部分則是左側的依板。

以平接方式黏合已平整的端面 。

使用木工雕刻機銑刀豐富了拼板的種類

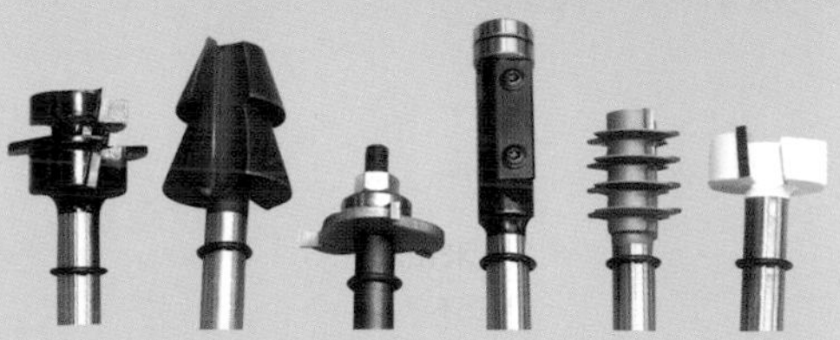

透過拼板獲得所需寬幅的木板方法，是木工製作中增加木板寬度的實用技法。同時，拼板也是一種能利用相對便宜的材料得到寬幅材料板的技巧之一，請大家一定多多嘗試，有效運用。

「寬板面，窄木端」，既然是黏貼寬幅很小的木端面，在拼接之前，木端必須處理得足夠平整。需要拼接的材料板在拼接之前，必須經過鉋刀修平才可進入後續操作。此時若使用手押鉋機，大量的拼板作業也能輕鬆應付。

02 使用平羽刀製作 半槽邊接

相較同樣是僅僅使用白膠接合的平接方式，半槽邊接由於增加了黏合面積，在黏合力方面自然有所提升。

如圖所示，平羽刀看起來就像是刀徑粗了很多但高度卻變得很矮的修邊刀。市售的平羽刀有很多種型號，大家根據自己加工時的企口大小選擇合適的尺寸即可。

邊接的拼板方式中，木板兩側之間總是會被加工成對稱的形狀，這也是一項基本原則。這些拼接之中，半槽邊接屬於最基本的邊接類型。要想完成漂亮的企口加工，在之前以刨刀或者修邊刀對材料板木拼接面進行精確的刨平處理顯得尤為重要。

移動依板確定銑削寬度 ，上下調節銑刀位置將銑削高度準確設置為板厚之1/2。

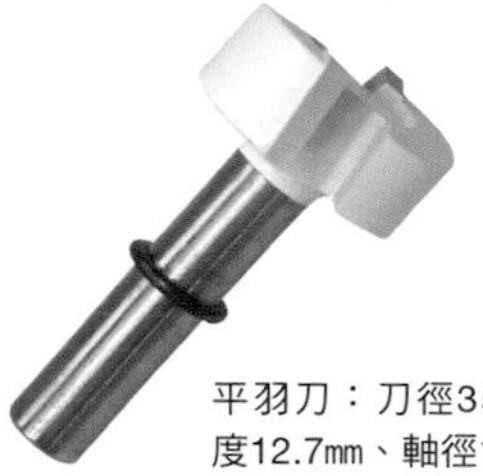

平羽刀：刀徑35㎜、刃口高度12.7㎜、軸徑12.7㎜（美國JESADA）

半槽邊接完成後的截面圖。接口為漂亮的左右對稱之階梯形狀。

03 使用舌槽榫刀製出
舌槽邊接

舌槽邊接的英文名字是「Tongue & Groove」，「Tongue」即為舌（凸出的部分），「Groove」即溝槽的意思，是凹凸互嵌的接合方式。日本稱之為「核接」，但實際上銑刀銑出的形狀在每一側都呈現一種凹凸共存的狀態，所以將之稱為雙重舌槽邊接也無妨。這種接合法具有更強的黏合力，從木口來看，接合處也顯得漂亮。

舌槽榫刀：軸徑12.7mm（澳大利亞Kirby工具公司製造）

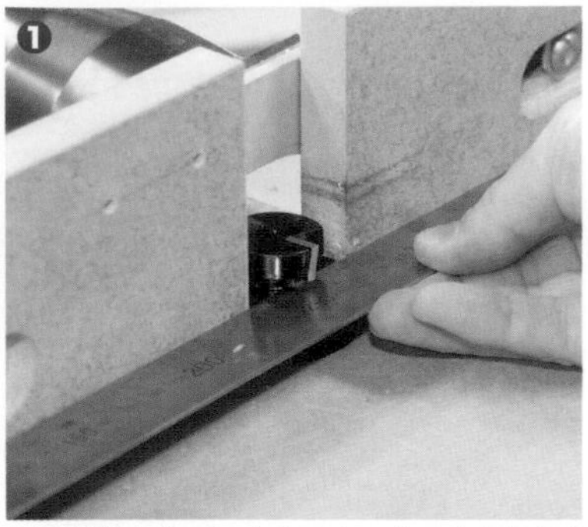

為了銑削出截面圖中的平台，銑刀上部細腰的側面應該與依板相平，而刀徑最大的刀口上面則要對準材料板之中線。

設置好銑刀之後，只需沿著依板面銑削材料板就可以得到與圖示中一樣漂亮的接合面。

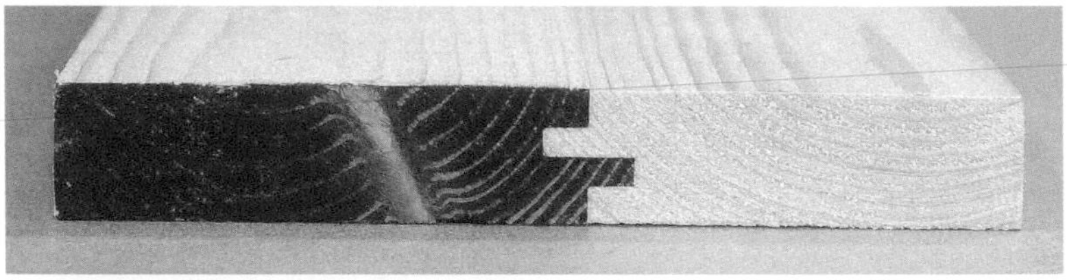

完成後的雙舌槽邊接截面圖，兩邊都同時銑削出了一組舌和槽。

04 微妙的銑刀高度設定
指接榫

顧名思義，「指接榫」就是像手指互相交叉一樣的接合方式。「指接榫」本來是用來縱向連接材料板以延伸板材長度的方法，使用的銑刀就是為此設計（例如：集成材的接合部）。不過，這樣的銑刀也照樣可以作為拼板銑刀有效發揮出獨特功效。

指接榫刀的銑削高度調節是催生漂亮接頭之關鍵要素。如果沒能合理調節好銑削高度，很容易出現材料板之間木端之翻卷、缺口之情形，也就無法加工出漂亮的拼板。這一點請務必注意。

設置好銑刀，用廢木板測試一下銑削出的材料板接合後的情形。

調節銑刀，讓銑刀刀軸面和依板面持平，以此確定銑削深度。

只要銑刀位置設置好，就能形成漂亮的指接榫，也就能完成黏合力很強的拼板過程。

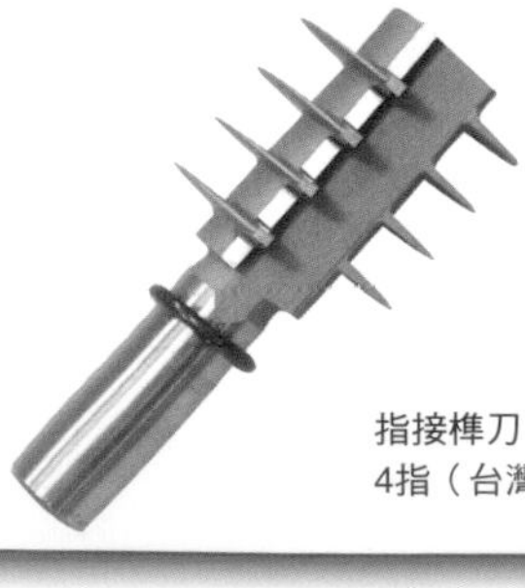

指接榫刀：12.7mm軸徑、4指（台灣 MLCS製造）

使用指接榫的接合處截面圖。兩邊的「手指」都深深插入對方「指孔」中，是一種有力的接合方法。

以開槽用的溝線刀加工

05 貫穿方栓邊接

如圖所示，貫穿方栓邊接是指在接合的兩木板側面開出對稱的溝槽，然後往兩溝槽中插入被稱作「方栓」的木條，進而實現兩木板接合的拼板方法。使用橢圓形木片的餅乾榫（也叫檸檬片）稱得上是貫穿方栓邊接的進階型接合法。

由於要在木板側面開出插入方栓的溝槽，自然會用到被稱作溝線刀的專用銑刀。方栓選用5.5mm厚度之膠合板，溝線刀宜選擇刀口厚度為7/32英吋（5.556mm）之銑刀，溝槽深度設置為10mm。圖中的銑刀前端附有軸承，不過這裡並沒有依靠軸承來控制深度，而是藉由依板來控制的開槽深度。如果將銑削深度控制在10mm的輔具，使用起來會更加方便。

在木板側面的正中間位置開槽。

銑刀為12.7mm軸徑，刀厚7/32英吋的餅乾榫/檸檬片接合刀（美國EagleAmerica製造）

方栓使用沒有歪斜的5.5mm厚度之膠合板。

方栓嵌入溝槽內，拼接木端面。實際操作時，以白膠輔助接合。

兩片木板藉助薄木片完成接合的貫穿方栓邊接。

以拼接銑刀加工

06 雙重斜口接

日本傳統的接合方式中也有「斜口接」，這種接口利用傾斜接合面擴大接觸面積提高接合力。不過，這裡是將傳統的斜口接增加到了兩層，所以截面呈聖誕樹狀的雙斜面。

銑刀有些像聖誕樹，是側面呈傾斜形態的圓筒形，想要漂亮地銑削出兩塊側面形態完全對稱的接口，銑刀之銑削位置設定顯得非常重要。具體作法可參照圖示❷，高度方面可將銑刀正中的細腰部對準材料板板厚之中線，而露出的銑削深度，則需要先大概確定依板位置，再以廢木板測試，根據接合後的情形進行微調，待完全調整好之後再進入正式銑削。

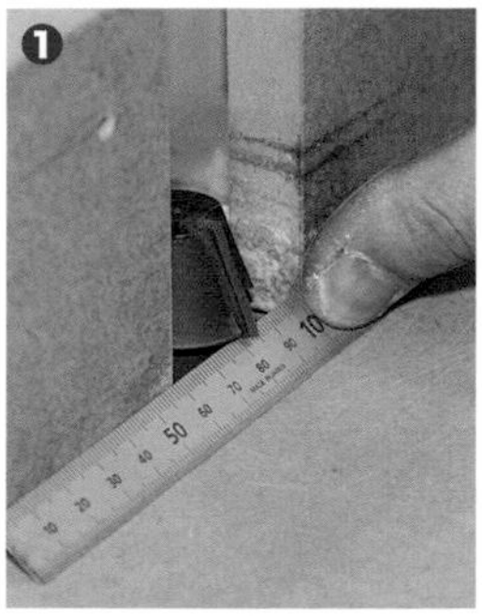

拼接銑刀形狀稍顯複雜，所以銑刀之設置需要仔細量準。

銑刀細腰底面和依板面應該處於同一平面上，這一點非常關鍵。

聖誕樹刀：軸徑12.7mm（澳大利亞Kirby製造）

只要銑刀位置之設置足夠準確，就能完成像圖中這樣的獨具個性之聖誕樹狀的拼板。

拼板之修飾方法

利用拼接完成的拼板，為了避免在拼接部分發生破裂、剝落等情形，請盡最大努力將拼接黏合得十分牢固。通常採用市售的木工用白膠，另有一種醋酸乙烯酯乳膠，在乾燥之前以水就可以擦去，操作起來也非常簡單，而且據說凝固之後的黏合效果甚至不亞於使用釘子，專業木工作品中也常常使用這種乳膠。

使用白膠接合拼板時，在白膠完全變乾之前，需要外加足夠的壓力讓接觸面緊密相接，而且白膠需分部均勻徹底、充分填充，不能出現縫隙，以保證材料板之間確實緊密相接。

從外側夾緊而固定材料板，往往需要如圖5至7中使用被稱作固定夾的束緊裝置。市售的固定夾之開口寬度從數公分到一公尺以上，大的往往可以向下兼容，但出於平衡方面的考慮，還是建議使用開口寬度比加工材料板稍大一些的，使用起來更加方便。

拼板時固定夾不會是單個使用，實際夾緊狀態，最低限度也要左右均等使用兩個以上的固定夾。

除了固定夾，也有使用類似「真田紐」（日本鐵瓶木箱用棉繩，最早由真田昌幸（一五四七至一六一一）所發明用以綁縛刀柄——譯者注）一樣寬而平的帶子達到束緊目的方法。先用帶子一圈圈纏繞在拼板周圍，再於帶子和拼板之間插入楔子使帶子綳緊，達到束緊拼板之目的。

進行拼板時，一定要注意防止在拼接過程中發生材料板彎曲的狀況。如果用力方向或力量大小不均一等，材料板就可能在彎曲的狀態下被固定。所以加工過程中應該隨時提醒自己，盡力維持平坦拼板的加工。

拼板完全固定好之後，就需要對材料板間的拼接處之高低誤差進行刨平與修飾處理。一般情況下，高差多於1mm，使用平鉋機即可簡單修正。

以貫穿方栓邊接為例 講解拼板順序

為材料板拼接面均勻塗抹白膠，溝槽中央等部位也需細心塗抹，避免遺漏。

圖中採用的是貫穿方栓，所以需在拼接面中央的凹槽，插入作為方栓的膠合板。

就像蓋住方栓一樣，比對著溝槽貼上另一片材料板。

暫時像是拼成一塊板，接下來就需要對其施加夾緊力了。

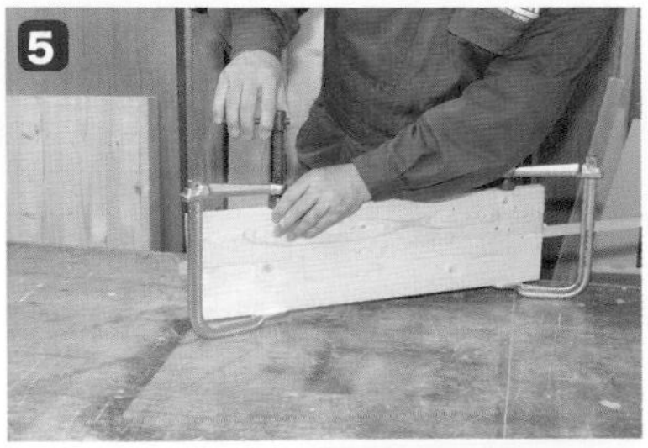
使用固定夾來夾緊，這裡用的是被稱為F型固定夾的常用夾具。F形固定夾通常用於20cm左右的拼板固定，安裝固定夾時注意左右均等，平衡用力。

確實夾緊之後，接合部會溢出多餘的白膠，請將它們細心清除掉，如果事後還要塗裝，建議以濕布完全擦拭乾淨。

安裝好固定夾之後就等待白膠完全變乾硬化，最少放置十五分鐘到半天的時間。

清除接合部高低誤差，讓拼板表面整體平滑。這時使用平刨機較為便利。

特別小的高低誤差用手鉋即可簡單修正，圖片中用的是瑞士利拉公司的西式鉋刀，或使用國內的木鉋照樣能完成加工。

Technique 5

Accessories for router & trimmer

木工雕刻機 & 修邊機之機能擴展

只要理解了電動工具的基本構造和機能，就意味著將它們買回來之後，就可以立即用於木工作業。事 實上，很多時候我們還可以在不損傷機器安全性的前提下，稍稍動動腦筋，讓我們手裡的工具發揮出它們更大的潛力。此篇以修邊機為中心，介紹對基座底板作些小加工，而有效提升其獨特魅力的小技巧。

製出仿形切削的
樣規導板

對應被稱作「樣規」的型板外形，切削出相同形狀的加工就叫仿形切削。樣規導板這種之前很可能被大家忽略的小附件，卻是展現該技巧的關鍵工具。

掌握樣規導板尺寸為展現其技巧之關鍵

購入修邊機時常會附贈輔具，其中必定有樣規導板。這個部件大小類似500日元硬幣，中央部分有開孔，開口一側突出一個短短的圓筒。這看起來雖然確是個不起眼的小東西，可是一旦能熟練運用它，就可以利用它比照型板的樣子切削出好多漂亮的形狀。

將樣規導板安裝到修邊機基座底板上之後，安裝的銑刀之刀頭就從導板圓筒中間冒出來，讓圓筒的外緣沿著型板邊緣移動，修邊機就可以切削出和型板一樣的形狀。圖中修邊機對在給材料板的轉角進行圓弧切削。

製作型板可以使用膠合板，膠合板的宜選擇厚度略大於樣規導板上圓筒高度的種類，一般為4至5㎜。

樣規導板是圓盤正中有一圓筒狀開孔的小部件。

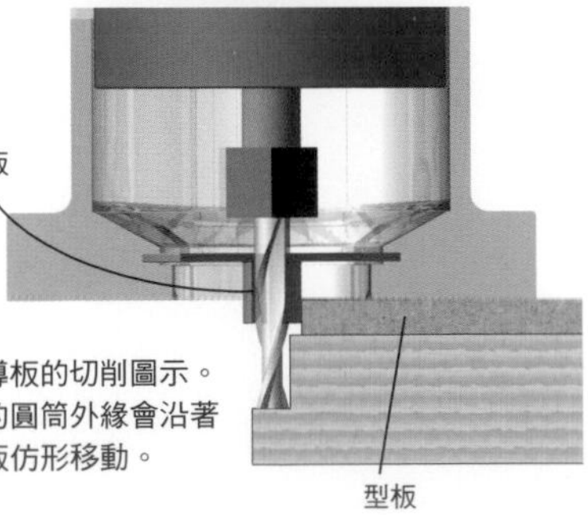

安裝樣規導板的切削圖示。樣規導板的圓筒外緣會沿著褐色的型板仿形移動。

修邊機底板上安裝好樣規導板後的狀態。

型板製作必須準確美觀，畢竟型板是被用作最初原型，如果它都出現歪斜、凹陷等情形，之後依照它進行仿形切削，勢必將這種歪斜、凹陷移植到加工材料板上。特別是使用一個型板仿形出多個加工物的時候，對型板的製作精度會有著更高的要求。

加工過程中需要注意，型板的位置必須比加工材料板上的定位墨線放得更靠內側約2㎜。這時最好透過實際目測確定好銑刀的位置後再正式設定型板位置，之所以要這樣做，是因為樣規導板的圓筒外徑要比銑刀的直徑大差不多4㎜。如果不做這樣的調節而直接開始切削，那銑刀切得位置一定比預想的更靠外側。

若只是像圖中那樣僅對材料板的一部分進行仿形切削，那麼透過挪動型板位置即可做到。但如果是像製作盤子那樣要進行全周仿形切削的話，則必須先製作一個比實際作品小2㎜的型板。如上所述，樣規導板上的圓筒尺寸會影響到製作過程，所以希望大家在開展仿形切削之前，對自己手裡的樣規導板各尺寸有全盤的掌握。

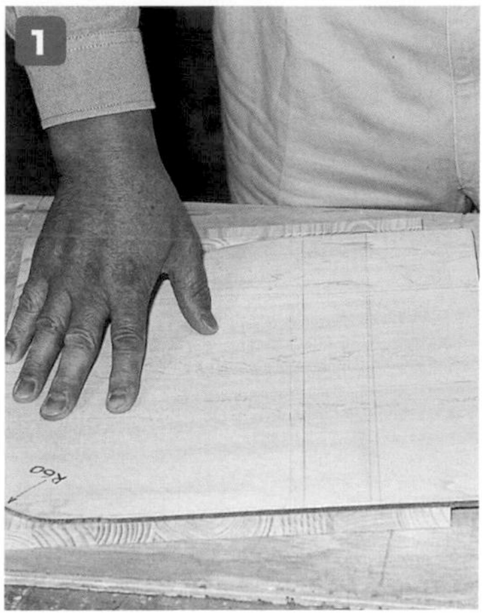

將膠合板製成的型板放在待加工的材料板上，再以固定夾固定。

確定切削深度。銑刀軸徑6㎜，板厚達至15㎜，因此需切削四次才可切斷。

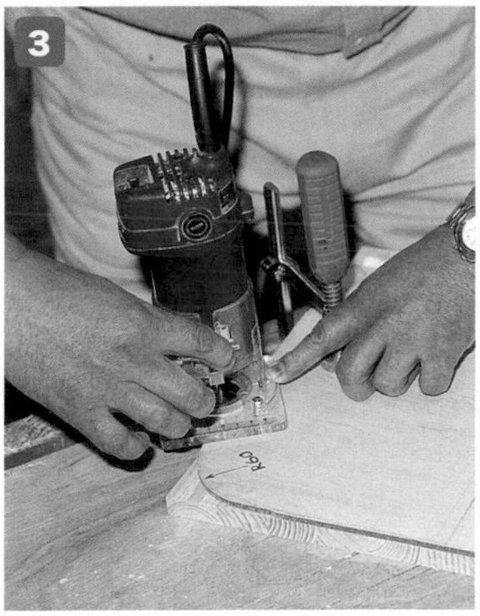

兼顧樣規導板和銑刀直徑之誤差，正確設定切削位置。

材料板厚過有效銑削徑深時，不要一次切削，將切斷深度設定在有效徑深之內，分幾次切削。

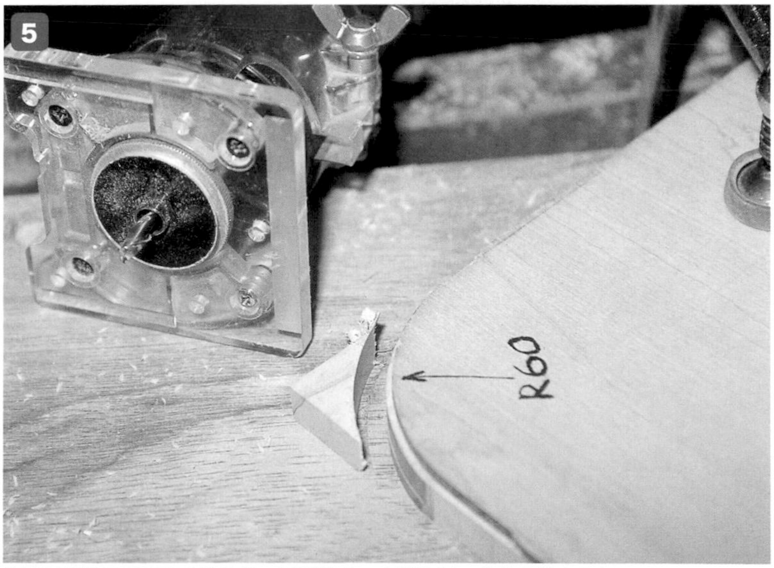

為了不讓銑刀承受過多的負荷，不要勉強一次性切斷，應該分數次逐漸向下切入，逐漸切斷，加工面會比樣規大出2㎜左右。

使修邊機便利易上手

手作輔助底板

電動工具往往都有著在放置方面的不穩定性，在不損傷機器安全性的前提下，對它們稍加改造，能大大提升這些工具在使用上的便利性。

單就功能多樣性而言，修邊機的確稱得上是一個多用途的電動工具。但由於其機身細長，且往往重心較高，所以常常可能在操作過程中因慣性作用而發生傾斜、側翻等情形。其實只要為它換上一個面積更大的基座底板，它的穩定性就會大為改觀，使用起來也會更加便利。書中的圖例雖然只選擇了單側附帶一個把手的輔助底板作範例，大家在實際操作時，可以再花點功夫在輔助底板兩側都安裝一個把手，將修邊機變得像木工雕刻機那樣穩定，或是直接作一塊圓形的輔助底板。總之，大家可以盡情選擇自己覺得最好用的輔助底板，安裝到自己的修邊機基座上。

在動手製作輔助底板時，先卸下原裝的底板，螺栓和螺帽隨後會繼續用在之前的位置上。底板的材料使用5㎜厚度之透明壓克力板，這樣可以在增加底板面積的同時還保證底板具備良好的視覺穿透性。為了進一步提高操作性，還在底板上加裝了一個紅色的球形抓手，這其實是抽屜用把手。由於底板素材是壓克力板，鑽頭需用前端尖利的鐵工用鑽頭，其餘加工該底板的工具幾乎全是最普通工具，像修邊機銑刀、手鋸、木工用打磨機等。

手作輔助底板各部分的尺寸會根據所對應的修邊機而有所不同，因此需要實際比照手中的修邊機實物進行加工。這裡選了圖中製作之牧田（Makita）3710修邊機用的輔助底板平面圖，供大家參考。

將原有底板卸下，將面積較大的輔助底板裝置於牧田3710修邊機。

輔助底板圖紙

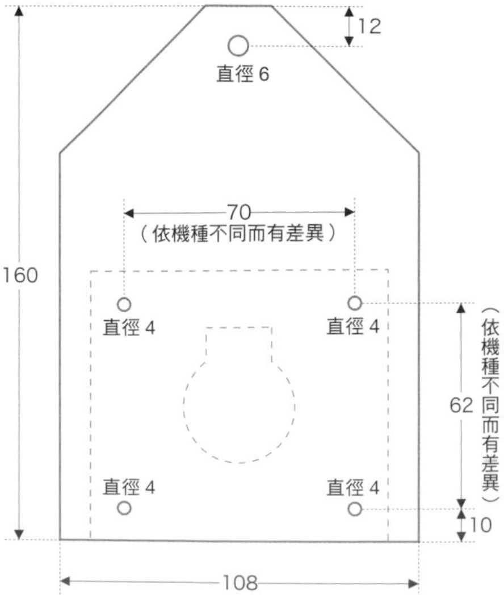

＊牧田 3710 修邊機用輔助底板規格　單位：㎜

材料

透明壓克力板	160×108×5㎜	1片
抽屜用把手		1個
螺栓（圓頭螺栓）	挪用原裝底板上之部件	
螺帽	對應螺栓尺寸	4個

使用工具

修邊機・銑刀・手鋸・錐子・直尺・鑽床・4㎜直刀・6㎜直刀・十字改錐・固定夾・打磨機・240號砂紙等

修邊機輔助底板之製作方法

在厚5mm，160×108的透明壓克力板上標記出螺栓孔的位置。

為了避免鑽頭在壓克力板上打滑，先用錐子在螺栓孔開孔位置錐出凹坑。

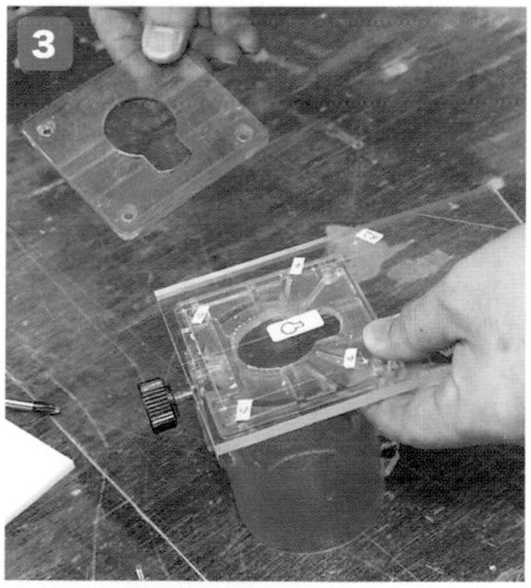

從基座上拆下原有底板，緊貼在輔助底板上，確認螺栓孔的位置。

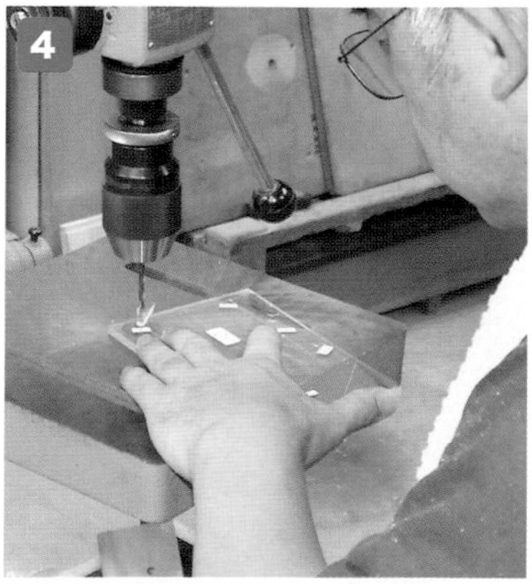

以鐵工用鑽頭鑽出螺栓孔，鑽頭軸徑4mm，放慢速度操作以避免鑽裂壓克力板。

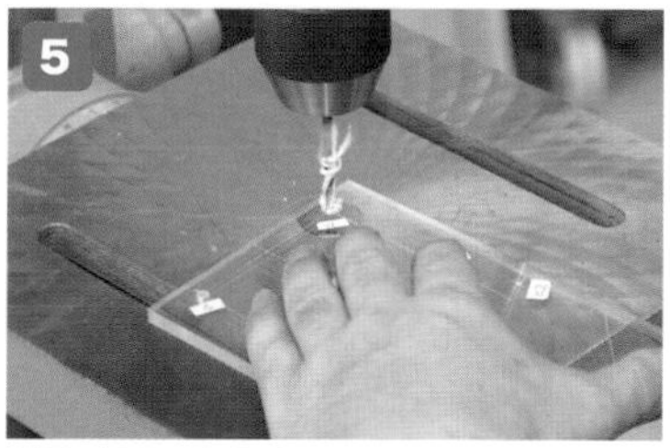

鑽孔時不要太施力，如果用力過大，壓克力板很容易會破裂。

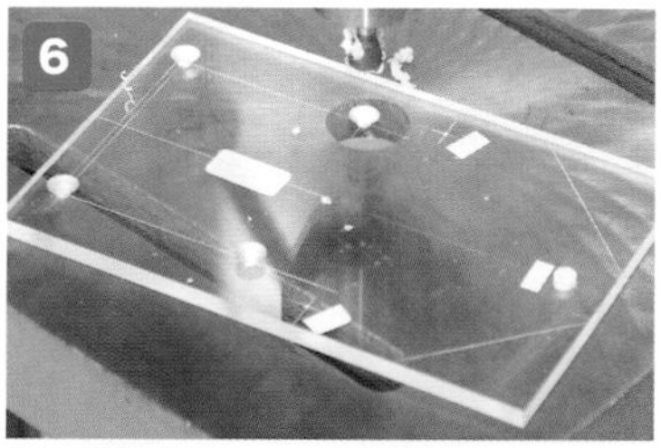

開好螺栓孔之後，以埋頭鑽鑽出正好埋入圓頭螺栓的錐坑孔。

找來原裝的底板做型板，開出銑刀大小可通過的中央孔，對應螺栓孔將原裝底板固定在輔助底板上。

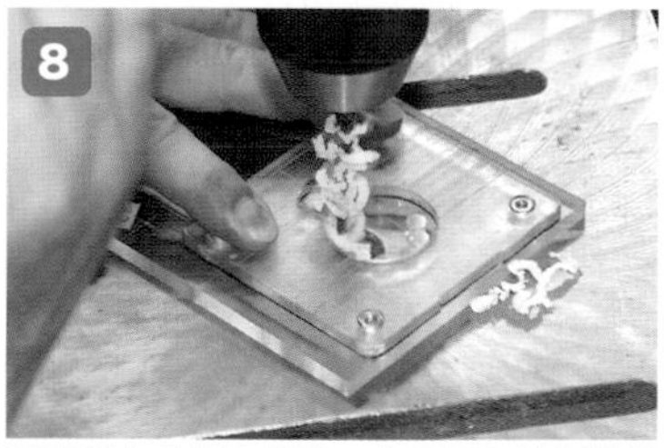

以鑽頭在底板上鑽開一些能插入線鋸機鋸片的小孔，請注意不要傷及底板。

比照底板以鑽頭鑽開小孔後的情形。

順著鑽頭鑽出的小孔切下中央孔，請使用木工鋸片低速推進，若有壓克力板專用的鋸片自然更好。

線鋸機鋸完後，不要急於卸下原裝底板。

接著使用前端附軸承的較粗的（10刀徑）修邊刀，依據原有底板為型板開出漂亮的孔。

使用銑刀以下方的原裝底板為型板，仿形切削出同樣形狀的孔。

修邊機輔助底板之製作方法

切削掉多餘的壓克力板，使用木工用銑刀，切削時應該慢慢地薄薄地銑，防止銑裂壓克力板。

輔助底板上已經被銑削出，與原裝底板中央孔形狀完全相同的孔。

卸下原裝有板，參照圖紙使用普通的木工用橫斷鋸。將要安裝把手的一側以45度切掉兩個角。

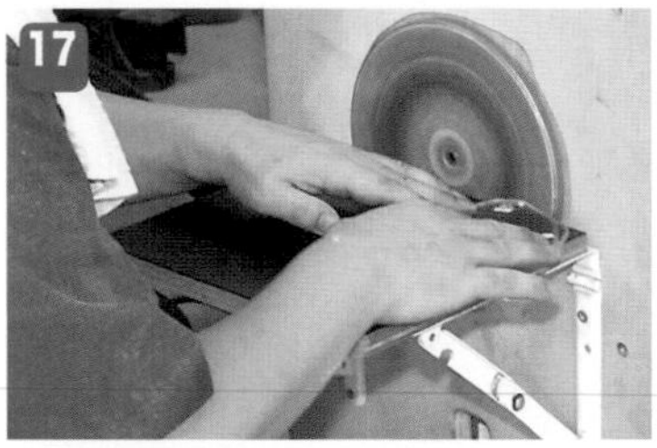

使用打磨機將輔助底板各個轉角打磨得光滑圓潤，砂紙則使用240號為宜。

加工完成的手作輔助底板，希望大家多多嘗試製作此類能提升設備安全性的特製工具。

使用機器本身的螺絲將輔助底板安裝到基座上，如果螺帽頭冒出底板，則需要進行修正直至螺帽完全沒入錐坑。

安裝了輔助底板的修邊機基座，把手選用直徑25至30㎜的抽屜用球形把手。

可安放木工雕刻機的

雕刻機放置台

在大量使用金屬刀具的木工作業過程中，稍有不慎就可能造成傷害。為了在操作台上安全地整理工具，不妨嘗試自製實用放置台！

MLCS製造之
後鈕刀

MLCS製造之
修邊刀

TRITON製造之
帶軸承敏仔線刀

先將馬蹄形的型板貼在以線鋸大概鋸出的厚木板上，開始製作可安心平放雕刻機的「雕刻機放置台」。以後鈕刀沿著型板進行切削，由於後鈕刀長度所限，最多能切削掉厚木板的一半厚度，因此需要翻轉厚木板，同時換上修邊刀，以剛才切削好的部分為型板，讓銑刀前端之軸承沿著「型板」帶動銑刀對厚木板剩餘部分切削。最後以帶軸承敏仔刀對整個「雕刻機放置台」的外圍進行圓面倒角，繼而完成加工。

完成側面加工後的雕刻機放置台，雕刻機可以如此輕鬆、平穩地置於其上。

1

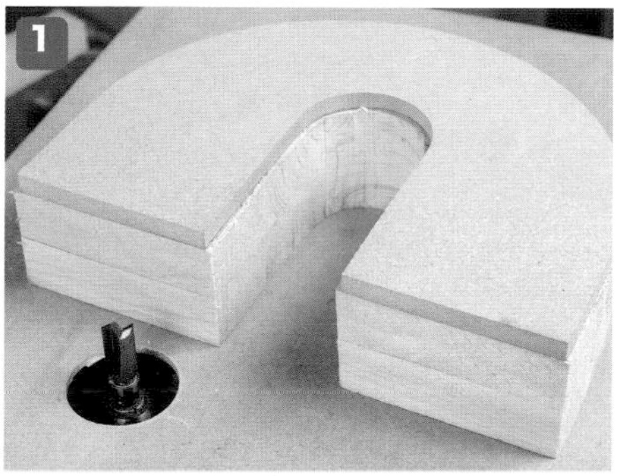

以線鋸機粗略加工的馬蹄形厚木板上，貼上切削好的膠合板標準型板。

2

以後鈕刀沿著膠合板型板銑削厚木板之側面。

3

以後鈕刀沿著膠合板型板銑削厚木板之側面。

4

以用帶軸承敏仔刀對所有的棱角進行圓面修邊。

5

完成後的修邊機放置台。

自製修邊機銑削台所需

附件

這些零件為那些什麼都想自己動手作的人帶來很大方便。只要具備這些附件，你就可以自製出不亞於正規產品的木工雕刻機銑削台喔！

●●●●●●

先將這些製品拼裝到雕刻機上，然後嵌入雕刻機桌面上開出的四邊形開口處，完整的木工雕刻機銑削台即告完成。之所以要使用雕刻機銑削台面板，是因為木工雕刻機往往帶有兩、三個中環形附件。環形附件可以拆分，根據使用銑刀之刀徑大小，隨時調整開口部之大小。如果開口部很大，而銑刀刀徑很小，那麼兩者之間的縫隙就會太大，會帶來一些潛在的危險。有的銑削台面板上還帶有啟動銷（圖示中的產品沒有該部件）。

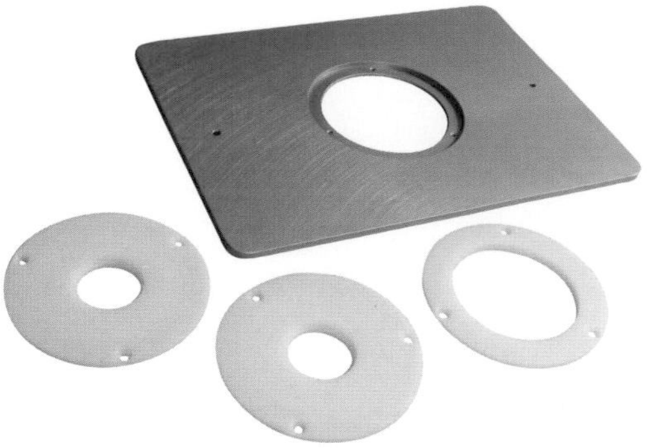

藍色的的硬質鋁板是市售的銑削台面板，白色的圓環是根據銑刀刀徑大小而選擇性安裝的環形附件。（Rockler製造）

木工雕刻機銑削台面板

將木工雕刻機安裝到平台式銑削台。如圖，只要以適當的台面從上往下，套在雕刻機基座部分進行加工，就可自製出簡易的木工雕刻機銑削台。

安裝到銑刀夾頭上，就能夠知道木工雕刻機的中心點。將樣規導尺安裝到中心位置，或自製木工雕刻機銑削台鑲板等，需要找到銑刀開口處中心點的時候，有了中心定位錐就會非常方便。

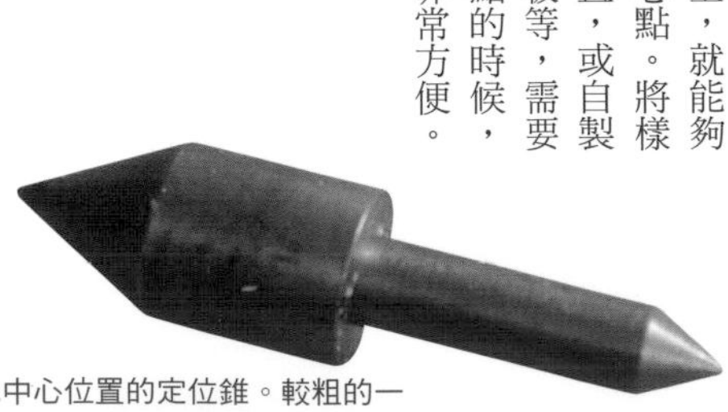

標記中心位置的定位錐。較粗的一側軸徑為12.7mm，較細的一側直徑為6.35mm（MLCS製造）。

中心定位錐

裝配到木工雕刻機上，跨在桌板等平面上時，定位錐立即自動地標記出木工雕刻機銑刀之中心位置。

Technique 6

Painting work

展現品質＆個性的塗裝技巧

每一塊木材都獨具特點，因此加工後都會呈現迥異的風格。如果想將這些風格長久地保存下來，最好還是在其表面刷漆。塗裝的方法有許多，有能展現木材本色和紋理的塗裝、使家具更顯質樸的塗裝，還有能在表面形成一層保護膜的塗裝等，最近還出現了一種環保型的塗漆喔！

完成塗裝技巧篇

01

油漆+蠟自然風格塗裝法

發揮材料天然特徵・高人氣的家具裝飾

拋光木料 → 著色劑上色 → 擦拭 → 刷油漆 → 擦拭 → 刷油漆 → 拋光 → 擦拭 → 塗蠟 → 刷子拋光

成品中沒有泛光之處，讓人感覺到質樸

完成後塗裝能帶來喜悅的傳統木工裝飾技術

這項塗裝作業推薦給不喜歡油光晶亮感的人使用，比刷真漆或清漆等簡單，還可蠟來調節光澤度。

讓木材充分吸收油漆後擦拭，待晾乾後再擦拭，如此反覆不斷。在第二次刷油漆，以耐水紙拋光乾燥讓表面光滑、平整。即使採用乾燥的方法也能讓油漆浸透木材，形成特有的潤澤感，而顯得質樸而有品味。

使用的著色劑、自然色的油漆、自然色的蠟。專業人士也喜歡用油漆和蠟

這次使用的油漆是平光系列的，但因為乾燥後需要多次使用棉布反覆擦拭乾淨，木材表面會產生一種獨特的光澤，這對喜歡油漆的人來說是不願意見到的吧，隨著時間的流逝、油漆分量的減少，光澤也會隨之消失只留下樸素的外觀。有必要的話這時再次塗刷使其恢復當初的光澤感，每次重新塗刷都能帶來不同的感覺，讓人樂在其中，這正是油漆塗裝所獨有的特點。

喜歡塗裝的色澤明顯，油漆乾了以後可以上有色澤或半色澤的蠟，若 是塗平光的蠟效果則不明顯。

蠟要儘量塗得薄一些，這樣不但容易乾且讓塗裝過程更容易控制。雖然需要耐心和時間，但是反覆塗裝才會顯得有層次感。

蠟的用量全憑個人的感覺，依我個人認為還是不要太明亮。為了更有光澤最好是在蠟完全乾後以乾淨的刷子刷磨，這樣光澤度就會更清晰。

木料的拋光。將毛坯上的小坑窪磨平是所有塗裝的基礎操作。

油漆＋蠟塗裝法

以水溶性著色劑在準備好的木料上著色，接下來將木料沒吸收的著色劑擦掉，讓木料變乾。

以刷毛蘸取油漆，稍微蘸多一點使其能夠充分塗抹均勻。

刷油漆，待三十分鐘後，以乾淨的棉布將表面多餘的油漆擦乾淨。

第二次刷油漆。這裡油漆的用量要減少，刷的時後讓木板充分吸收油漆。

油漆塗完趁著表面還濕潤時，立刻以400號的耐水紙拋光。

拋光完表面有多餘的油漆，以乾淨的棉布擦拭掉。

大概放置一天左右，待油漆乾後在表面塗蠟。薄薄地塗，有必要的話等乾後再塗一次。

放置一天以上等蠟乾，再以刷子將表面刷出光澤。

完成塗裝技巧篇
02

擦拭風乾法

讓油漆風乾更加簡單

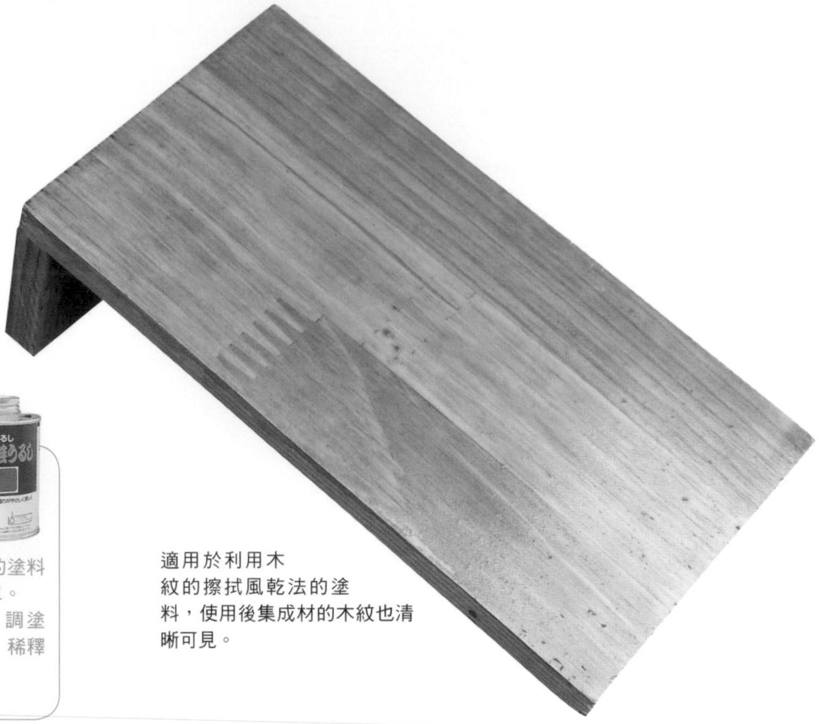

適用於利用木紋的擦拭風乾法的塗料，使用後集成材的木紋也清晰可見。

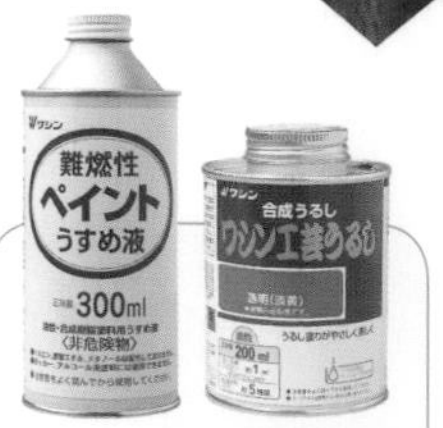

右／這種透明系的塗料使用方法非常簡單。
左／清洗刷子、調塗料、清洗工具時，稀釋劑是不可或缺的。

七分打磨、三分塗漆

不光是風乾油漆，塗裝的要點是木料的拋光。無論多麼高明的塗裝技術，如果材料不佳也塗不出想要的效果。專業人士間流傳著這樣一句話：塗裝作業七分是靠木料打磨。

準備好乾淨而且平整的木料。因為沿木紋在木材上刷漆，其表面容易產生凹凸不平，有一種方法就是利用這點，在塗裝前先潤濕木料，故意讓其表面產生凹凸不平，然後以打磨機將這些磨平之後再塗裝。

風乾漆塗料有許多顏色，這裡選用的是淡黃（透明）色。切記！刷完一次後要耐心等漆完全乾、硬化後才能開始之後的工作，請勿在未乾透的時候觸摸。

拋光木料
▼
塗裝
▼
拋光
▼
以拋光膏打磨

擦拭風乾法

1 充分拋光木料，直至手指感覺不到木紋的凹凸。

2 仔細薄薄地塗，只塗一次是幾乎看不出顏色，塗裝的過程中嚴禁灰塵。

3 漆乾後以浸濕的100號耐水紙拋光，重複兩至三次顏色就漸漸顯現出來了。

4 一直重複動作直到呈現出想要的顏色，待完全乾燥後再以拋光膏打磨。

完成塗裝技巧篇 03

平整塗裝表面

噴霧塗裝

拋光木料 → 噴塗打底 → 拋光 → 噴塗上色 → 拋光 → 噴塗消光漆

塗料中的微小顆粒輕鬆展現平滑塗裝

工業製品的塗裝無論是用在家具還是汽車上，都是採用噴霧塗裝的方法。噴霧能在大範圍內實現均勻、平滑的塗裝，因而受到廣泛應用。

圖中的例子因為只噴了兩次打底用的底漆（打底劑），木紋很突出。如果想將木紋填平，可使用木紋填充劑進行填充，木料表面完全平整後，再增加重複噴底漆的次數，像噴汽車表面那樣噴底漆。底漆還有消光類型的，應用範圍很廣。

噴底漆的要點如下圖所示：平行於塗裝表面，一邊左右大幅度揮動手腕，一邊噴漆。

噴霧塗布的是細小的塗料顆粒，因此能夠塗裝出平滑的表面，不過顆粒同時也會像煙一樣飄散到周圍。在室內噴漆的話，會使室內環境變得很糟糕，因此作業時要多加注意，為了自身健康，最好是戴上口罩進行防護。

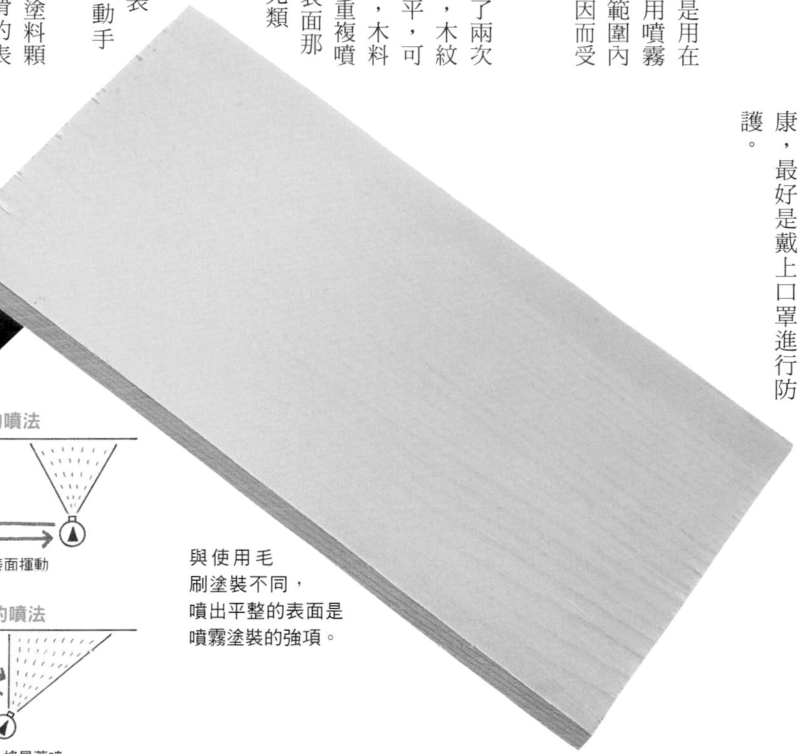

與使用毛刷塗裝不同，噴出平整的表面是噴霧塗裝的強項。

○ 正確的噴法

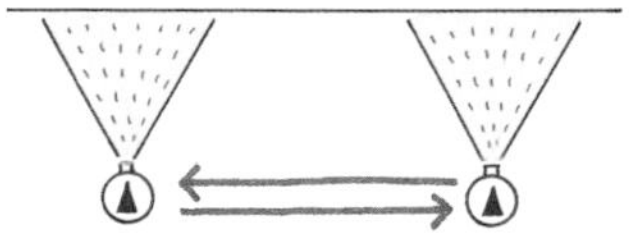

平行於塗裝表面揮動

× 錯誤的噴法

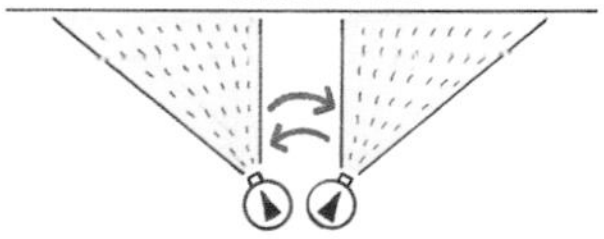

以一點為中心搖晃著噴

噴霧塗裝法

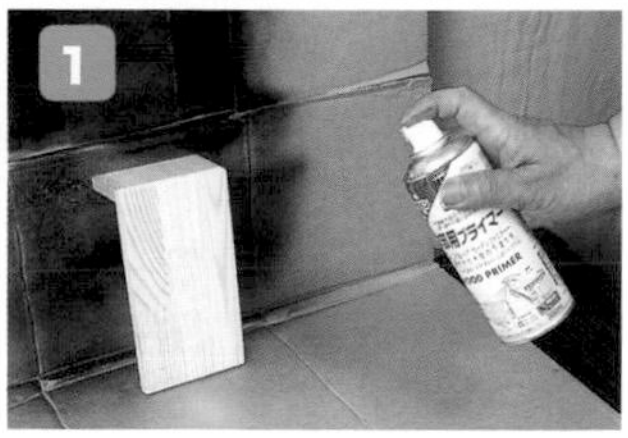

在拋光完成的木料上噴底漆。為了防止塗裝將周圍弄髒，準備一塊比木料大兩倍以上的背板。

底漆乾燥後以潤濕的400號耐水紙擦拭表面，磨平毛邊和細微的不平處。

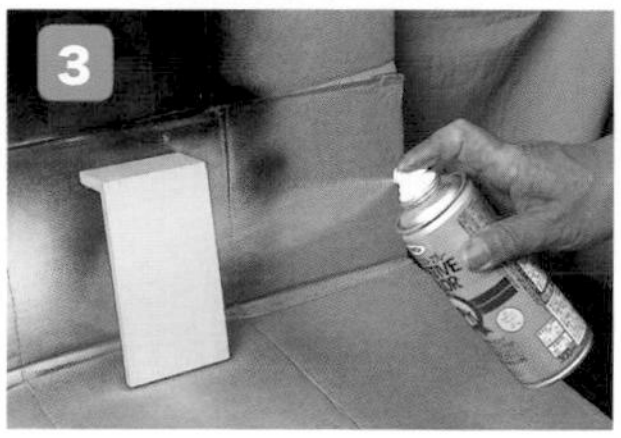

噴上彩色噴霧，一般的塗裝到這裡就結束了，可是這次進行的是展現更平滑的塗裝，因此接下來還有步驟。

著色漆乾後，以潤濕的1000號耐水紙細心地拋光，去除凹凸不平，使底漆更容易附著在木料上。

噴上加工後的消光漆。噴上消光漆後質感就呈現出來了，反覆噴四至五次就會有華麗的效果。

圖中的丙烯系列的噴霧塗料，是常見的塗料。

完成塗裝技巧篇 04

白蘇油（荏胡麻油）

東亞地區廣泛使用的

木料拋光 ▼ 塗裝 ▼ 擦拭

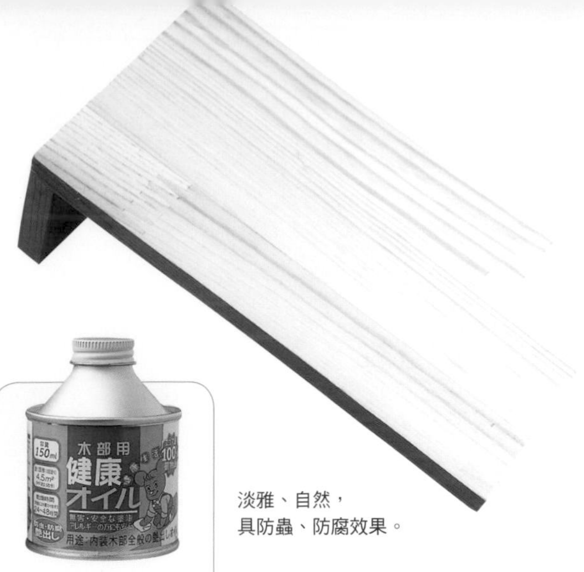

淡雅、自然，
具防蟲、防腐效果。

可食用的天然油

白蘇油萃取自原產於中國的荏胡麻（紫蘇科）種子，荏胡麻的種植廣布東亞，可食用。

因為是油，塗後總是黏黏的，容易吸附灰塵，所以塗完後要立刻進行擦拭，待完全乾以後再重新塗刷，由於是非常透明的油，適合於自然風。

白蘇油是從荏胡麻中抽取的植物油，可直接食用，還可以用於加工調味料。

白蘇油的使用實例

1 拋光木料待出現清晰、漂亮的木紋後，以毛刷蘸上白蘇油將木料裡裡外外都刷上。

2 在油沒完全乾前擦拭掉多餘的油使其變乾。

完成塗裝技巧篇 05

桐油

全世界家具都使用的

木料拋光 ▼ 塗裝 ▼ 擦拭

與白蘇油不同，有少量味道和顏色，但塗裝上以後就變成無色透明。

植物油的標準規格製品

從桐樹的種子中萃取的桐油製品廣泛應用於歐美、中國、日本乃至全世界的木工中。不僅用在家具上，因為通風效果好的特點，還被用於塗裝木製牆壁。

幾乎是無色無味的，但經由乾燥後再塗刷、乾燥後再塗刷，如此反覆就會呈現出淡淡的黃色或橙色。塗刷方法和白蘇油一樣需等待乾燥後再塗。

從桐樹的種子中萃取的油，在歐美稱之為中國木油。

桐油的使用實例

1 拋光木料，去掉木料上的髒污後，以毛刷在木料上充分地刷上桐油。

2 在油自然乾燥之前，以乾淨的乾布擦拭掉多餘的油。

完成塗裝技巧篇 06

柿澀塗裝

想要素雅的風格不妨嘗試日本傳統的自然塗料

圖中兔子和田鼠造型板分採用柿澀和桐油塗刷（製作：NARUKARI）

完全定色後會呈現出質樸的光澤，可以根據塗裝的次數調節顏色的濃淡。

風格自然且容易購買的柿澀，一般在原液中摻入等量的水混合後使用。

木料拋光 → 塗裝 → 擦拭

經過日曬才會顯出顏色

柿澀是利用澀柿子中含的丹寧酸製成的塗料（染料），將尚未成熟的青澀柿子搗碎取其汁水，待汁水成熟後就成為柿澀。液態狀態下有一點發酵時的味道，乾燥後味道就會消失。柿澀被廣泛地用於布匹染料、漢藥劑中，用於塗裝木料可具有防水、防腐的效果。

柿澀的特徵是剛刷上不會顯現顏色，放置幾天後才逐漸顯出，所以不要著急重複塗抹。另外顯色因木材的種類而異，為了刷出理想的顏色，會在正式塗刷前在試片上進行試驗。一般定色後都呈濃茶色，但有些木材會出現偏紅或者偏橙色的現象，因此試驗也是一件很有趣的事。

定色後木材本身的光澤會消失呈現出偏暖色、質樸的效果，進過四至五次的重複乾燥、塗刷和打磨後漸漸顯現出光澤。

柿澀的塗裝方法

1 在拋光好的木料上刷柿澀。原本和水按2:1的比例混合使用，但為了讓塗裝後顏色更清晰可見，直接以原液進行塗裝。

2 將柿澀充分地塗在木料上，擦掉多餘的柿澀後待其乾燥。

3 只塗一次的話無法立刻看出顏色變化，待一至兩天後呈現出略帶粉紅的淡茶色。

4 右為只塗一次原液放置一天的效果；左為塗三次原液放置一週後的效果。

Woodworking

家具製作

Woodworking

Woodworking 1 書桌
Woodworking 2 高背椅
Woodworking 3 圓桌
Woodworking 4 餐椅
Woodworking 5 書桌

通過小物件之製作，逐漸掌握並熟悉了木工基礎和榫接之加工方法，就可以挑戰家具製作了。這裡介紹的桌椅等製作方法只是其中的幾個例子，如果對木工基礎已經了然於胸，不妨試著自己設計樣式展開作業。熟練的技術再加上自由創新，這就是家具製作的最大樂趣之一。

製作精緻箱櫃

帶抽屜的小書架

●●●●●●

設計、指導、製作／太卷隆信

製作過程中，許多步驟工序都很簡單。
該作品中的部件厚度都統一為15mm，因此畫墨線時容易計算。
拿著修邊機實際操作時，你一定會樂在其中。

圖中帶抽屜的小書架，無論放在桌上還是在櫥櫃上都十分方便使用。圖例作品沒有上漆，為其刷上自己喜歡的油漆也是一件愉快的事！

修邊機加工 承板・底板・隔板

在底板和承板上切削出隔板榫頭的榫槽，先以記號筆將標記線畫在墨線外側。

比照墨線安裝導尺，請注意標記線要露在外側。

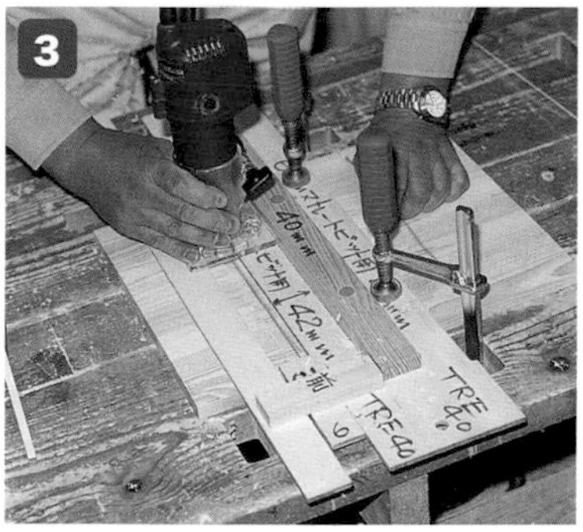

這部分榫槽不能切削到木料的邊緣，因此先以十字形導尺將榫槽端的墨線壓住。（參照第56頁）

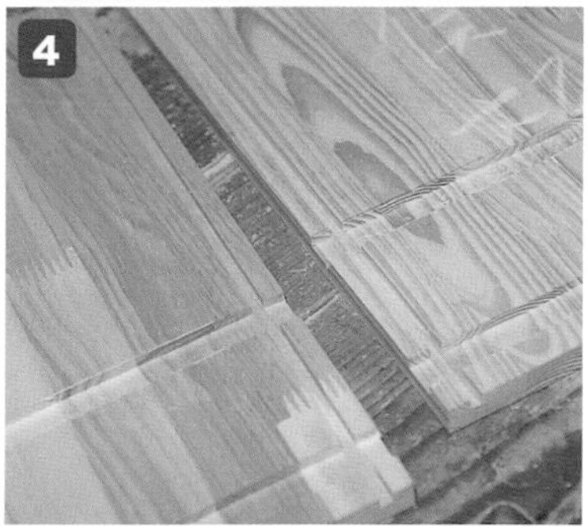

確認左右側板榫槽，上下切削出的細槽就是插背板的榫槽。

在背板的左右切面銑削出厚6㎜、高6㎜榫頭。

背板榫接時的情形，榫頭在背板上，榫槽在側板上。

修邊機加工側板・底板

使用直線導尺在左右側板和背板各切削寬15㎜、深6㎜的榫槽，以插入隔板和底板。

於左右側板和背板上切好兩個榫槽後的情形。

在左右側板上切削安放背板用的榫槽，深6㎜、寬6㎜。

主體的半槽對接與背板的半槽對接

材料全為15㎜厚度之松木集成材，只有抽屜的底部用的是5.5㎜厚的膠合板。我們特地將所有的榫槽的深度都統一設計為6㎜，修邊機的操作技術多使用在主體半槽對接和背板半槽對接，隔板、底板與承板前的榫槽多使用修邊刀進行切削。

為了讓讀者一看完成品圖或插圖就能明白，前圖中故意隱藏了承板、底板與側板接頭部分的榫槽。因為榫槽沒有切削到木料邊緣，在距離木料邊緣還有10㎜的地方就停止，這是為了讓接插部分的榫頭將榫槽遮蓋，因此分別在承板、底板和隔板的前端上下進行銑削，然後再組裝。加工主體最難的部分就是遮蓋榫槽並組裝，在此過程中使用仿形銑刀是練習木工作業的好途徑。

一定要以固定夾將導尺牢牢地固定在操作台。雖然大家對該操作已經很熟悉了，但是如果只以手按壓、推進修邊機的話導尺就會產生滑動，導致切削出現偏差。希望大家在進行高精度之加工時養成固定好導尺的習慣。製作者的操作台做了特殊處理，除了可以在桌緣安裝固定夾，其它地方也能夠安裝。具體的做法是在桌面多開出幾個孔，或在由多

修邊機加工承板・底板・隔板

在底板和承板上切削出插入撐板榫槽的情形。槽的後方已經銑掉，前方在離綠色標記10㎜處止住。

然後在隔板前端的榫槽處，鑽一個用以遮蓋底板和隔板榫槽前端圓形間隙的榫頭，此操作需使用修邊刀。

為了截掉多出的10×6㎜轉角部分，用薄板製作一個導尺，然後再以修邊刀仿形切削。

銑刀的軸承按照要切割的形狀推進，這樣就能切削得很漂亮。

如圖所示，分別在隔板上端和下端截除6㎜、7㎜，就能遮蓋榫槽前端的圓形槽口。

試著將承板、底板、隔板臨時組裝在一起，隔板和底板前部也要進行截角加工。

組裝主體

確定各個部件都能以半槽對接的方式接合起來，同時確認是否能遮蓋前端榫槽。

組裝主體，將背板插入側板。

片二倍材構成的桌面上，將正中央的一片材料板設計成可隨時輕鬆取下和還原的活動板，兩種方式都可以讓安裝固定夾變得輕鬆可行。

事先調整好的鳩尾榫台更容易上手

抽屜之製作主要步驟，是使用鳩尾榫台製作鳩尾榫（燕尾榫）。圖中的鳩尾榫台為美式佛蒙特（現在已經停止生產了），不過現在可以購買到其它公司生產的類似產品。

顧名思義「鳩尾榫台」包括一些配套售部件，因此可根據需要自己組裝使用。事實上該鳩尾榫台的組裝是最重要的一環，因此除了要按照說明書細心組裝，在正式使用前還有必要以測試材料板多測試幾次，失敗一兩次也是必然會發生的事，不必在意。

製作抽屜

1

抽屜的鳩尾榫接部分，使用美式佛蒙特鳩尾榫台。

2

將鳩尾榫台專用的底板、樣規導板、鳩尾榫〈三角梭〉刀固定在修邊機上。

3

準備抽屜用的材料板，使用圓鋸時靈活搭配導尺以提高準確度。

4

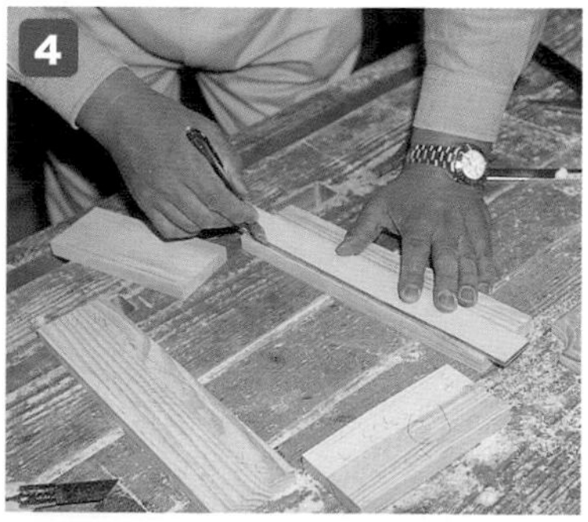

於備好的材料板下方5mm處銑削榫槽。

5

在組成抽屜框的四片木板上分別標記：前、後、左、右。

6

並於材料板的銜接部分做上標記。

7

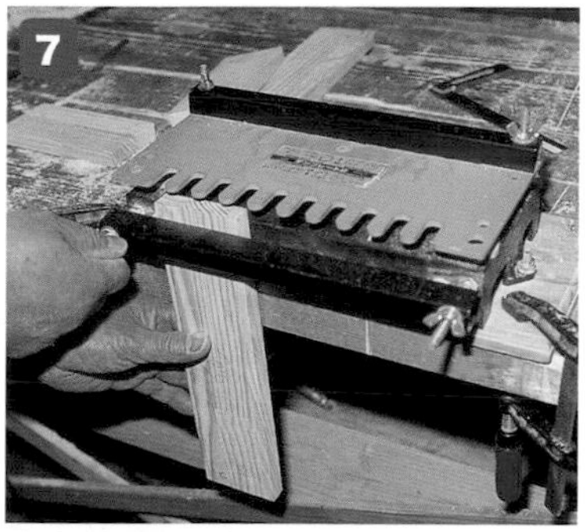

將材料板緊緊地靠在鳩尾榫台上。

8

由後方放入相接的材料板。

組裝主體

3

將主體的榫頭插入側板、背板的榫槽。如圖所示，組裝主體時，隔板部分以固定夾固定以避免散架，且操作也更容易。

4

將剩下的另一面側板安裝上去，雖然示範中沒用使用白膠，但可根據個人需要使用。

組裝抽屜

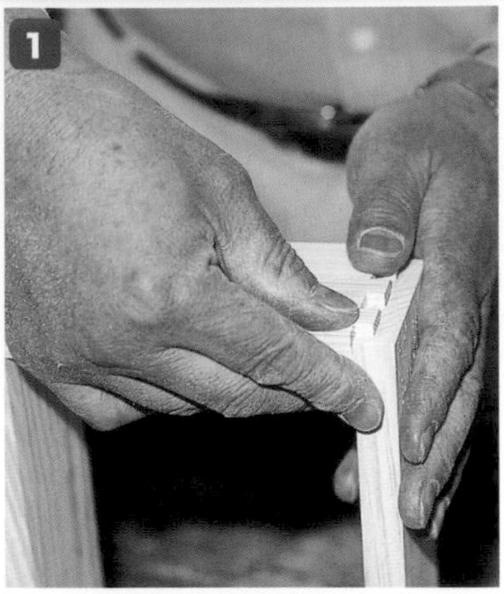

將加工後的四片材料板組裝，接合時不緊不鬆就代表成功了。

以直徑6mm的鉋花直刀開出插入抽屜底板之榫槽，底板採用厚度5.5mm膠合板。

組裝抽屜，前板和側板之間使用的是半隱鳩尾榫。

抽屜後方採用的鳩尾榫（如圖）。

使用材料
厚度15mm松木集成材（約使用三倍材（3×6）的1/2）
抽屜用把手一個

使用工具
修邊機（6mm鉋花直刀・10mm鉋花直刀・修邊刀）
圓鋸機

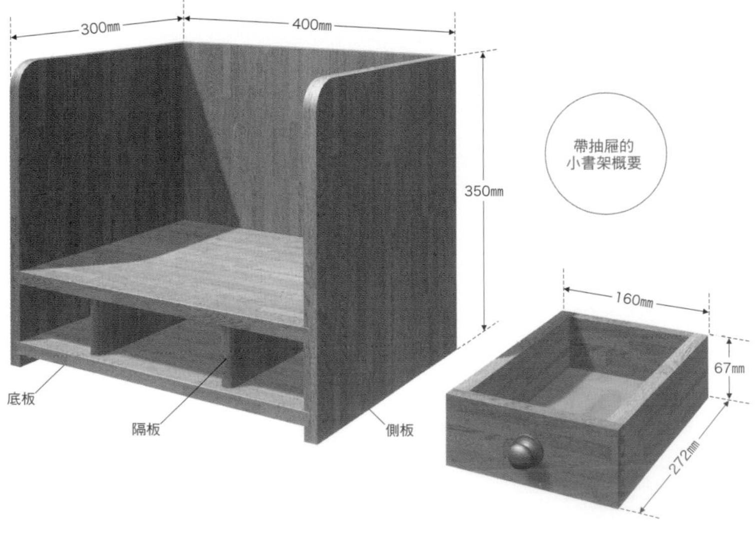

製作抽屜

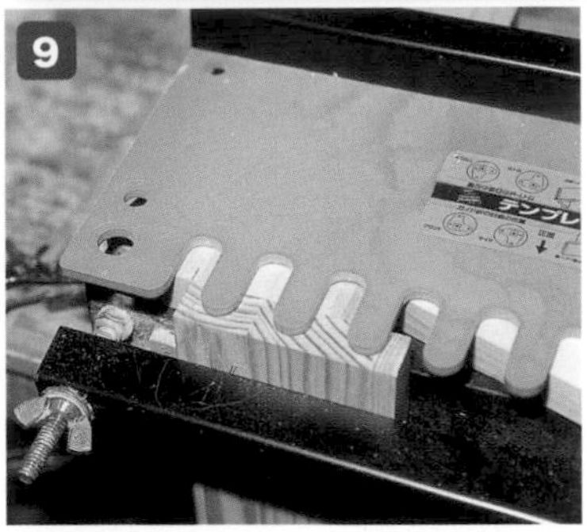

將長邊側板和短邊側板，緊密接合夾於鳩尾榫台中。

以裝配鳩尾榫〈三角梭〉刀及其組件的修邊機銑削鳩尾榫。

切削好鳩尾榫的兩片材料板。將一片翻過來之後就能看見接合的方向。

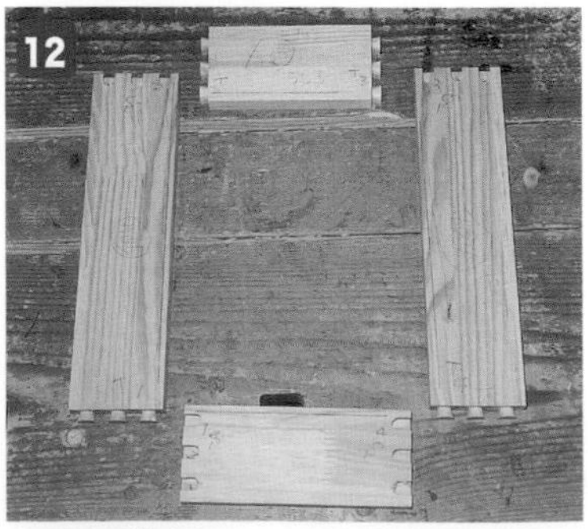

利用鳩尾榫台加工，以鳩尾榫接合的四片材料板。

家具各部分名稱 2

[陳列櫃]

陳列櫃、大衣櫃、衣櫥都可以統稱為「箱式家具」，但是與簡單的木箱相比，這些家具都要安裝門和抽屜，因此不光要使用更多的材料板，且製作工序中還需要運用各式各樣技術。

製作木箱時構成側面部分多使用細長的角木，稱之為「框材」。縱向使用的稱為「豎框」，橫向使用的稱為「橫框」，以示區別。以框材製作的構造也稱為「框架」。

線腳指桌面和架子等頂端的裝飾面，該詞本指西洋室內天花板和小壁間的相接處曲面。

底座是箱式家具特有的結構，指家具最下部的台式框。

橫撐〈棖〉指抽屜間不動的橫框，可在上面貼標籤識別方便存取，和承載物品的隔板是不同的。但是，簡易製作時可將隔板延伸至左右側板，使之兼做橫撐。

還有，所謂櫃頂板其實是桌面的別稱，到底是叫「桌面」還是「櫃頂板」，因人而異。

箱式家具還有其他一些隱藏在內部的結構，比如貫式結構等，這些結構比所見的結構更加複雜。

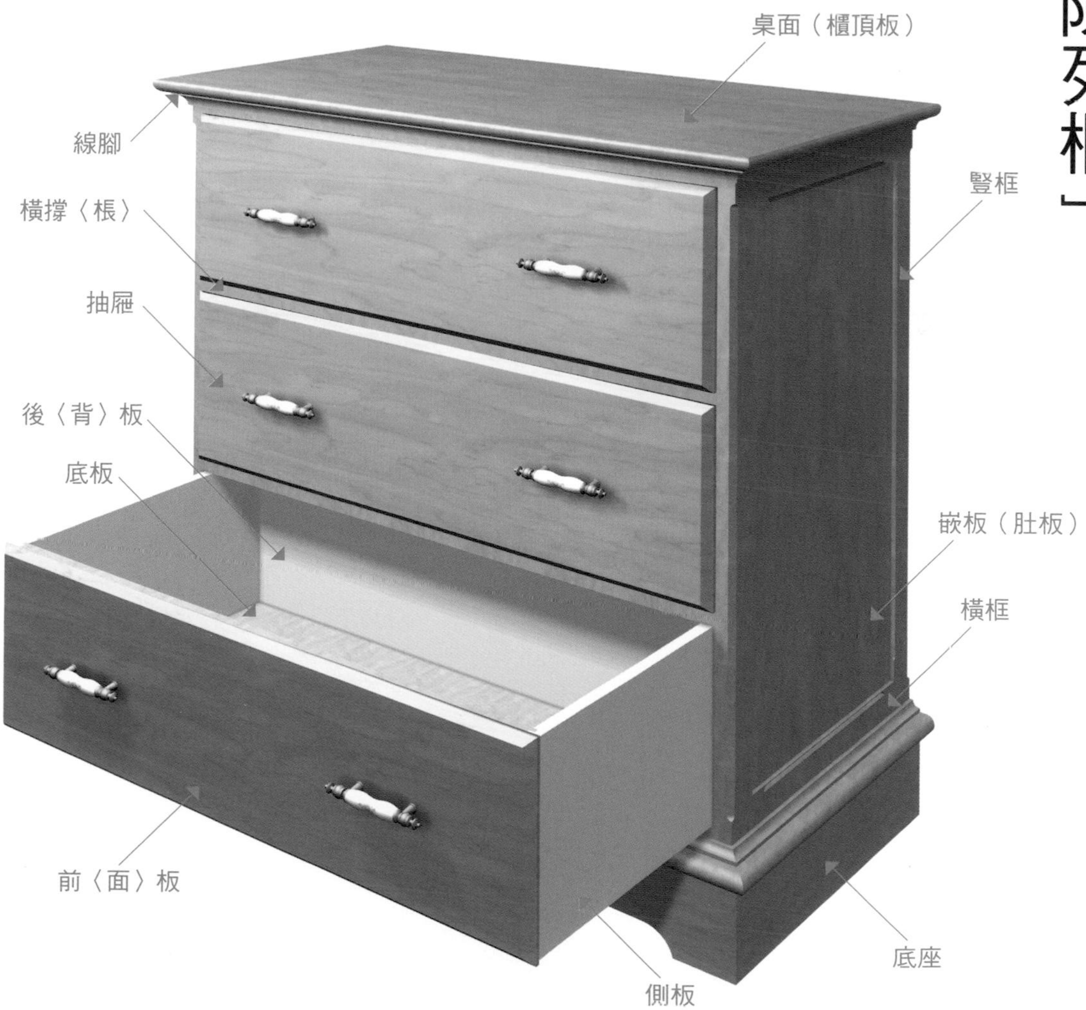

製作高質感椅子

高背椅

●●●●●●

設計、指導、製作／太卷隆信（OKERA 工作室）

使用橡木的鮮明造型給人留下深刻印象，部分採用了曲線設計，令人油然而生一股親切感受。

接合處的木楔是表現重點

各貫穿榫中插入的木楔，組成了質感的高背椅。嵌入簡單的背板和椅腳設計渾然一體，從正面前部到背板採用收攏的設計樣式，提高整體質感。

主要工具是修邊機，需要藉助各種銑刀和自製導尺完成榫頭加工以及其它各部件，不過實際操作其實比看上去簡單得多。

接合部分的榫接如果以修邊機銑削，通常榫槽四角都是圓角，這時需使用鑿子將榫槽鑿成方角後再接合。因為盡量鑿成方角，後期和木楔的接合也將更相配，甚至成為其外觀特色。

作品幾乎全部採用直線設計，所以哪怕出現很小的縫隙也會顯得非常刺眼。不過只要能靈活應用導尺，通常都能克服。雖然橡木屬於偏硬的材料，但只要使用修邊機，還是能輕鬆地進行加工。整體加工雖然對銑刀的要求較高，重點仍為安全地使用鋒利銑刀操作。

以自製導尺加工榫頭

榫頭由修邊機加工而成，為了控制修邊機的移動方向，就需要用到自製導尺。導尺之製作很簡單，功用卻非常大。而導尺在其它類似之加工中也能派上用場，因此不妨做一個好用又穩固的導尺。用修邊機銑削的榫孔四角一般呈圓角，再以銼刀將榫頭的四角銼圓後再和榫槽組裝。不過在圖例作品中，可以嘗試配合榫頭直接將榫孔修鑿成四方形。

使用銑削榫孔的專用導尺，藉助導尺上的導木包圍出一個方框，限制修邊機底座只能在榫頭大小之範圍內移動。

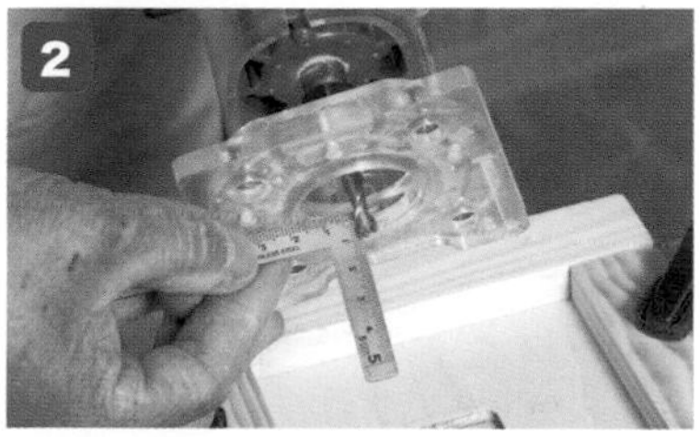

使用的銑刀為1/4英吋的逆銑螺旋直刀。調整銑削深度在5.5mm以內。

在馬達轉動狀態下開始銑削。將底座邊緣貼著導木銑削，銑削時注意不要切到導尺。修邊機底座四邊長度往往有微妙差異，因此必須在底座和導尺上做出對應標記（綠色膠貼），二者配合使用時，這種同位對應關係保持不變。

藉助導尺銑削出的榫孔。榫孔分五至六次一點一點逐步銑削，銑削後的榫孔四角是呈圓角，由於該作品中的榫頭部分為方角，稍後進行修正。

使用鑿子對榫孔四角進行修鑿，鑿子鋒利與否為完成漂亮修正關鍵。

榫孔的內壁筆直不可傾斜，轉角修為直角。

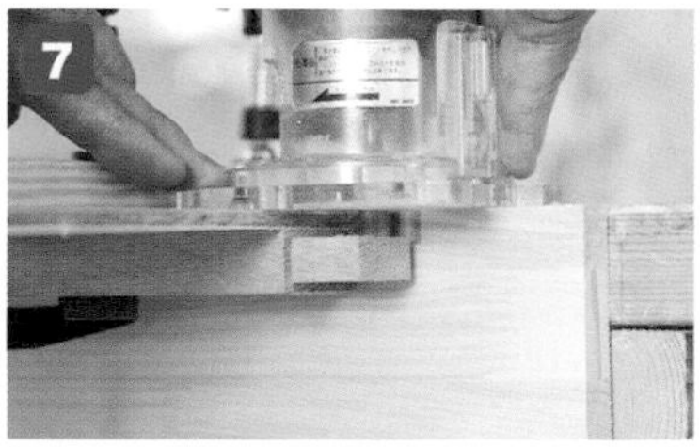

榫頭加工也需使用自製導尺，有了導尺的幫忙，榫頭就不容易出現毛邊。

以固定夾固定在操作台上用於加工榫頭的導尺，導木和底板木之間的基本關係對於任何導尺都相同。

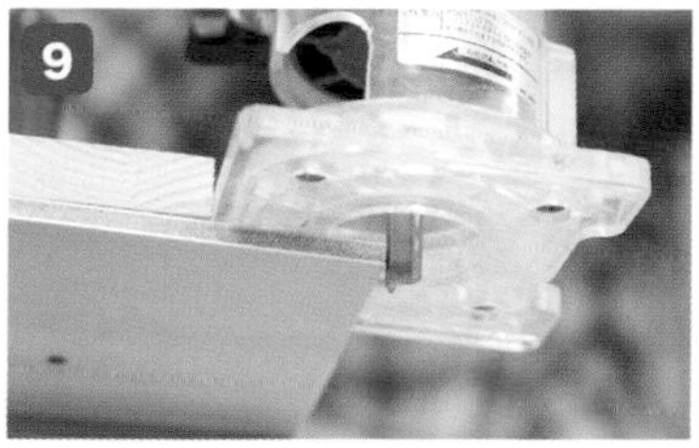

修邊機底板的一側沿著導木，銑刀就會沿著底板木邊緣移動，底板木的邊緣和墨線重合。

榫頭從木端面開始削，比照榫頭的墨線以緊固夾將木材固定於導尺上。

榫頭之加工狀態，如此一面一面地銑削，無論誰都能靜下心來準確地完成加工。

加工插入背板的榫槽

為了將背板插入上下橫撐木之間，需要在背板上加工榫頭、橫撐木上搪出榫槽。這些加工需使用頂部裝有軸承的T型溝線刀。背板插好以後，以類似貫穿方栓一樣的塞縫片，將框上留下的縫隙填好。

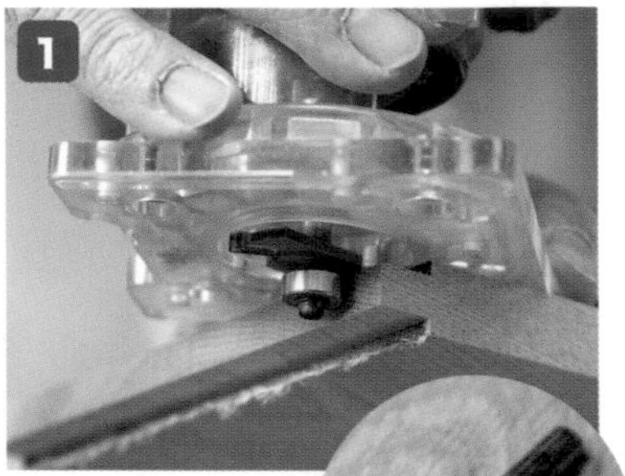

榫槽加工使用的銑刀是頂部裝有軸承的T型溝線刀。準備好切削幅度為1/2英吋(12.7mm）的T型溝線刀，按照圖示在椅子背板的上下端加工出榫頭。

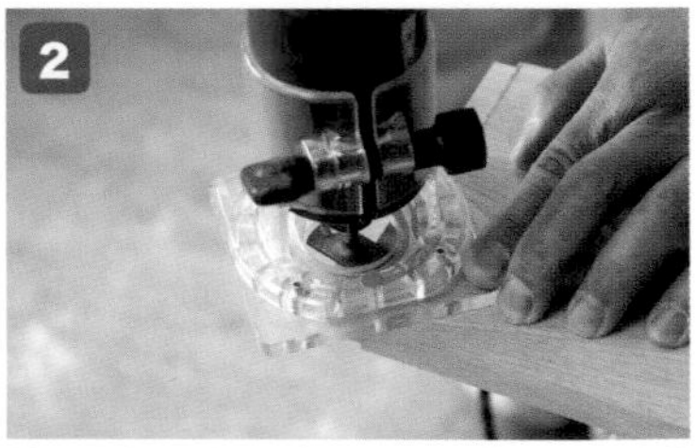

銑刀頂部的軸承在板端做仿形移動，就能將切削幅度控制在一定的範圍之內。

榫頭的厚度應為6mm，正確使用游標卡尺進行確認。

於固定背板的上下橫撐木內側，銑削出插入背板榫頭之榫槽。

使用相同的T型溝線刀，但調節銑刀的高度，如圖所示搪出榫槽，並將寬度加工為6mm。

榫槽加工好後確認兩者是否能無縫接合。

圖為背板下方橫撐木上加工後的榫槽。

加工填縫板的準備工序，如圖所示，在修邊機底板下加裝厚度為7mm的小木片，如此可以將底板往上提升一些。

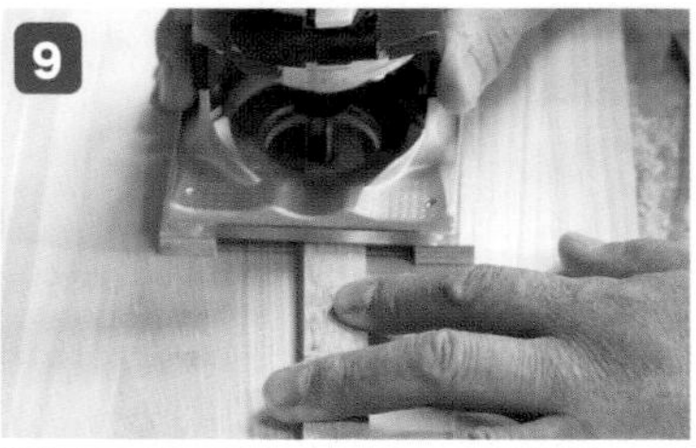

填縫板取材於製作椅子的同一種材料板，修邊機底座的提升高度正好等於榫槽深度，用它能夠精確地將填縫木銑削到恰到好處。

完成填縫木加工。上端還可以看見切削的痕跡，使用修邊機的銑刀進行銑削，可以達到與鉋刀刨平完全相同之功效。

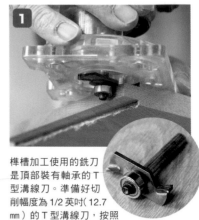

試組椅面的準備工作

各部分的榫都加工好之後，試著組裝一下，確認全部骨架的組裝情況。如果需要稍稍用力才能順利組裝，則說明製作是成功的。如果太緊需要更用力才能插入就可能會導致材料板開裂，這個時候需要調整，稍微銑削一下榫孔內部。椅面是兩片材料板拼合而成的，為了確保品質，請嚴格重視圓鋸機的鋸片品質。由於接合面是平整的平面，所以採用平接的拼板方式。

各部分的榫接加工後，進行試組。

對於較緊的部分，可以鑿子將榫孔修得大一點再組裝。

試組榫頭。如圖示將榫頭作得比實際需要長，這一點很重要。

試組確認後，開始準備椅面，椅面由兩片材料以平接方式拼合而成。

以鋼尺檢視接合面是否完全筆直。

在兩片材料板接合面上均勻地塗上白膠。

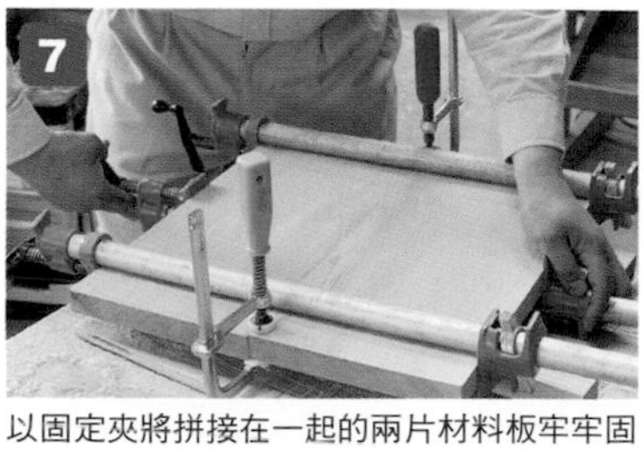

以固定夾將拼接在一起的兩片材料板牢牢固定住，中央縱向安置的固定夾是為了調整兩板接合處高低方面的誤差。

將銑削後的填縫木插入背板橫撐木上的榫槽中。

橫撐木和背板接合之後，剩餘的榫槽就以填縫木進行填充掩蔽。

將背板插入橫撐木正中央，餘下的兩端空槽部分以填縫木填充。

填縫木的位置確定之後以白膠固定，再將超出的部分切掉。

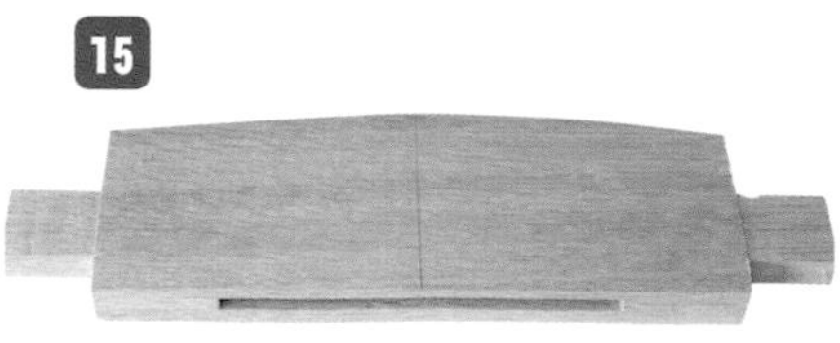

完成榫頭、榫槽、填縫木加工的背板上端橫撐木（椅枕）。

加工接合部的木楔及主體組裝

試組確認無誤後，拆開各組件分別在榫頭的頂端銑削插入木楔的槽。削槽如下圖所示要使用到導尺和墊片（鐵製直尺），橫向移動圓鋸的鋸片將楔槽的寬度確定為3㎜。為了讓楔子成為外觀上的焦點，採用深色的紫檀木薄板來製作。

於椅面下起支撐作用的撐板上鑽出螺絲孔，螺絲孔深度為15㎜。

在榫頭上開槽（插入木楔）時的導尺，立在導木一側的鐵製直尺當作墊片，有了它，圓鋸機鋸片會比正常情況下向右側偏等同於直尺厚度的距離。一開始先不安墊片切削，隨後再裝上墊片再鋸一次，如此便能保證插入木楔的槽始終被控制在同一個寬度。

正式鋸之前以測試板確定鋸切的位置、深度等。

鋸好木楔槽的榫頭，在所有的榫頭上都進行同樣的加工。

使用紫檀薄板製作木楔片。參照前文提到過的銑削填縫木的要領（第132頁8、9）將薄板銑削至3㎜板厚。

為榫頭塗上白膠，將各部組裝在一起後以固定夾固定。

將塗有白膠的木楔片插入榫頭，插入前先以鉋刀或銼刀將木楔片頂端刨薄一些。

椅面下的撐板已組裝好準備壓入楔子。

椅子的背部，從後腳到椅背板已經渾然一體。請確認椅子的上下寬度一致。

將凸出來的榫頭和木楔片鋸掉，直至與材料板板面平齊，為了避免將木面刮花，宜使用鋸齒無交錯的鋸片。

修飾平整後的榫頭平面，儘管現在木面還很粗糙，卻難以掩蓋華麗的木楔組合樣式。

以鉋刀刨除榫頭上的不平，將板面處理得平滑整潔。

試組和準備椅面

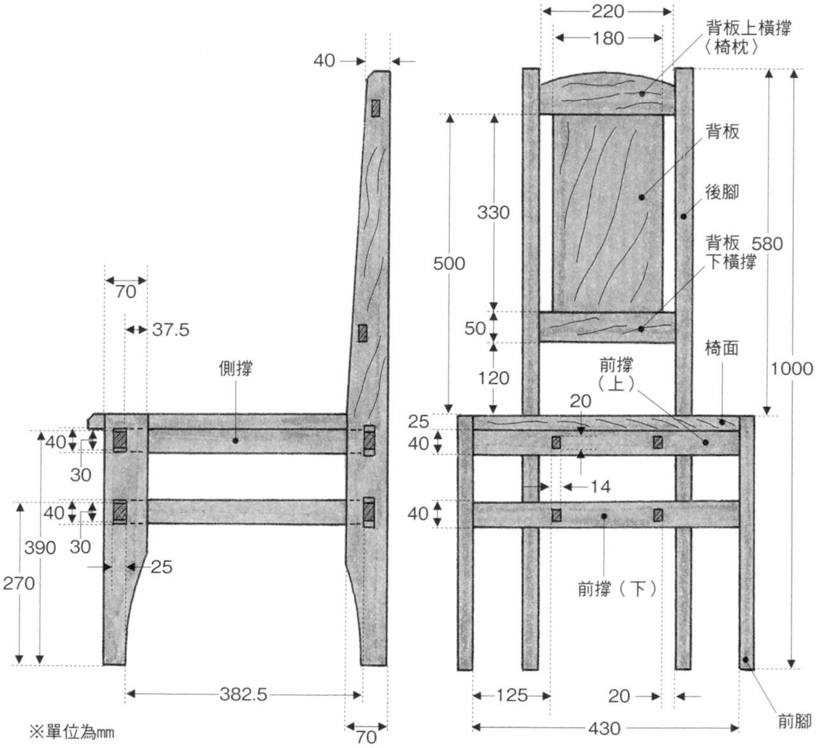

※單位為mm

1

除了椅面，主體已組裝完成。

從拼接好的椅面拆除固定夾，按照設計尺寸鋸掉多餘部分。

後腳之間的椅面截角部分，請藉助圖中的直角切割導尺以修邊機銑削掉即可（參照第69頁）。

如圖將椅面嵌入到主體中，完成組合。

在事先鑽好的預留孔內鎖入45mm的粗牙螺絲，將椅面和木體固定。

材料（參考）

厚度27mm櫟木	220×2000mm	1片
厚度25mm櫟木	200×600mm	3片

從上述材料中按照設計圖截取各部所需木料。用來製作榫頭的木料要比完成後的榫頭長6mm。所使用的厚度27mm木板是由厚度34mm木板加工而成。25mm的椅面源於厚度27mm的木料，以平鉋機加工而成。27mm木板可加工椅腳、25mm木板用來加工各種撐板。

工具（參考）

圓鋸機・修邊機・木工銑刀：1/4吋螺旋銑刀・10mm鉋花直刀・T型溝線刀・各種修邊刀・手鋸・鉋刀・螺絲起子・鐵鎚・電動起子機・各種固定夾・各種自製修邊機導尺等。

簡潔設計帶來清爽感覺

圓桌

設計、指導、製作／橋本　裕

製作圓桌使用軸徑為6mm之木工銑刀。從右開始依次為：帶軸承的斜羽刀（用於桌面倒角）、10mm的後鈕刀（用於加工半槽搭接）、長短直刀（用於榫頭、桌面）

作業流程

為上橫撐和下橫撐加工搭接榫
▼
於上橫撐和下橫撐的兩端加工榫頭
▼
加工桌腳榫孔
▼
製作圓桌桌面
▼
整體組裝

使用工具

木工雕刻機、線鋸、固定夾、砂布機、電動起子機、卷尺、精密導規、導木（膠合板）、鉋刀、鐵鎚等

使用材料

（桌面用）松木集成材
24×1820×600mm　1片
北美西部鐵杉角木
20×25×900mm　1支（下橫撐用）
20×40×900mm　1支（上橫撐用）
30×40×1800mm　1支
30×40×900mm　1支
其它：自攻絲螺（長50mm直徑5mm）
墊圈・白膠等

簡單・牢固的木工接合

此圓桌的下部是以十字搭接的上橫撐和下橫撐及接合的四支桌腳組成。（參見左頁插圖）

十字搭接指在接合木板上切出凹口相互接合，方榫接合則指將一端凸出的榫頭木料插入有凹孔的榫孔木料。

雖然構造簡單，但無論是十字搭接還是方榫接合等，通常指的是「將兩片及以上的木料連接在一起」，對操作者來說必須具有較高的熟練程度。

不過有了木工雕刻機的幫忙，即使是比較難的木工榫接，也能輕鬆精準地完成加工。

原因很簡單，木工雕刻機不僅能準確地設定切削深度，還能銑削出光滑平整的平面。希望大家在製作過程中熟練地使用銑刀和導尺，進一步提高使用木工雕刻機的技巧。

製作圓形桌面也是如此。先使用線鋸粗略地將桌面鋸出圓形後，以導尺和木工雕刻機進行修飾，就能製作出美觀的圓形桌面。

為上橫撐和下橫撐加工十字搭接

製作圓桌的第一步是加工圓桌下部的上橫撐和下橫撐的十字搭接。將木料加工成合適的尺寸後，靈活應用木工雕刻機的下壓功能（請參考第16頁），以設定好的固定深度加工搭接槽。

銑刀使用帶軸承後鈕刀，只要組合使用膠合板製成的導木就能準確地完成直線銑削。

加工半槽時的寬度剛好是整塊木料厚度的1/2，因此可將兩塊木料固定一起同時銑削，以避免出現偏差。

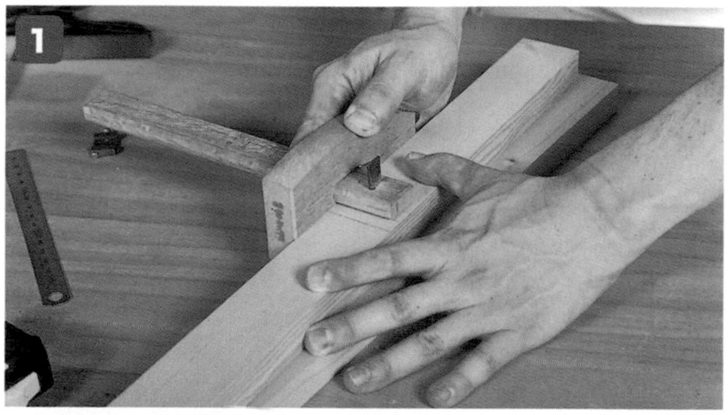

使用畫線規在將要銑削的銑搭接處畫線，鉛筆畫的線較粗，銑削的時容易偏離，建議使用畫線規。

將兩條木料緊緊地捆紮在一起（圖中位於切割墊板之下），一次性加工就不會出現偏差。將用於防止起毛的切割墊板也重疊在一起，然後在材料上方預留與橫撐等寬的距離（切削的部分），固定兩片導木（橡木膠合板），在每一片導木上分別使用兩個以上的固定夾固定。接著，銑削掉導木之間的空隙部分，完成十字搭接加工。

調整銑刀銑削深度後，使用木工雕刻機銑削搭接槽。搭接槽的深度為20mm，也就是說銑刀到銑削深度應調整到20mm。

銑削搭接槽的過程中，取下一側導木後看到的情形。貼在內側的小塊木料就是切割墊板，它能減少毛邊狀況之發生。

組裝十字搭接。手稍用力方可嵌入，接合好以後頂面平齊就成功了。按照相同方法再加工另一組。

十字搭接

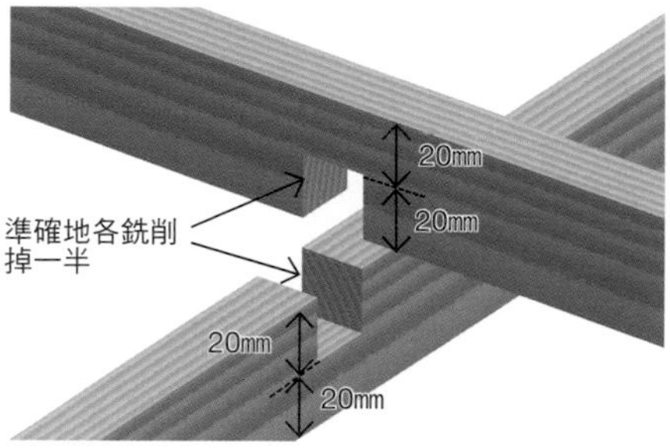

十字搭接和方榫的位置

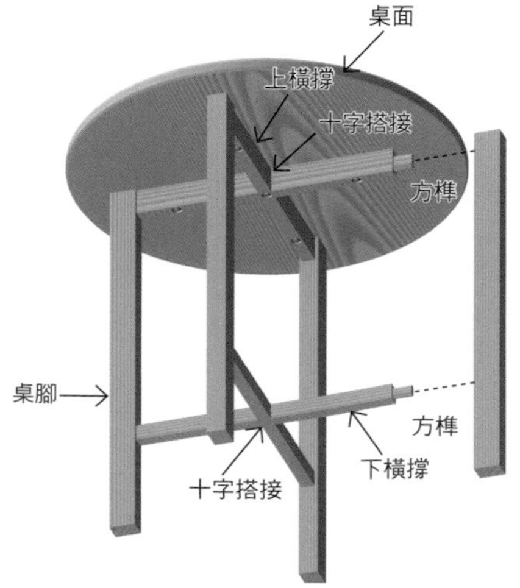

為上橫撐和下橫撐加工方榫

接下來，在各橫撐的兩端加工方榫頭，以固定夾將需要做出相同尺寸榫頭的材料板重疊在一起。

疊在一起銑削不僅可以防止偏差，還可以增大木工雕刻機基座之移動範圍。

特別是在木料薄的一側進行銑削加工的時候，先在其兩側貼上與材料板高度相同的墊木，可讓雕刻機底座更加穩定。

加工原理和十字搭接相同，以平行導尺代替導木引導雕刻機前後移動，把它看做是在角木四個面上加工搭接槽。

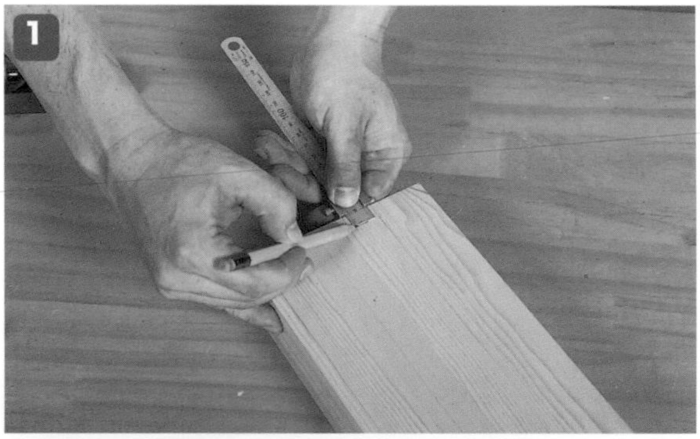

畫墨線確定榫頭的長度。將需要加工相同尺寸榫頭的木料放在一起畫墨線，若榫孔的深度為30mm，請將榫頭的長度設定為29mm。

把木料重疊好後再加工，不會產生偏差，操作起來也簡單，使用的鉛筆要削尖比較好畫。

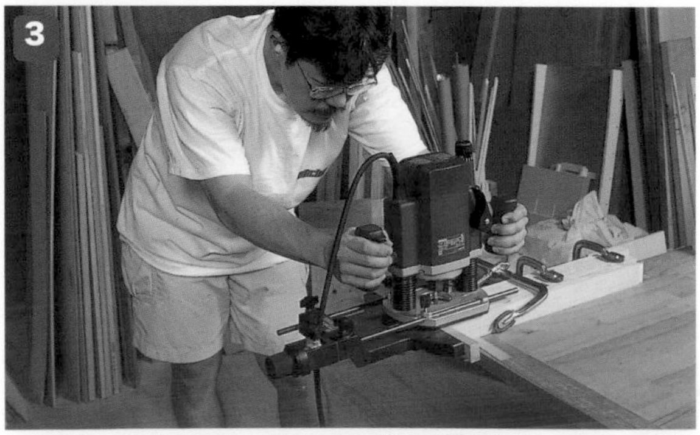

調節好銑刀的銑削深度，安裝上平行導尺後開始作業。不要一開始就急於銑削得很深，無論深度還是寬度，都應該是在木工雕刻機沒有壓力的情況下，一點一點逐步銑削就不會失敗。

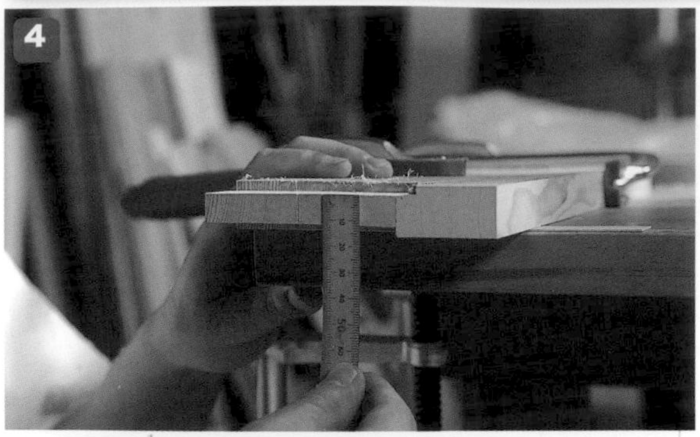

將一次銑削深度設定為2mm，一邊測量一邊經過數次加工達到所需的深度。

於兩支重疊的上橫撐側面上完成了銑削。右邊的角木是墊木，圖片上兩個眼是十字搭接的搭接槽部分。

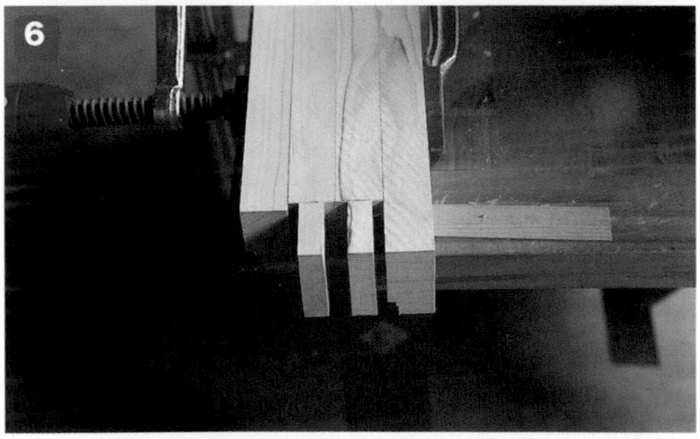

於較窄的木面上銑削時，需在兩側添加墊木，藉此擴大雕刻機底座之承載面積。

待加工材料板和墊木以固定夾固定在操作台上。

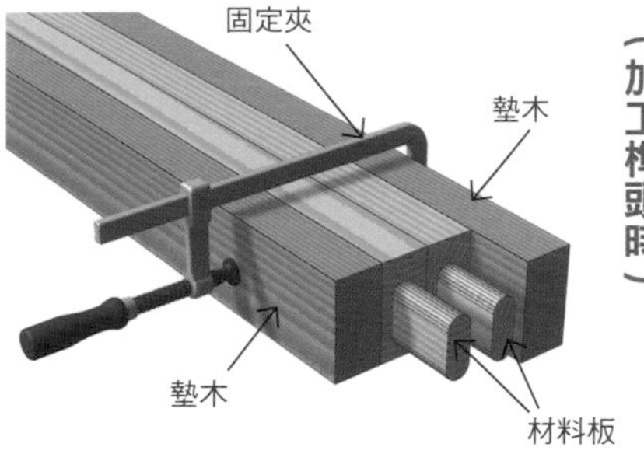

材料板和墊木的位置關係（加工榫頭時）

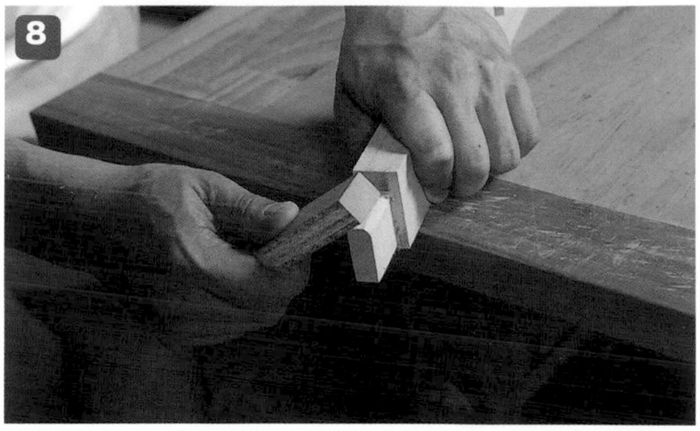

榫孔呈圓角，為了配合榫孔形狀需用砂紙和鑿子，將榫頭加工成相應的形狀，該工序可在鑿好榫孔之後進行。

加工桌腳的榫孔

將桌腳上銑削插入榫頭之榫孔，操作前的各項設置請參照下頁插圖。

將要加工的材料疊在一起，墊木的高度要和材料板的高度一致，以擴大雕刻機底座之承載面積。可以使用較長的材料做墊木，在不妨礙木工雕刻機運轉的位置安裝固定夾。

放置好擋塊，防止將榫孔銑削得過深的木塊，安裝在木工雕刻機上的平行導尺只要碰到它，木工雕刻機就會停止向前銑削。

以木工雕刻機製作的榫頭（左）和榫孔（右），加工後的榫孔呈圓角。

銑削榫孔前的設置工作。操作台上靠內，被固定夾橫向固定的是用來加工桌腳的材料板。靠近讀者一側豎放的細長端木是墊木，使用細長的墊木是為了避免妨礙木工雕刻機工作。

以木工雕刻機製作的榫頭（左）和榫孔（右），加工完的榫孔呈圓角。

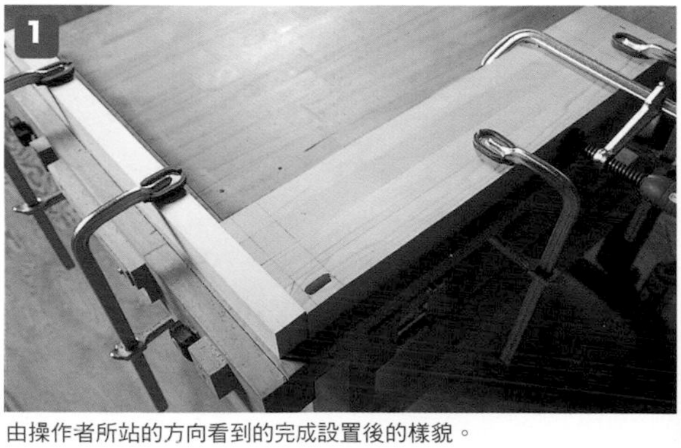

由操作者所站的方向看到的完成設置後的樣貌。

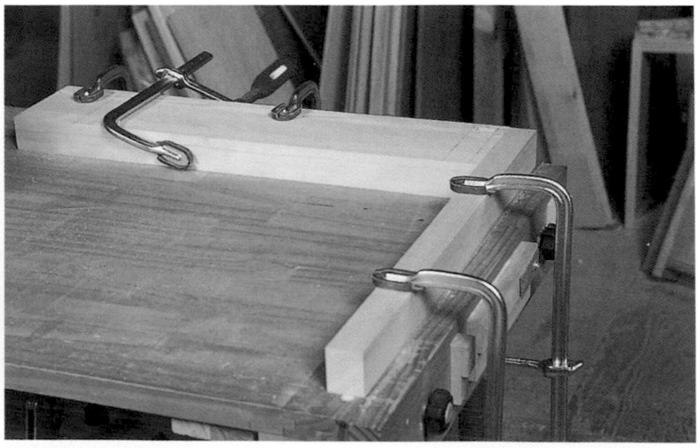

銑削榫孔前的設置工作。操作台上靠內，被固定夾橫向固定的是用來加工桌腳的材料板。靠近讀者一側豎放的細長端木是墊木，為避免妨礙木工雕刻機工作。

安裝固定夾的示例（加工榫孔時）

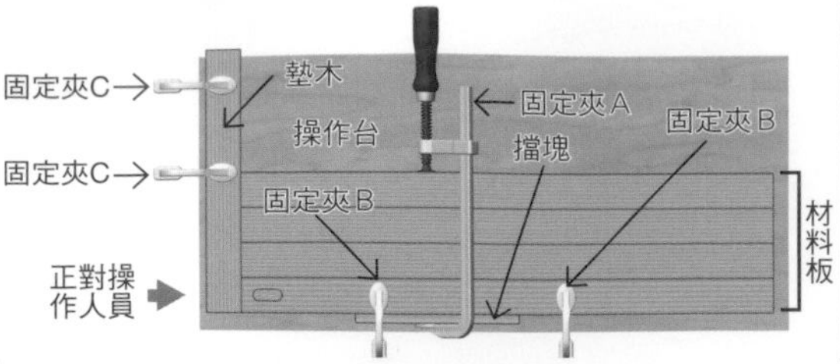

桌腳榫孔和榫頭的構造

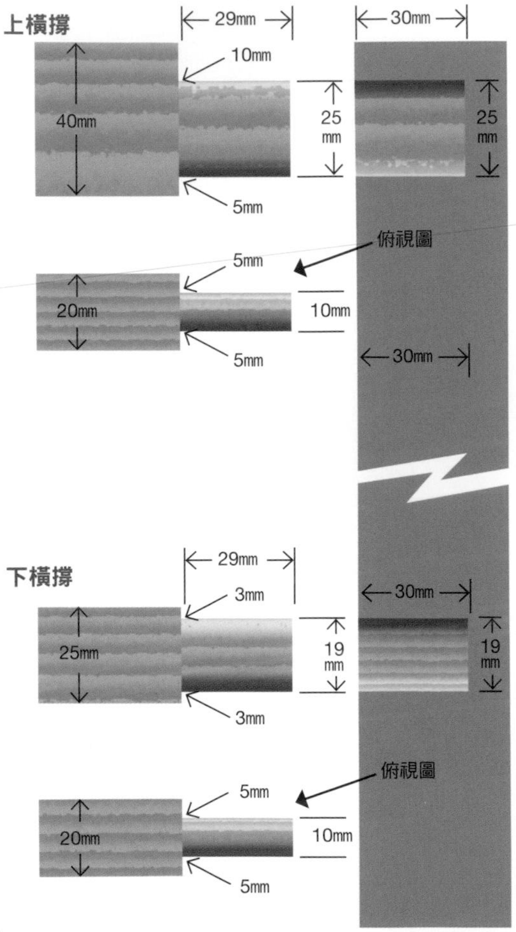

各部成品尺寸

桌　面	24×φ600×1片
桌　腳	30×40×600×4支
上橫撐	20×40×400×2支
下橫撐	20×25×400×2支

沿著材料板的側面移動，並安裝作為平行導尺擋塊。平行導尺碰到擋塊就會停在這裡，而不會把榫孔銑削得太長。

使用木工雕刻機加工時，請戴上眼罩或護目鏡以防止木屑進入眼睛。

加工榫孔。不可一次就深削，應該經過反覆銑削逐步達到所需大小。在此使用的是可以設定下壓深度的木工雕刻機，足以完成精確操作。

榫孔加工好之後，對桌腳的四角進行倒角，然後以砂布機將整體砂磨平滑。

製作圓形桌面

在製作圓形桌面的過程中，以木工雕刻機加工側面和倒角。

先完成將集成材木板切割成圓形的作業。畫上墨線以後將集成材木板固定於操作台，以線鋸沿墨線外側2㎜處進行切削。

如左圖所示，後期修飾加工是由安裝了直刀的木工雕刻機，配合自製的圓弧治具共同完成。換上帶軸承的斜羽刀進行倒角，以砂布機砂磨，最後再銑削安裝桌腳的螺釘槽。

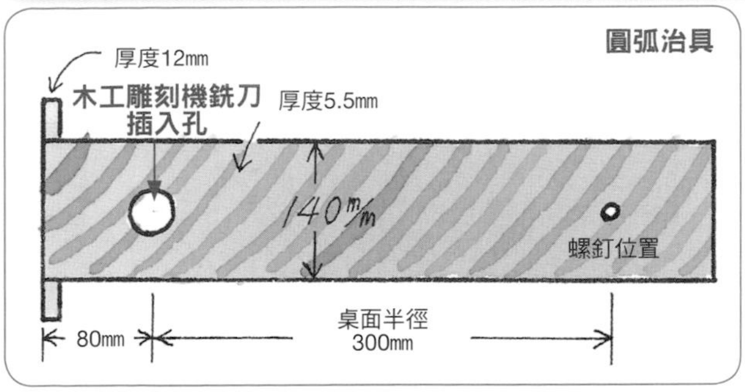

1 在集成材上畫上墨線圈。圖中是以金屬栓和薄板、圓珠筆組合的簡易圓規畫圓。

2 為避免材料板移動，以固定夾將其固定在操作台上，再以線鋸機完成初步切削。

3 以線鋸機沿墨線外側2㎜處進行初步切削，再以木工雕刻機進行調整。

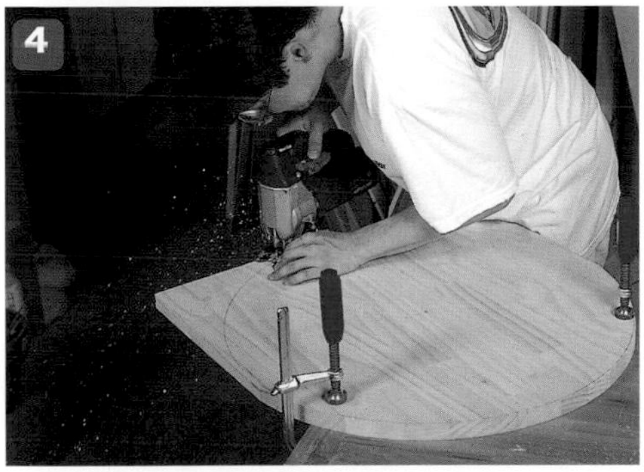

4 如果不易切割，請稍微將材料板位置調整後，再重新固定。

5 切削完畢後，以螺釘將圓弧治具固定於桌面背面的中心點上。將木工雕刻機放在圓弧治具上，再將銑刀插入圓弧治具孔（與木工雕刻機基座尺寸相同）。

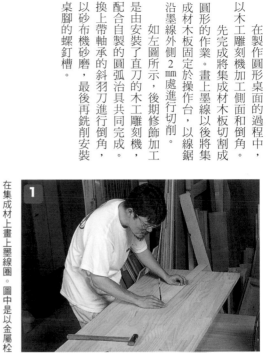

製作圓形桌面

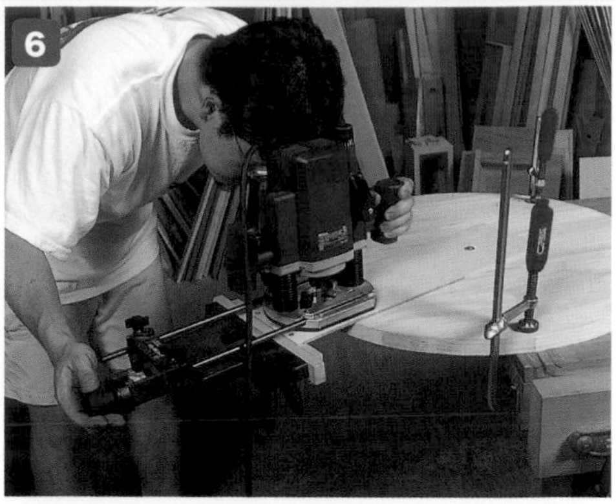

以固定夾將木工雕刻機的平行導尺固定於圓鋸導尺上，再利用平行導尺的微調旋鈕，可對桌面的切削量進行微調。

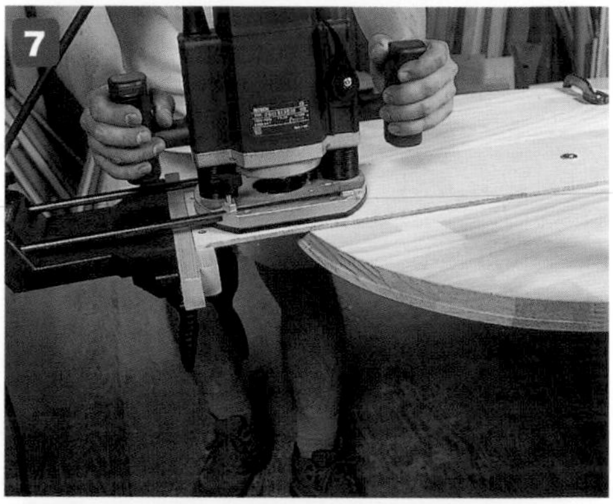

以木工雕刻機銑削掉線鋸切割時產生的毛邊，桌邊就會變得漂亮。使刃徑為12mm，刀長30mm之直刀。

將圓周銑削後，換上帶軸承的斜羽刀片進行倒角，軸承緊貼著桌面側面帶動木工雕刻機前移。

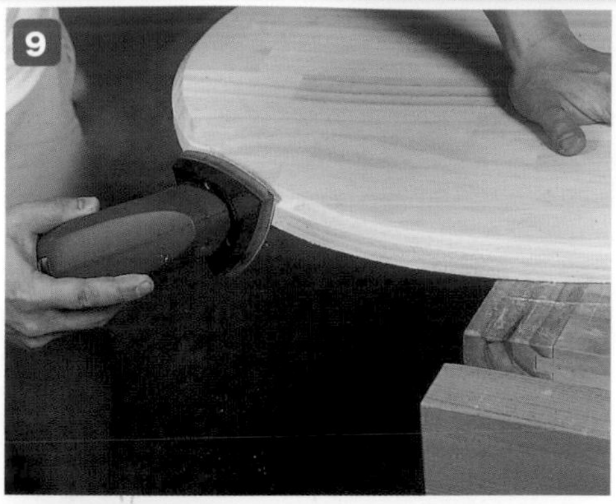

經過斜羽刀倒角後，再以砂布機砂磨平滑。

桌面表面以砂布機磨平。砂紙按照120號、180號、240號越來越細的順序更換。為了使油漆能附著在表面附著得更好，砂磨時請特別細心。

防止桌面在安裝桌腳時開裂，在桌面下方鑽預留孔，便於下一步開槽。在尖鑽頭的鑽尾上纏上膠帶，以提醒自己不要鑽過頭。

整體組裝

最後是整體組裝作業。先試著搭接組裝的各橫撐和桌腳，通過方榫接合在一起，然後稍微調整一下，如果沒問題再拆散，塗上白膠後再正式組裝。

桌面和上橫撐之間使用自攻螺絲固定的同時，還要兼顧到桌面的伸縮。

首先，桌面的伸縮方向垂直於木紋方向，上橫撐與螺釘槽也呈直角關係，所以固定上橫撐的自攻螺絲（圖中A），要在有間隙的狀態下加工。基於同樣的原因，固定上橫撐和桌面間只需用木工螺絲，而無需白膠。

桌面伸縮方向垂直於木紋方向

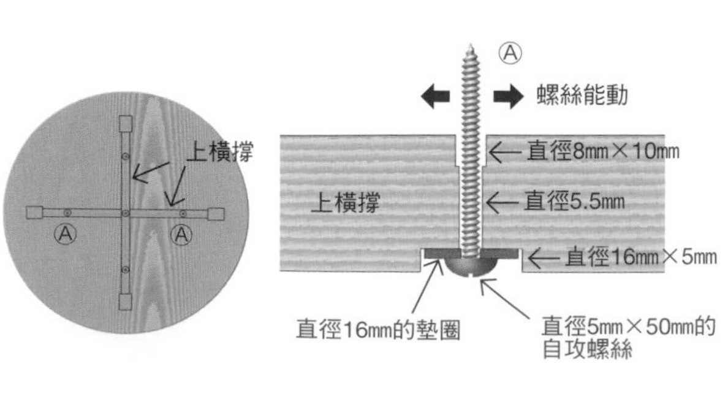

1 在桌面下面的上橫撐上鑽出螺釘孔，請注意兼顧到桌面的伸縮問題。

2 試著將各組件組裝，試組是為了看看桌腳的平穩情況，所以不使用白膠。

3 榫頭太緊，可用鐵鎚敲一敲，榫頭被壓扁後容易插入。

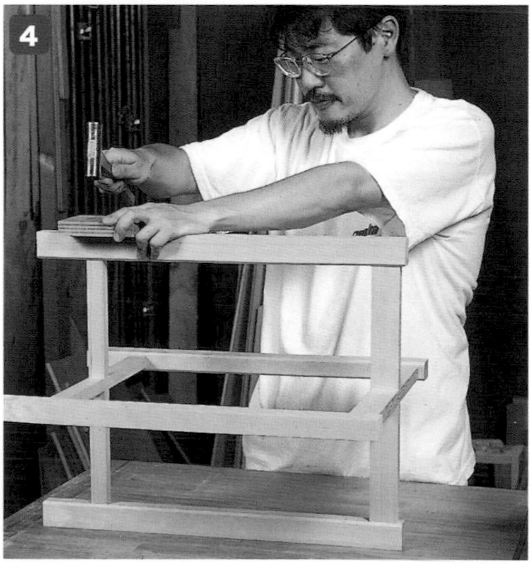

4 進行榫接時不要用鐵鎚直接敲擊，一定要在中間間隔一塊墊板，這是為了避免在材料板上留下鐵鎚的敲擊痕跡。

5 完成微調後，再使用白膠正式組裝，十字搭接和方榫接合組裝的作品簡潔美觀。

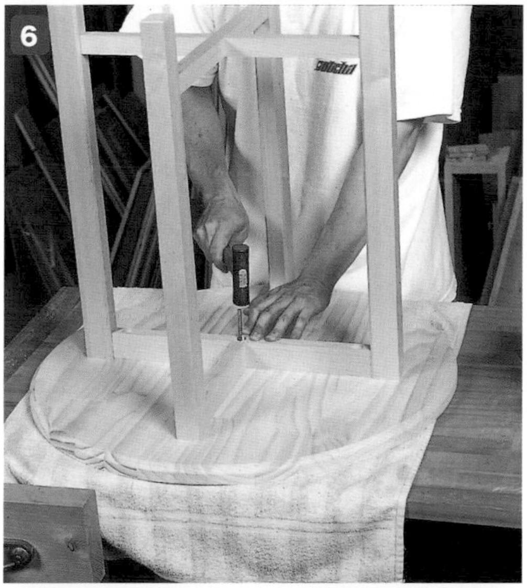

6 為了將桌腳安裝在桌面下，事先以鑽頭尖端在上橫撐鑽出預留孔。

7 放上墊圈，以長50㎜，直徑5.5㎜的自攻螺絲將桌面和桌腳固定在一起（這次不用白膠），圓桌完成。

椅腳採用時髦的鑲嵌細工

餐椅

設計、指導、製作／衫田　豐久　攝影 西林真（ループ）

兼具強度的輕便椅子

給業餘木匠帶來最多創造樂趣的就屬這種類型的椅子，在製作這種椅子的骨架時，會嘗試到各種各樣的技法和豐富多樣的設計性。

但椅子仍屬實用家具，因此製作的重心應放在椅子的強度，即「安全性」和能夠輕鬆挪動的「輕便性」，這裡介紹的高背型餐椅就是基於這兩點設計而成。

椅子採用的材料是能在量販店隨意買到的，厚度為18㎜的松木集成材。此木材採用黏合的技術製成的椅腳既能滿足強度要求，還能滿足輕便之要求。作為設計的焦點，餐椅的椅腳採用了鑲嵌細工，而為了使椅腳看起來不至於太細太乏味，採用了富有現代感的變通設計。

平面圖

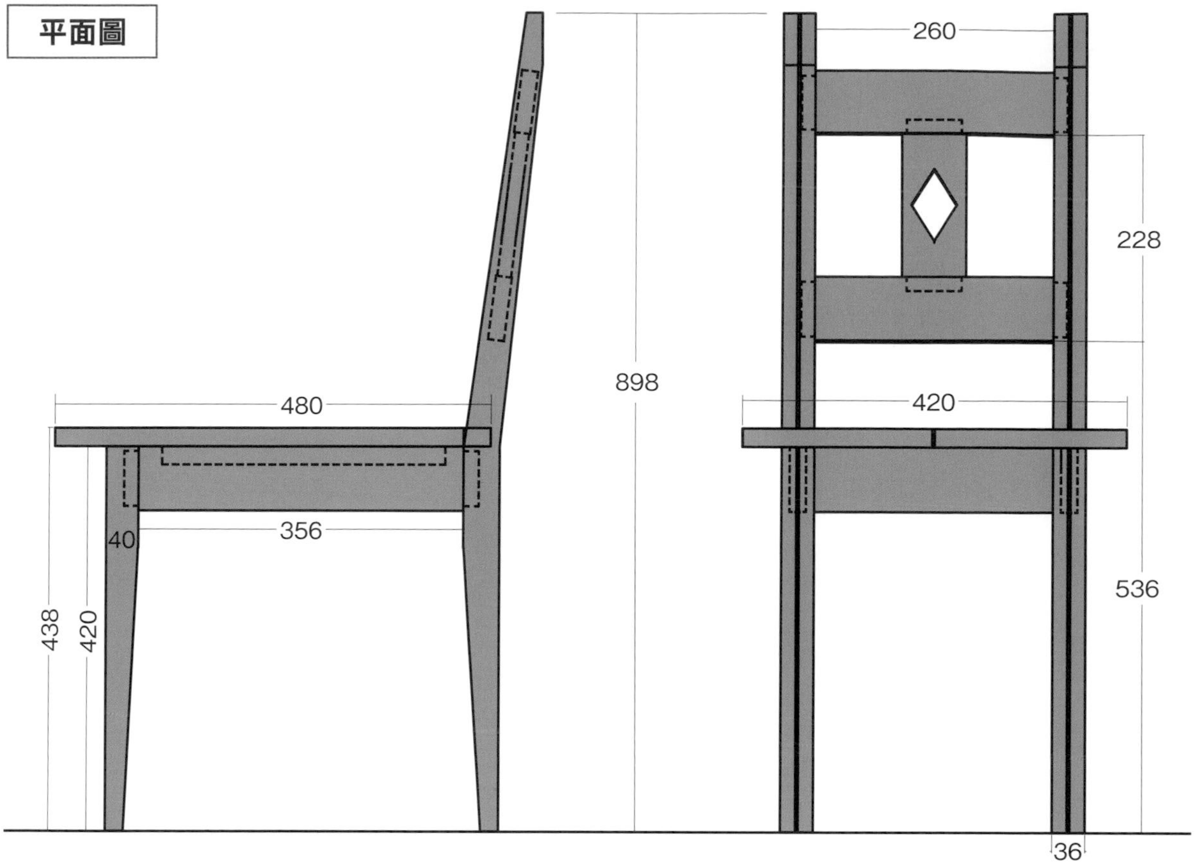

零件圖

該餐椅採用厚度為18㎜的松木集成材，椅腳部分由兩片這種松木集成材黏合而成的，厚度為36㎜。

【後腳】×2

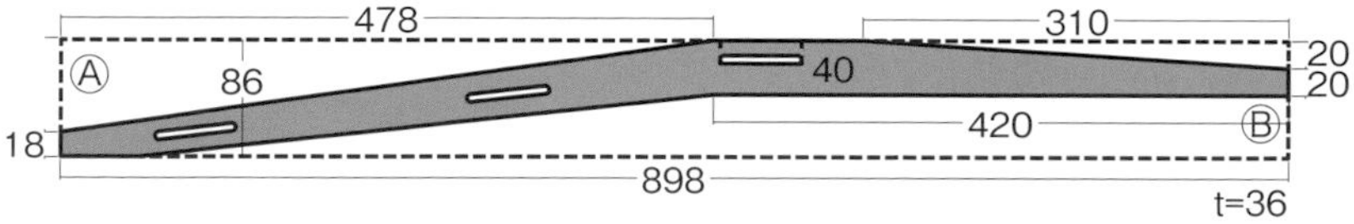

【前腳】×2

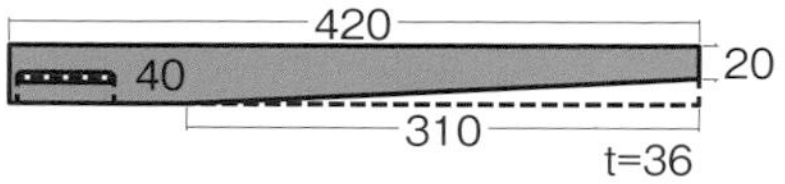

【橫撐】×1

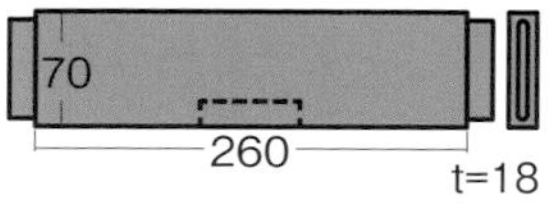

【前、後撐】×2

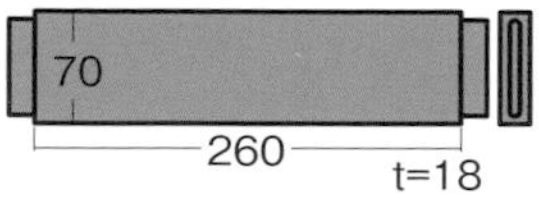

【背板】×1

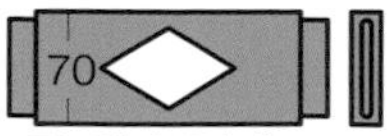

長短請比照實物 t=18

【側撐】×2

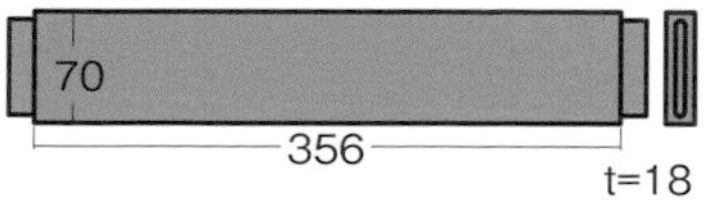

【背撐】×1

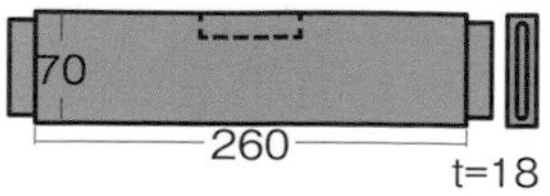

【支撐條】×2

18x20x310

【椅面】×1

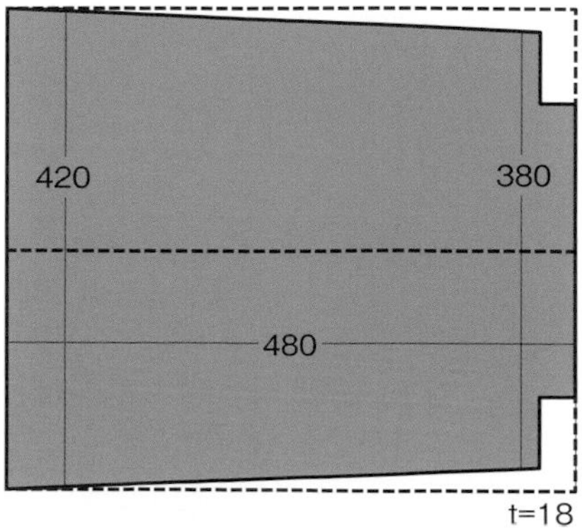

 ※所有尺寸的單位都為㎜。※t=材料板厚度。

椅腳榫孔之加工及成型

椅腳榫孔是整件作品中最需要細心處理的部分，因此先作介紹。特別是後腳榫孔加工，除了加工本身，就連操作工序都十分重要，所以需斟酌從材料的哪部分著手，在未造型前椅腳木料上加工榫孔，是為了盡可能地保存基準面，由於整件作品中的榫頭和榫孔的尺寸都相同，可事先作好通用的型板。

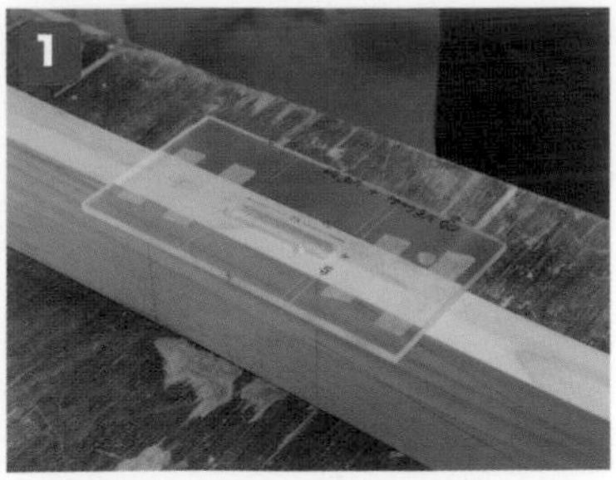

參照上圖，先以透明的壓克力板做好製作榫孔的型板，在後腳上銑削出插入側撐的榫孔，使用雙面膠帶，使型板的中心線和椅腳的黏合線保持重疊。

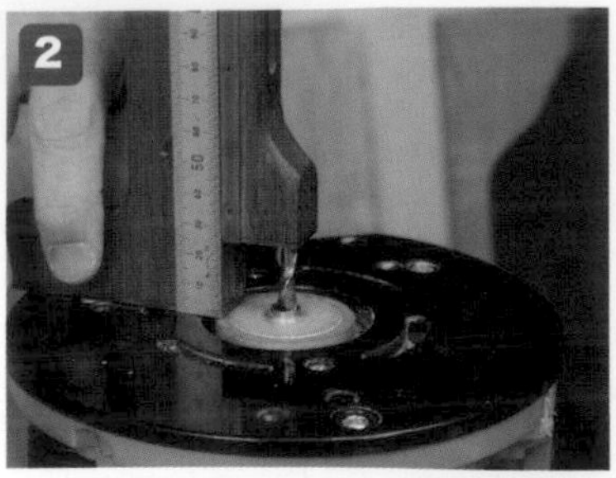

將1/4英吋的螺旋直刀安裝在木工雕刻機上，樣規導板的外徑為3/8英吋，伸出長度為25mm的銑刀（榫槽的深度），該銑刀的伸出長度和所有榫孔深度都是一樣的。

許多木工雕刻機上都配有控制銑刀伸出長度的檔塊，便於大家十分靈活地運用木工雕刻機的下壓功能。

即便是使用木工雕刻機，要想一次搪出深而長的榫孔也有一定的難度，因此需要利用到木工雕刻機的下壓功能，在榫孔位置開幾個相連的孔。

利用下壓功能在榫孔位置搪好幾個孔，如果沒有木工雕刻機，也可以先使用電鑽鑽出同樣的孔，再以鑿子鑿削整理。

孔搪好後，使用木工雕刻機將這些孔連成一個孔，即榫孔。木工雕刻機的樣規導板會沿著樣規上搪出的孔緣移動。

接下來在後腳上部（本書第145頁的A）進行斜面加工，事先畫好墨線，以雙面膠帶固定（參照本書第60頁）手提圓鋸機用的直線導尺，再以固定夾將廢棄的木板（三合板）固定於操作台上。

先將圓鋸機鋸片的鋸切深度，調整至略大於板厚的距離，讓圓鋸機沿著直線導尺鋸出椅腳部分的斜面，此時，事先固定好的廢棄木板就能避免操作台被圓鋸鋸到。

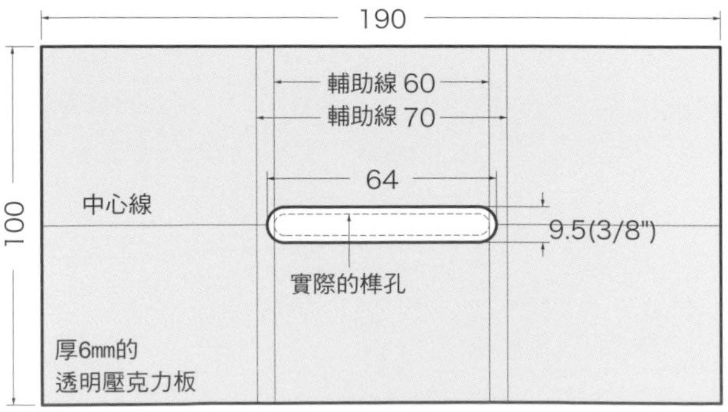

榫孔用壓克力型板

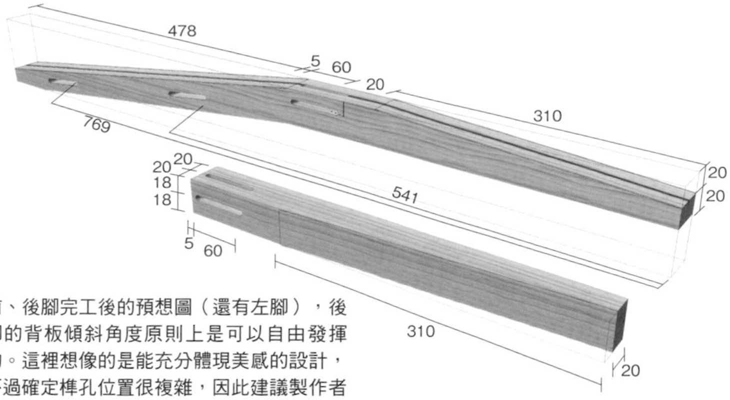

前、後腳完工後的預想圖（還有左腳），後腳的背板傾斜角度原則上是可以自由發揮的。這裡想像的是能充分體現美感的設計，不過確定榫孔位置很複雜，因此建議製作者自己先畫圖。

完成後腳的斜面加工後，於插入後撐板、背板、背橫撐用的榫孔畫上墨線，在距離木板端20mm的地方做標記，作為插入後撐板用的榫孔中心，然後畫好榫頭（寬60mm）墨線。

利用畫線規將先前做好的後撐板用的中心位置（離木板端20mm）複製到後腳，然後移植到背板和背橫撐上，畫出其榫孔中心點，如此便可以加工出平行於木端的榫孔了。

和加工側撐板用的榫孔工序相同，將樣規中心線和墨線重合後，再以木工雕刻機加工榫孔。為了避免將左、右腳以及內、外側混淆，建議一邊加工一邊確認。

完成所有榫孔加工的後腳（圖片為左腳），接下來著手最終的腳形加工。

後腳B部分（參照本書第145頁的零部件圖）之加工同工序7、8，先以圓鋸機從腳尖開始鋸切，但是圓鋸機的作業只能到椅腳開始「く形」傾斜的位置。

以圓鋸機鋸到一定位置後先停下，將材料板重新固定到操作台上。從剛才停止之處插入線鋸機鋸條，一口氣鋸完剩餘部分。由於沒有使用導尺，所以請小心操作。

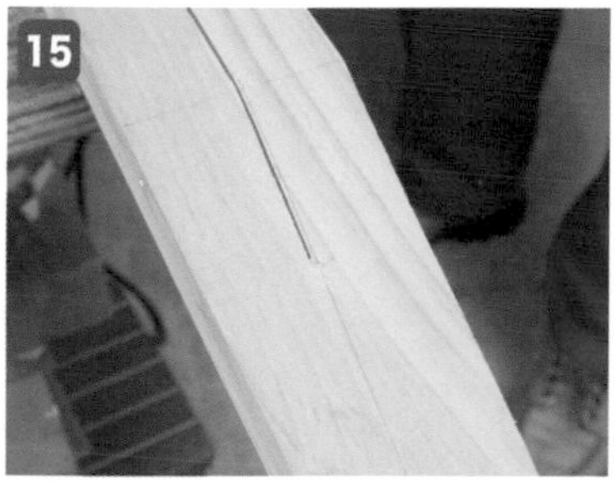

因為線鋸機鋸到一半的情形。鋸切完全只能參照墨線進行。沒鋸到墨線邊的部分回頭可以鉋刀修正和潤飾，但一定要儘量避免在椅腳上產生偏差。

椅腳成型後，以鉋刀進行最後加工。

按後腳榫孔加工方法加工前腳。首先加工榫孔，用於插入側撐板的榫孔中心位於材料板黏合處，插入前撐板的榫孔中心位於距離木板端20mm的地方。

完成榫孔加工後開始加工腳尖之斜面，以雙面膠帶將圓鋸機用的直線導尺固定在材料板上，然後和廢棄板一起由固定夾固定於操作台，此時必須確認每個部件都已固定。

 ※所有尺寸的單位都為mm。

椅面製作

椅子的部件中面積最大的是椅面。很難找到一片足夠大的木板直接作為椅面，因此常以兩片木板採「邊接」的拼板方法來製作。雖然使用實木可以作出具質感的椅面，但是考慮到完工後可能因乾燥導致開裂，推薦採用較為穩定的集成材，且邊接時插入了柚木的裝飾條，椅腳鑲嵌也採以同樣的作法。

1 圖中為椅面用的兩片木板和插入中間作裝飾用的柚木板（厚度3mm）。採用圖釘、遮蔽膠帶、白膠將它們接合在一起。

2 使用白膠將椅面材料中的一片，與長度（縱深）厚度都稍稍超過椅面木板的柚木（厚度為3mm）薄板黏貼在一起，然後以幾根圖釘將薄板固定在椅面材料板上。如果釘子太長了，以鉗子其將釘子尖端剪掉。

3 圖釘臨時固定好後，如圖使用遮蔽膠帶進行加強，待白膠變乾固定（放置一晚的效果最理想），接著請勿忘了將擠壓出的白膠擦拭乾淨。

4 確認固定後去掉圖釘和遮蔽膠帶，在修邊機上安裝凹盤銑刀，清除椅面和柚木薄板之間的高度誤差（參照第110頁）。

5 以鉋刀進一步修正這些誤差，再以手鋸鋸掉超過木板木口的柚木薄板，接著在柚木薄板上塗抹白膠，和另一塊椅面木板黏合起來，以手指或專用的刮刀抹勻，塗抹完全。

6 將椅面放於平整的操作台上，以C型夾固定。固定夾設置在木口附近，直接壓在柚木裝飾板上，這樣做是防止兩片椅面接合處產生落差，另一端也按相同方法處理。

7 使用固定夾防止木面的落差後，如圖至少在三個地方安裝F形緊固夾，並擦拭溢出白膠，將椅面放在平坦處等待白膠變乾。

8 對接後，先以鉋刀刨平，再以砂布機砂磨。在此不用鉋而使用更的西式鋼鉋，和日式鉋不同，西式鋼鉋是向前推，一旦習慣，你會對它愛不釋手。

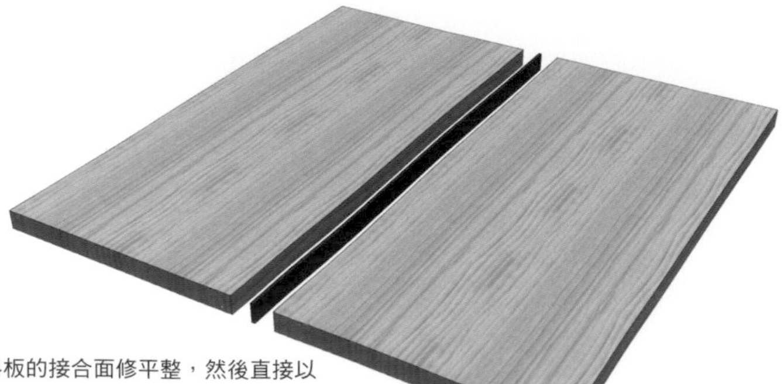

將兩片材料板的接合面修平整，然後直接以白膠將它們拼合的技法稱為「拼接」，雖然是最簡單的拼板方法，但效果並不差。圖例中插入一片薄板提高了作品的觀賞性。

椅面成型

以下介紹如何配合椅腳的形狀，為前頁中完成的椅面作造型。雖然本書第145頁的部件尺寸圖有標注椅面的尺寸，但實際操作中需要「結合實物」，因此事先要比照已完成的部件來畫墨線，因此，大家更需要注意，在操作順序上應該是先加工好其他部件，並且試裝成功之後再進行椅面的部分。在家具製作中，作業工序是非常重要的要素。

1 該餐椅的椅面採用前端寬、後端窄的設計。前後寬度差可根據製作者的喜好選擇。圖例將前端的寬度設計為420mm，後端寬度設計為380mm，依此在兩端畫上墨線。

2 以固定夾沿著墨線固定圓鋸機用的直線導尺（參照本書第60頁），請注意不要讓導尺將事先畫好的墨線蓋住。

3 圓鋸機沿導尺鋸切，如果導尺固定夠牢固，可以一口氣完成加工，另一邊也以同樣的方式鋸切。

4 兩端都完成鋸切後如圖所示，加工完成後的椅面呈平緩的梯形形狀。接著於椅面後端進行插入後腳的缺口加工。

5 為了準確地將椅面安裝在椅子的正中，先將前後擋板的中心以墨線標示，椅面安裝完成後，線和椅面中央的裝飾薄板重合，椅面就位於椅子的正中位置。

6 擋板和椅面中心重合後，將椅面下嵌的位置標示於木板橫切面上。

7 接下來需要確定椅面缺口部分向內陷入多深，不要完全蓋住了後撐板，也要避免和後腳平面平齊。圖例中將切削厚度設定為25mm。

8 將椅面木口處的墨線延長至椅面表面，再由需切除的25mm位置，開始向木端畫一條與延長線成直角的墨線，切忌誤解為垂直於木端的墨線。

9 以沒有交叉鋸齒的鋸子鋸掉斜線部分，使用線鋸機也可，不過對於小範圍加工而言，使用鋸子反而不容易出現偏差，且力道也易控制。

10 完成椅面兩側缺口加工，並且將椅面安裝至暫時組裝的椅子框架上，確認後，再以鉋刀、砂紙磨平切削面，最後將椅面固定至側撐板上，即完成加工。

撐板．橫撐．背板之榫頭加工

加工餐椅時使用厚度相同（18㎜，腳是用兩張木板黏合而成，因此厚度為36㎜）的材料，榫頭也為統一尺寸。最大的好處在於，木工雕刻機銑削台上的銑刀伸出長度只需設定一次，就可以加工完所有的榫頭。加工榫頭時使用一英吋的L形角刀。另外，預先在橫撐和背橫撐的一側加工好榫孔。

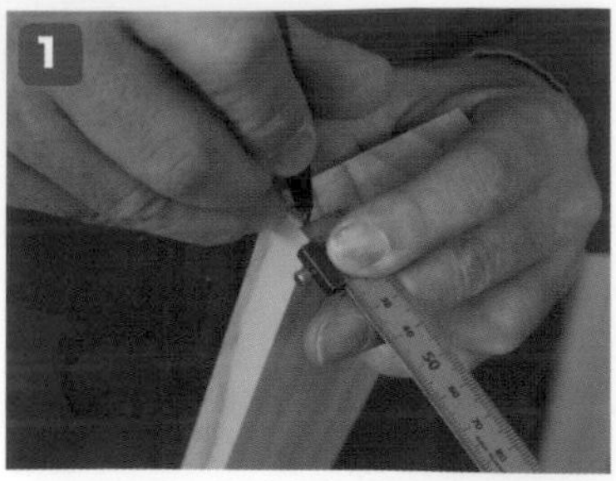

所有部件的榫頭尺寸都相同，在事先準備的試板上畫墨線，調節設定銑刀伸出長度，就可在所有的部件加工尺寸相同的榫頭。

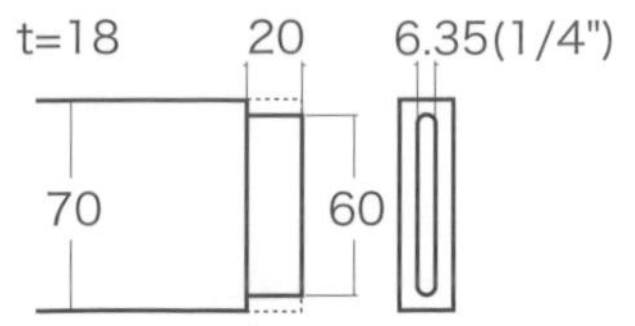

※榫頭的尺寸全部相同
※榫孔的深度均為25㎜

設定安裝在木工雕刻機上的銑刀長度後，將3㎜的墊片以雙面膠帶黏在依板上，將材料板安裝到自製的推板上，分兩三次逐步完成銑削。

兩面榫肩都加工好之後，結合實物確定榫頭寬度並畫上墨線（圖為右前腳和前撐板接合處），此時依然是兩面加工榫頭。

以鋸齒無交錯的手鋸將兩端保留墨線的加工方式，鋸切出四方榫肩。榫頭尺寸比榫孔大的話還能修正，如鋸得比榫孔小的話就不能再修正，請務必注意。

木工雕刻機搪出的榫孔四角始終是圓的，為了配合榫頭以鑿子將榫頭的轉角修成方角。

試著將榫頭插入榫孔。這時應該比較緊不易插入。若是感覺榫孔太窄，可以鑿子對榫頭進行調整。

對榫頭厚度進行微調時，可以參照圖示以鉛筆於榫頭上畫幾條橫線，然後插入榫槽孔，由此可以注意，開始變緊位置處的鉛筆線會變得模糊。

消除鉛筆線的要領是以榫肩鉋慢慢刨低榫頭的平面，刨去一點就插入試試，如此反覆直到榫頭可插入榫孔，儘量確認榫頭不會太鬆。但如果太緊，榫孔可能被撐破。

側後撐板的榫頭在椅腳內會呈直角相遇，在這樣的情形下，需要對前後撐板之榫頭作銑削調整。

安裝支撐條

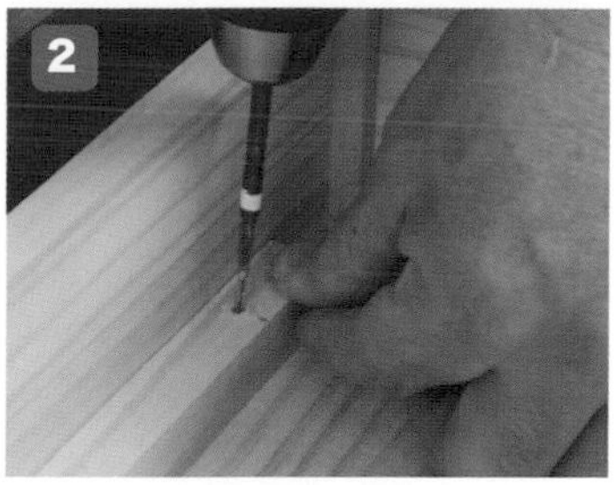

為了固定椅面，需根據實物尺寸加工並安裝支撐條。試組椅面後，在其底面沿著側撐板放置支撐條，然後在兩處鑽出預留孔（1），以木螺釘固定（2），再按相同步驟將支撐條固定至側撐板上（3）。至此，椅面的安裝宣告結束，而木螺釘的固定位置是隨意的。

組裝家具時，固定夾是不可少的重要工具，希望大家備齊各種型號的固定夾。白膠乾燥後，不要忘了倒角拋光，這一道工序可明顯提升作品整體質感。

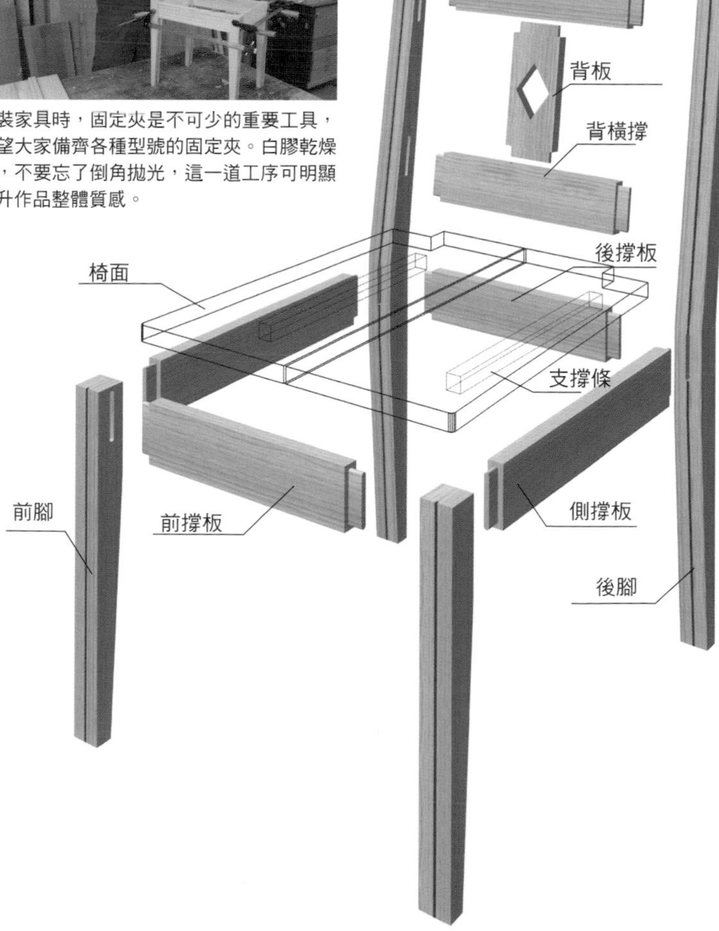

椅腳鑲嵌細工

將安裝了軸徑3㎜的直刀修邊機，安裝在修邊機銑削台上（銑刀伸出長度設定為2.5㎜），在椅腳的中心（黏合處）加工嵌槽（如圖），在嵌槽內嵌入3×3㎜柚木方條。

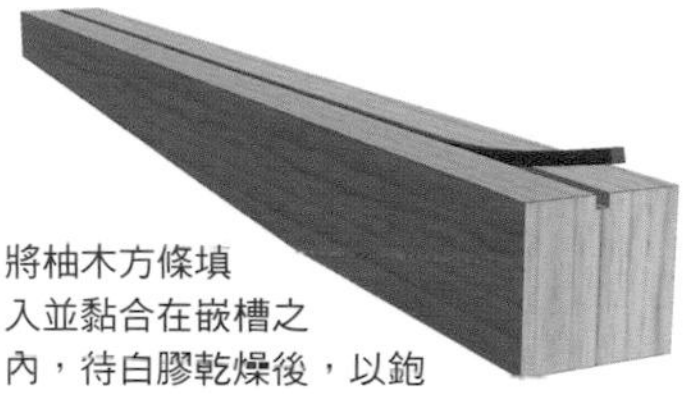

將柚木方條填入並黏合在嵌槽之內，待白膠乾燥後，以鉋刀刨平方條頂端。

背板裝飾加工

在背板上加工菱形的裝飾孔。先以墨線在將要鑿菱形孔處畫出輪廓，再以鑽頭在菱形框內鑽兩個孔（上圖）。線鋸機的鋸條從鑽孔中插入，繼而鏤空鋸出菱形圖樣，最後再以砂紙打磨鋸切面。

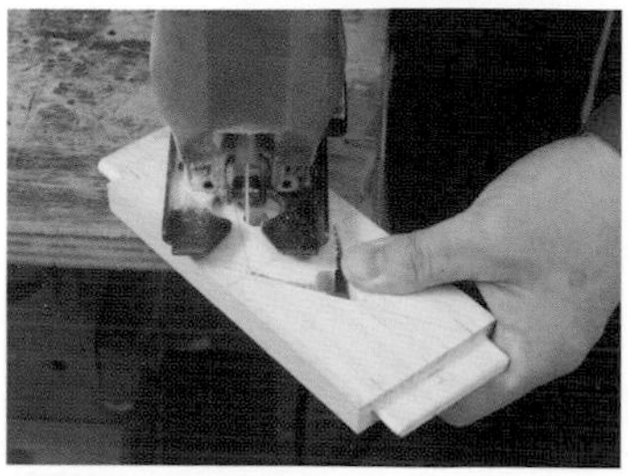

設計簡潔＆使用方便

書桌

設計、製作、指導／衫田豐久　攝影／西林 真（ループ）

在實際操作中感悟家具製作之精華

這款書桌採用歐美傳統設計，並不是日本人熟悉的樣式。

海外木工雜誌上常見的是走復古路線的設計，但這裡採用的是非常簡單的樣式，可和先前介紹的餐椅搭配在一起。書桌的腳與撐板所組成的下方部分，以及上部分的箱體可以分別製作好後再組合。

圖紙上標有尺寸，但實際製作的時候常會遇到許多具體問題，最好「依實際情況進行分析」靈活應對，這也是家具製作過程中經常運用的關鍵策略，因此希望大家不要嫌麻煩，細心應對。另外，加工部件的時候選定哪裡作基準面也很重要，乍看之下也許很複雜，可是一旦習慣後，作起來就會得心應手，甚至在製作過程中就直接反射般地意識出最佳選擇。也許這種變化連你自己都覺得不可思議。

部件圖

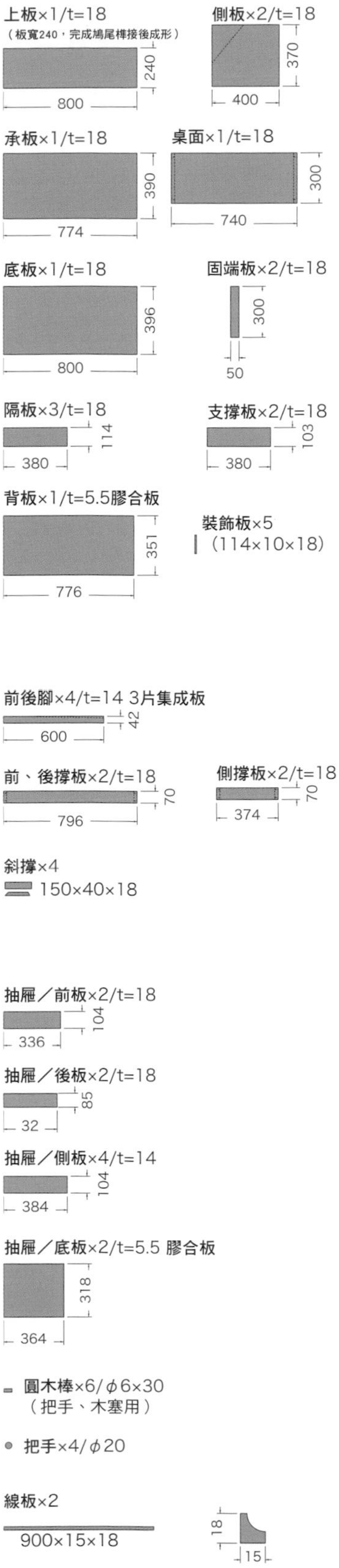
上板×1/t=18
（板寬240，完成鳩尾榫接後成形）
240
800
側板×2/t=18
370
400
承板×1/t=18
390
774
桌面×1/t=18
300
740
底板×1/t=18
396
800
固端板×2/t=18
300
50
隔板×3/t=18
114
380
支撐板×2/t=18
103
380
背板×1/t=5.5膠合板
351
776
裝飾板×5
（114×10×18）
前後腳×4/t=14 3片集成板
42
600
前、後撐板×2/t=18
70
796
側撐板×2/t=18
70
374
斜撐×4
150×40×18
抽屜／前板×2/t=18
104
336
抽屜／後板×2/t=18
85
32
抽屜／側板×4/t=14
104
384
抽屜／底板×2/t=5.5 膠合板
318
364
圓木棒×6/ϕ6×30
（把手、木塞用）
把手×4/ϕ20
線板×2
900×15×18
18
15

正面圖

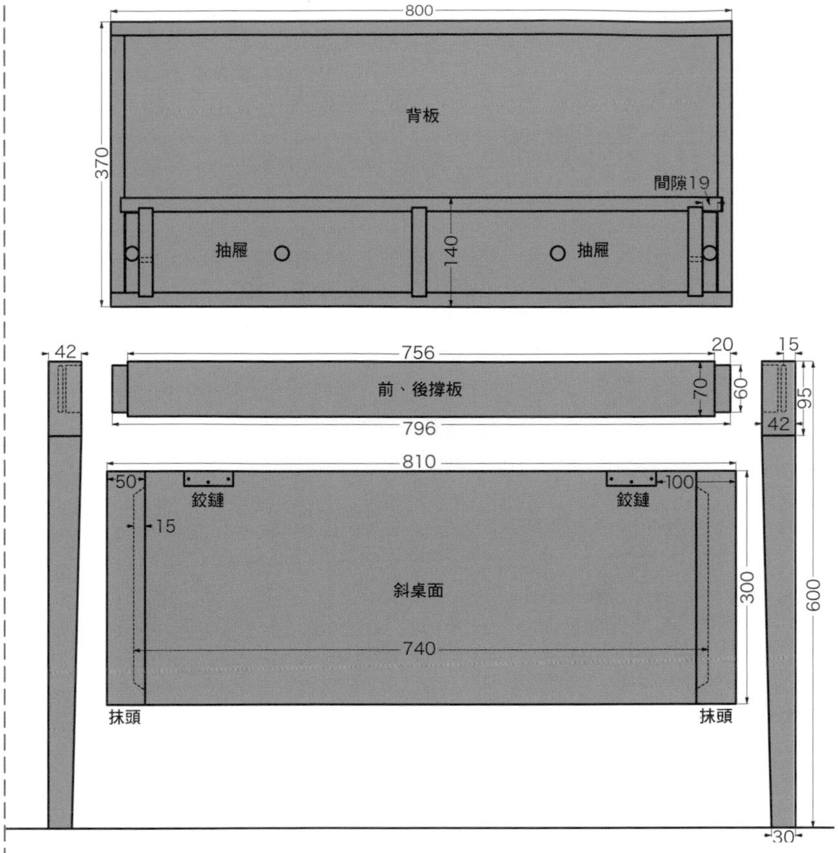
800
370
背板
間隙19
抽屜
140
抽屜
42
756
20
15
前、後撐板
70
60
95
42
796
810
50
鉸鏈
鉸鏈
100
15
斜桌面
300
600
740
抹頭
抹頭
30

側面圖

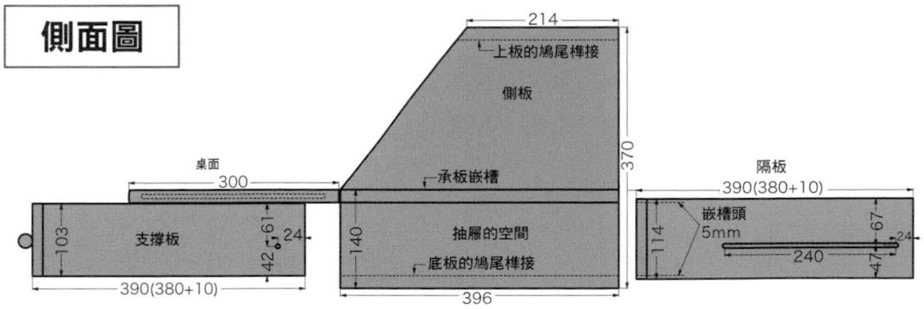
214
上板的鳩尾榫接
側板
370
桌面
300
承板嵌槽
隔板
390(380+10)
103
支撐板
61
24
42
140
抽屜的空間
底板的鳩尾榫接
114
嵌槽頭
5mm
67
24
240
47
390(380+10)
396

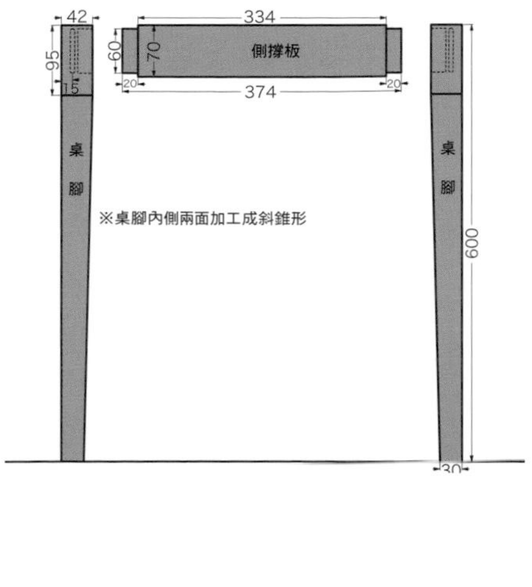
42
334
95
15
60
70
側撐板
20
374
20
桌腳
※桌腳內側兩面加工成斜錐形
桌腳
600
30

這裡使用的材料在許
多量販店都能輕鬆購
得的松木集成材。

桌腳榫孔加工&成型

作四根桌腳的材料板都以厚度14㎜的三片板黏合而成，也是為了提高整件作品的穩固程度。首先在42×42×600㎜的材料上加工榫孔，加工榫孔時可套用前面製作餐椅時用過的型板（本書第148頁）。榫孔的位置是以桌腳的頂端（木口）以及外側面為基準面畫墨線。另外，榫孔加工完成後，切削桌腳向內側的兩面完成桌腳成形。

於製作餐椅時使用的自製型板下面貼上雙面膠帶，將型板貼在榫槽墨線的位置以木工雕刻機加工榫孔。

深而長的榫孔加工很難一次就銑削到位，先使用木工雕刻機的下壓功能分別在榫孔範圍內的幾處搪孔，再把這些孔連在一起。銑削時使用1/4英吋（6.35㎜）螺旋銑刀。

榫孔加工完畢。一根桌腳上需搪出兩個榫孔，剩下的三根桌腳也需加工相同的榫孔。

榫孔全都加工完畢的四根桌腳，接下來再為它們塑形，在每根桌腳朝向內側的兩個面上分別進行斜面加工。

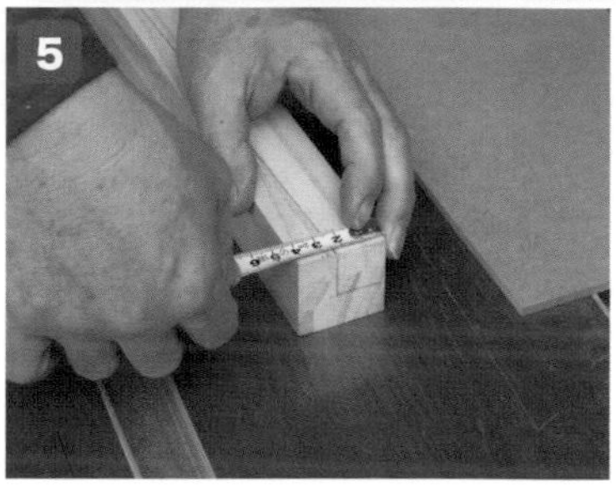

完成後的桌腳尖端尺寸為30×30㎜。在上面畫墨線，必須以剩下的側面為基準面。另外還要確認榫孔的位置，不要混淆了桌腳內、外側。

製作鋸切時候使用的直線導尺。對應加工斜面時畫的墨線，貼上膠合板或其他合適的薄板作為底板木。此時以雙面膠帶黏貼，可以減少發生偏移等問題。

以固定夾將桌腳材料和底板木固定，因為要對照墨線，所以底板木應該是斜著被固定於桌腳材料上。

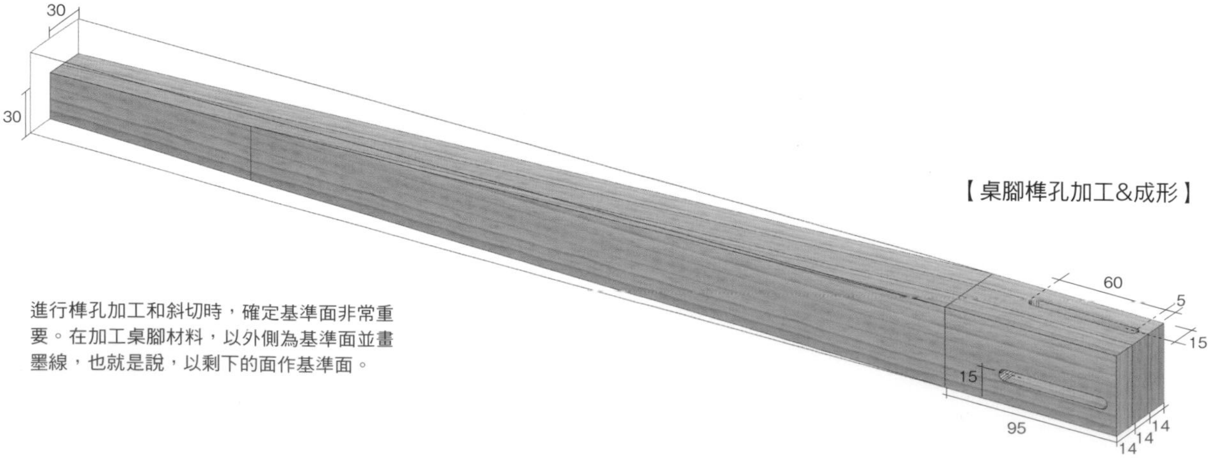

【桌腳榫孔加工&成形】

進行榫孔加工和斜切時，確定基準面非常重要。在加工桌腳材料，以外側為基準面並畫墨線，也就是說，以剩下的面作基準面。

【桌腳尖端的錐形設計】

如圖所示，將成形後的四根桌腳聚攏起來觀察，會發現桌腳在設計上有一種向外伸展的感覺。

在安裝著固定夾的狀態下，以雙面膠帶將兩個木塊緊貼著桌腳材料固定，作為桌腳材料的檔塊，不光可以決定角度傾斜，還能防止桌腳材料在鋸切時橫向偏移。

在桌腳材料的頂端也以雙面膠帶黏上同樣的檔塊。這樣一來，四根桌腳材料就能始終被固定在同一位置。

即將完成的簡易型治具。在加工多件相同形狀的材料板時，像這樣隨機應變地自製一些實用的治具，能收到事半功倍之效果，這點在家具製作過程中很重要。

以木螺釘從底板木下方固定檔塊木塊。先鑽好預留孔，最好做成沙拉刀孔，這樣可以防止螺絲頭冒出板面。

於決定鋸切斜度的兩個檔塊木塊上安裝肘節夾。治具完成了，以固定夾固定桌腳材料。

在鋸台上鋸掉一邊斜面。請將鋸下的楔形板留下來，別扔掉。

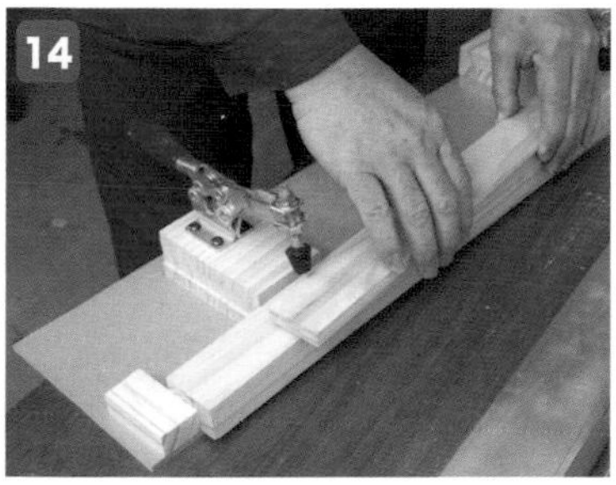

接下來將木塊翻轉90度，鋸掉另一邊的斜面。此時將圖13留下的木塊重新裝上固定，即不用再調整肘節夾的下壓深度，三個檔塊木就能保證準確的切削位置。

完成成形的四根桌腳。在進入成形加工之前，必須認真確認哪一邊是桌腳內側和外側。

最後以鉋刀對桌腳表面進行最後修飾，這個程序往往被忽略，卻是重要的一環。

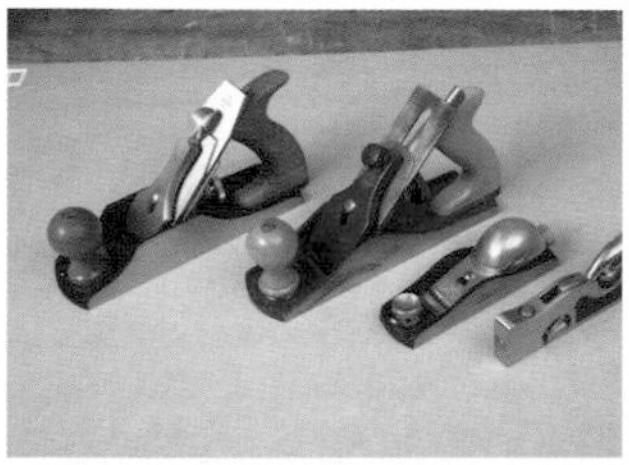

這裡使用到的所有鉋刀都是西式鉋刀，它們不需要隨時調整維護，是非常不錯的工具。右邊的是在小範圍內使用的榫肩鉋，左邊是在大面積刨平時使用的細鉋，請依實際用途選擇。

撐板榫頭加工

書桌的下方部分，是由四條腿柱和撐板透過榫接組合而成。而撐板榫孔尺寸和餐椅榫孔的尺寸相同，因此工序請參考前文（本書第150頁）即可。將L形角刀安裝在銑削台上加工兩面榫肩，以墨線標出榫頭所需寬度，再以手鋸鋸掉多餘部分，以加工出四面榫肩。製作的時候也要根據實際尺寸調整，原則是不要太緊、也不要太鬆，希望大家靈活應用，加工時也需仔細操作。

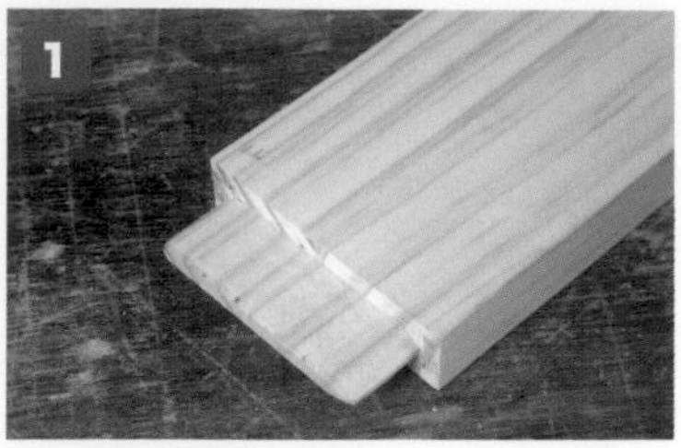

1加工後的撐板榫頭。榫頭兩端為了配合榫孔的圓角以鑿子加工。
2萬一出現榫頭厚度不夠的情形，可參照圖示，在榫頭中間黏貼一片薄板，然後重新修整。

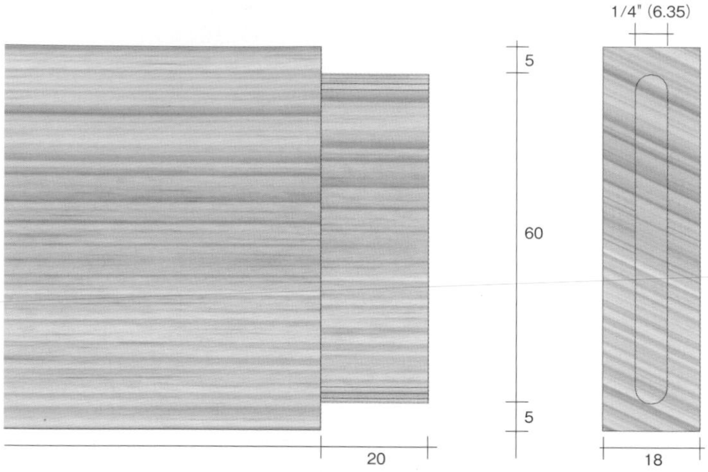

桌面抹頭加工

將書桌前的蓋子放下來就成平整的桌面，為了避免木板開裂或變形，一般會在桌面的左右兩端嵌入名為「抹頭」的木料。此作品選用的是和主材相同的松木集成材，其實若選用其他品種的木料來製作，絕對別有一番風味！抹頭的接合方法有好幾種，這裡採用的是單榫的接合方式。另外，該抹頭的榫槽被稱為「止槽」，加工的時候會保留材料板木口之兩端。

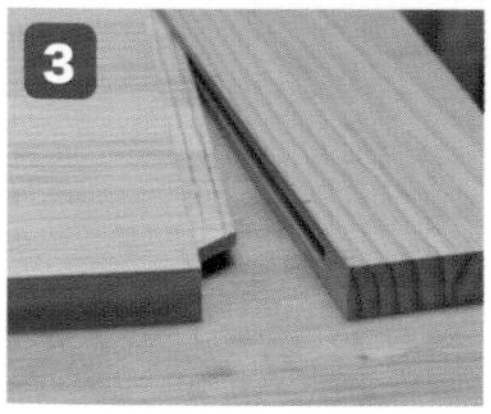

1按照將板厚平均分成三份之要領加工榫頭、榫槽。銑刀為7/32英吋的溝線刀。 2為了契合榫槽底形狀，以鑿子加工切掉榫頭的兩端。 3抹頭完成了。

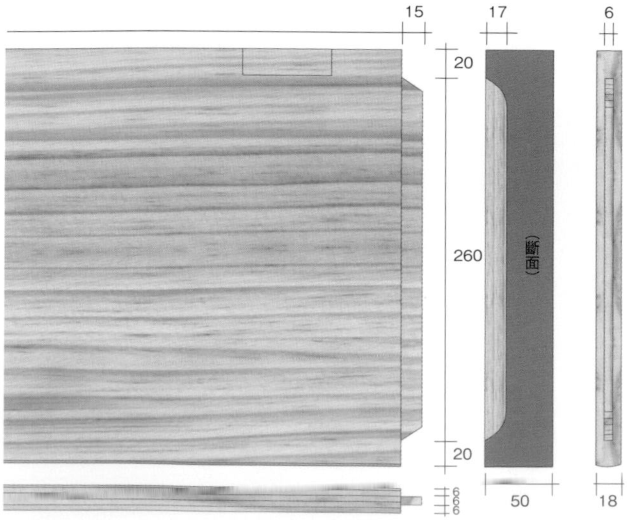

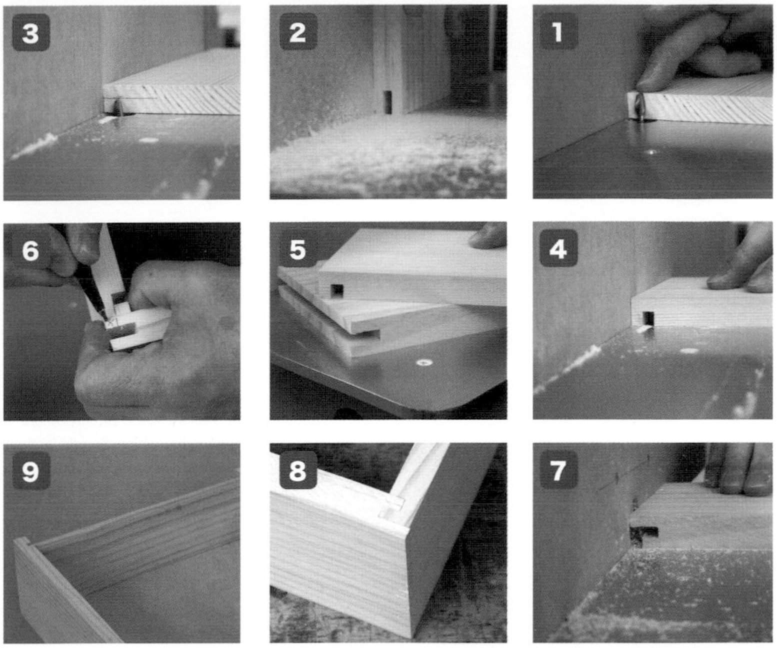

❶對前板進行底部雙橫槽接之加工。將1/4英吋的螺旋直刀安裝在修邊機的桌上，銑刀的伸出長度跟板的厚度相當。❷將依板固定於離銑刀5.8mm的地方，在前板木口上加工榫槽，並以底面為基準面。❸加工側板榫槽。依板的位置保持不變，銑刀的伸出長度為板厚一半。❹在側板上加工榫槽。❺榫槽加工完畢後的側板（上）和前板。❻加工前板內側的底部雙橫槽接，利用側板為將要鋸掉部分畫上墨線，這也是實物比照加工法。❼在修邊機銑削台上將畫好墨線的地方分兩至三次切掉。❽前板和側板的接合部分。❾備料時，後擋板比側板略低一點。

抽屜製作

該書桌配置的兩個抽屜的特徵是，隱藏了前板和側板的接合處，這是「底部雙橫槽接」。另外，背板和側板則採用「肩部橫槽嵌槽接」接合在一起的方式。選定在哪裡使用哪一種接頭，也是木作的一大樂趣，大家不妨大膽地嘗試。

【側板槽加工】

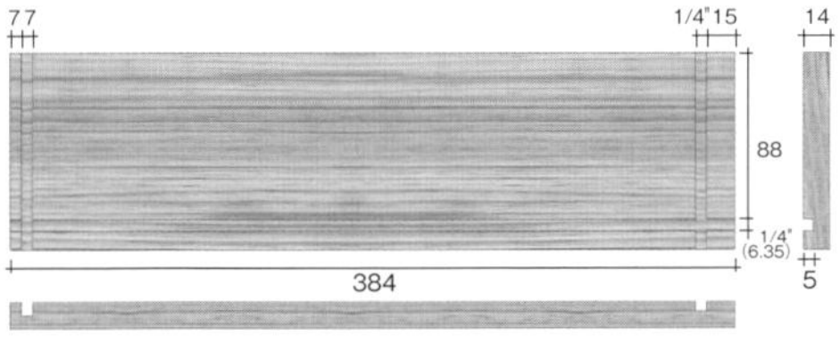

側板右側的縱向槽是用來嵌入背板的，和嵌入底板之槽尺寸相同。

【前板槽加工】

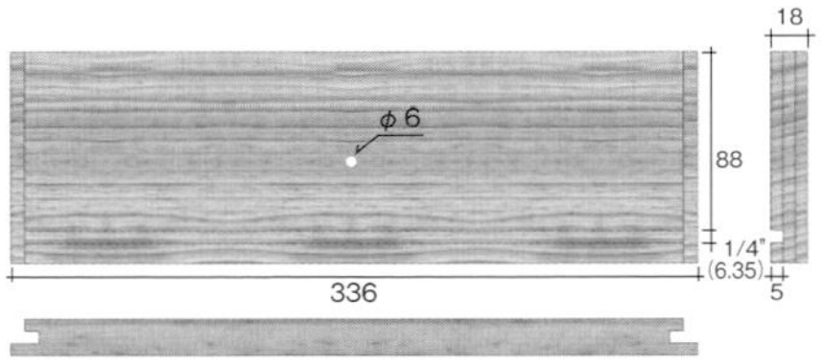

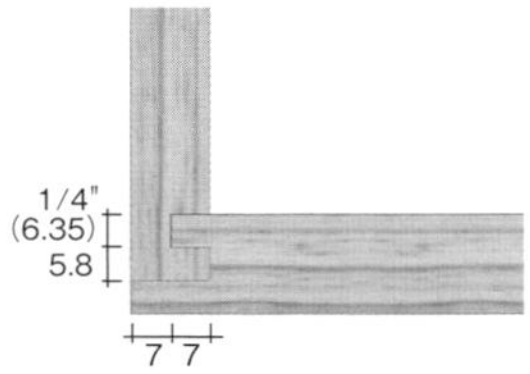

前板和側板使用底部雙橫槽接的手法，一來是為了隱藏接合處，二是為了提高接合處的強度。

【抽屜各部分名稱】

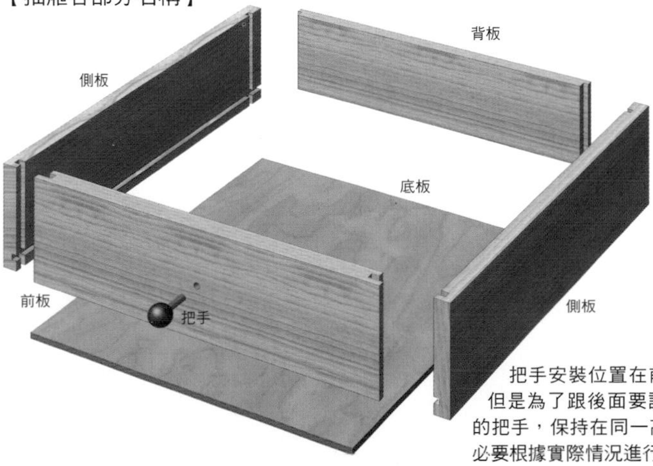

把手安裝位置在前板的中央，但是為了跟後面要講的支撐板上的把手，保持在同一高度，因此有必要根據實際情況進行調整。

從抽屜內部看，背板的尺寸比前板短1mm，這是為了拉抽屜的時候更順暢，也是製作抽屜的一項慣例。

利用專用型板加工鳩尾榫

側板和桌面、底板是透過鳩尾榫接合在一起。加工鳩尾榫使用的是市售的專用型板，這種型板的特點是只需一種銑刀，也不需要進行切削測試。現在市面上有各種各樣的專用型板銷售，不過用它們加工這種鳩尾榫時，必須配備鳩尾榫刀（三角梭刀）和直刀。而如果使用示例中的型板尺，則只需要這兩種銑刀就可以完成加工，操作起來非常簡單。

這裡使用的是市售的鳩尾榫專用型板。製作鳩尾部和對應的栓部，兩片合為一組。

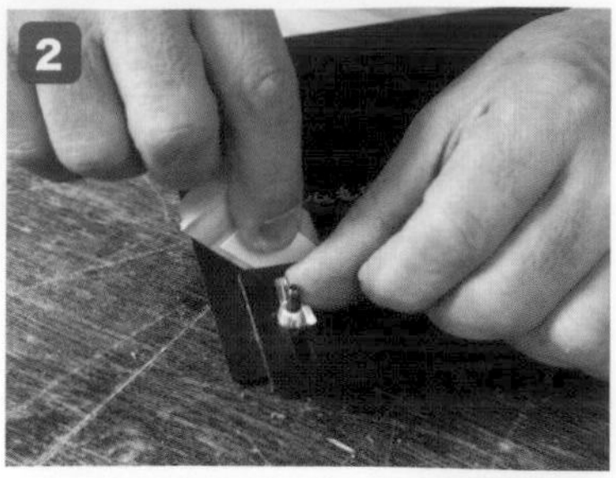

加工底板的鳩尾部。首先在尾板型板的兩端孔內，插入與側板厚度相同之材料板，好確定鳩尾榫的尺寸，經過這樣的處理，樣規可以在任何時候對相同厚度的材料板加工相同尺寸的鳩尾榫。

以固定夾將型板固定在底板的木口部位，然後再將兩者牢牢地固定在操作台上，此時便做好了加工準備。

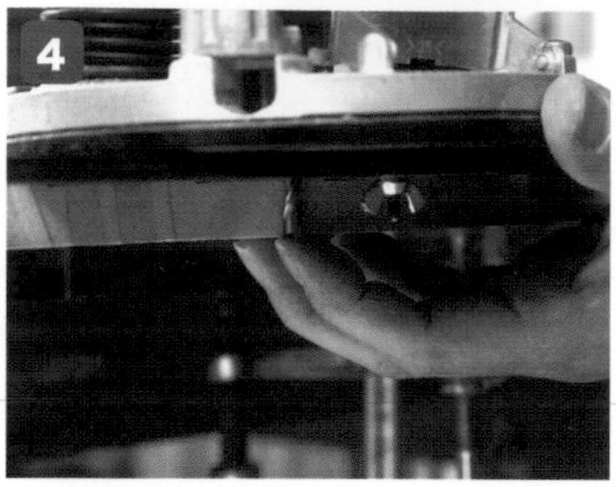

木工雕刻機上裝配的是1/4英吋的螺旋直刀。銑刀伸出長度為材料的厚度+0.5㎜。這是做出漂亮榫接的關鍵點。

木工雕刻機的樣規導板，沿著型板的邊緣移動進行銑削。不要一次就銑削到位，應該分四至五次操作，這時可以發揮木工雕刻機的下壓功能。

經過四至五次銑削，最後一次銑削後將鳩尾部從材料板上完全銑削出來。

圖為銑削完成的部分。正因為形如鳩尾，被稱為鳩尾榫，跟底板一樣，在桌面上也加工同樣的鳩尾榫。

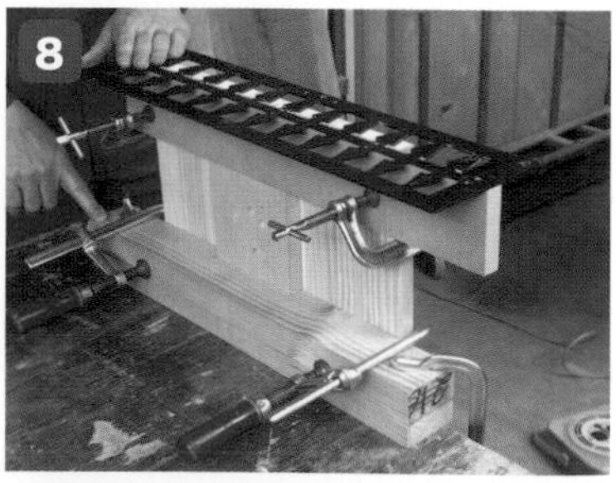

用圖1內側的栓部型板在側板上加工栓部。將側板固定於型板的導板上，然後將型板和側板一同以固定夾固定於操作台上。

對側板進行栓部板加工。保持銑刀銑削設定深度不變，分數次完成加工。

繼續在側板上加工鳩尾形。製作完成後，將材料板顛倒過來，在另一端也進行相同的操作。

【承板】

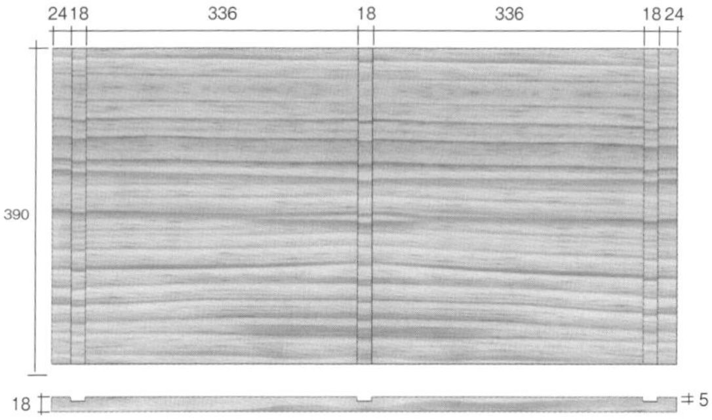

【上板】

※214 ㎜是上板前端斜切削的尺寸

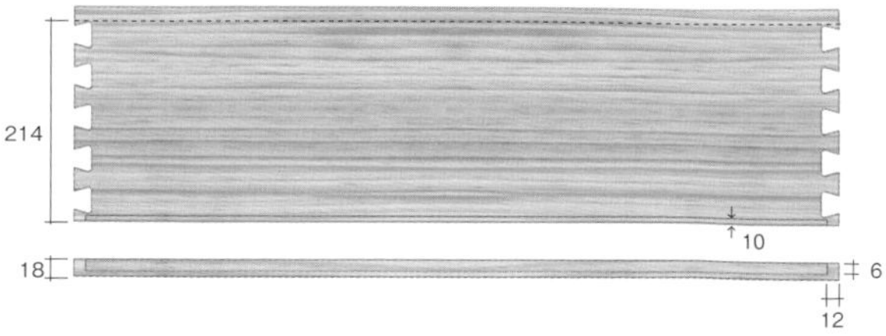

【側板】

側板的成形是在鳩尾榫和橫槽等加工完成後進行。

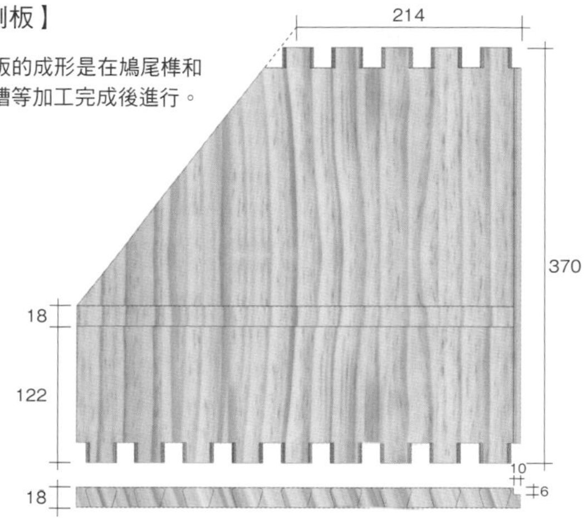

【底板】

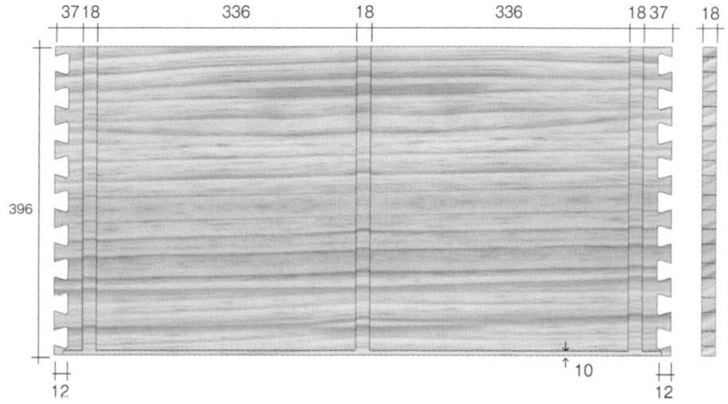

底板上板的嵌槽加工

加工上板、底板、側板的鳩尾榫後，在側板上加工插入承板以及底板和承板上插入隔板的嵌槽，這裡使用的是被稱為精確導板的專用溝槽加工導板，將該導板安裝於木工雕刻機主體上進行木工作業的話，之前在加工時需要平行移動的導木就無需多次移動了，只要保持在初始位置就可以拓寬溝槽。

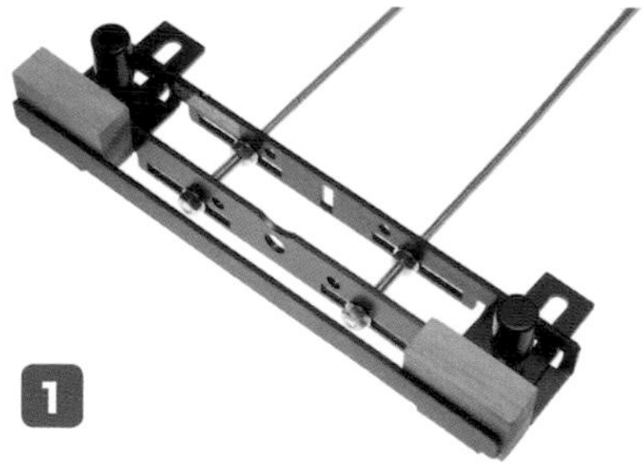

精確導板的優點在於：只需在導板上插入與嵌槽寬度相同的材料板，就能加工出指定寬度的槽，能省去一個一個畫墨線的功夫。

首先在精確導板上插入厚度和使用銑刀直徑相同的墊木，然後沿著導木開槽。這裡使用的是1/2英吋順銑螺旋直刀，因此墊木厚度度也用1/2英吋。

接下來在導板上夾入與榫頭相同厚度的木塊（此處為18㎜），然後再次銑槽，到這裡加工結束。而加工嵌槽時，必須以外側為基準面。

試著將夾入導板中的木塊插入完成後的槽，就會發現兩者契合得非常完美。

加工上板前的傾面

加工上板前端和斜面蓋相接傾斜部位。

1 決定圓鋸的鋸片傾斜角度時，可以用上側板成形時鋸下的材料板，這也是一種實物比照加工法。

2 運用導尺先在桌面上進行傾斜加工，請確認桌面的表裡。

背板之槽加工

1 在背板上開出插入上板、底板、側板的溝槽（寬10×深6㎜），裝上修邊機的自製直線導板，使用5/8英吋的直刀。

2 側板上的是貫穿槽，而上板和底板上的槽則只銑削至距離木端12㎜的位置。

左右隔板之滑槽加工

為了防止支撐斜桌面的支撐板滑落到地上，需要一個擋塊來約束其滑動範圍，而擋塊的滑動距離是藉助支撐板上的小機關來進行的。參照圖1、2，在修邊機銑削台的依板兩端設置擋塊，滑槽長度就會被控制在這個範圍裡（3）。分幾次完成滑槽加工，每次銑削都別忘清除掉產生的木屑（4）。釘入支撐板中的木銷就在這個長槽中滑動。

【左右隔板】

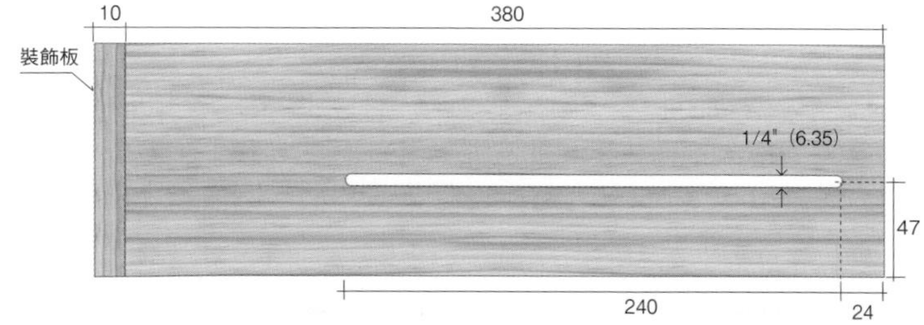

【支撐板】

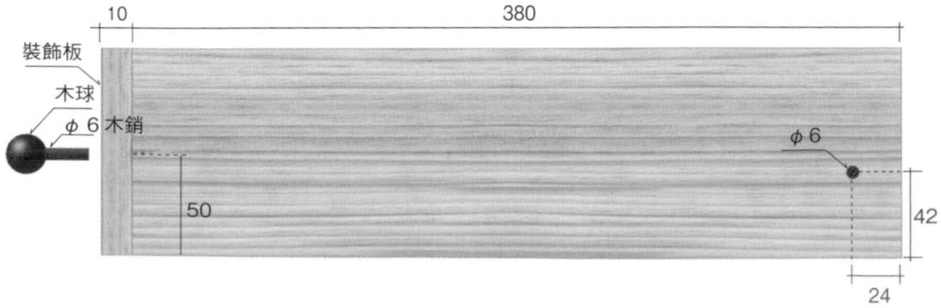

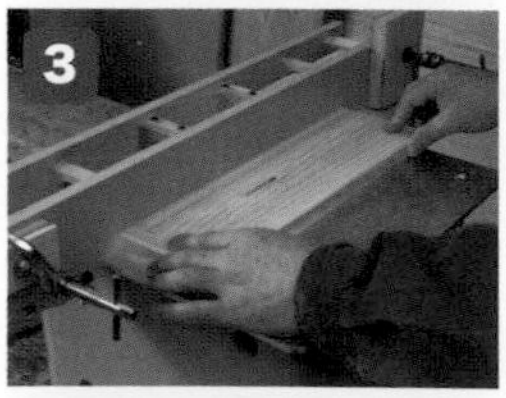

製作線板

線板是用來隱藏上、下物體間連接面的裝飾性板條。先於修邊機銑削台上安裝凹盤銑刀（1）。設定切削深度為12mm（2）。在18mm板厚的木板兩端進行相同的切削（3），然後在鋸台上按15mm寬度將兩端鋸切下來（4）。在這樣的窄幅材料上進行鋸切加工時一定要小心。比照實物，在線板確定前面和左右兩側的長度，分別畫好墨線（5），接著在接合部位按45度角斜切（6）。這裡使用的導尺是第79頁中介紹過的斜角加工專用推板，操作時也請儘量小心。

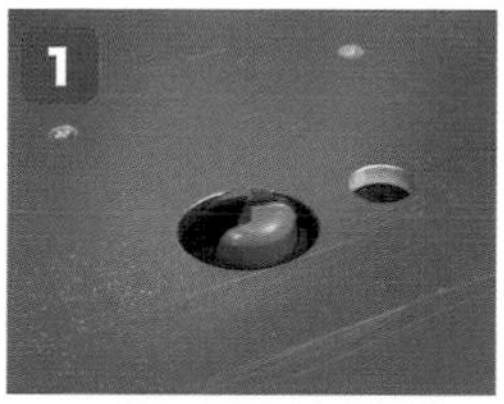

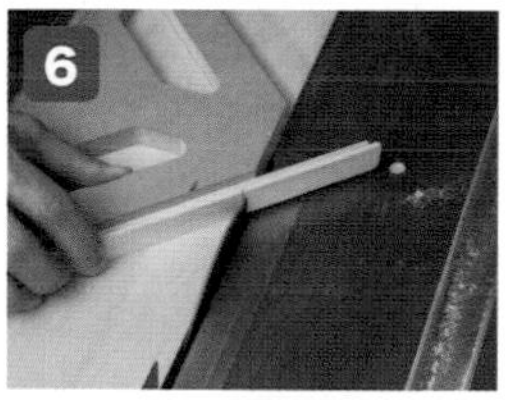

安裝鉸鏈

以畫線規在隔板上指定位置畫墨線，沿墨線黏貼木塊製成導板（1）。以1/2英吋的後鈕刀開槽（2）。在隔板與斜桌面之間夾一層厚紙（3）比照鉸鏈實物畫墨線，然後以鑿子照墨線修正（4）。

安裝鉸鏈是需要細心操作的程序，比照實物加工是基本原則。鉸鏈正式安裝前，可先行試裝。

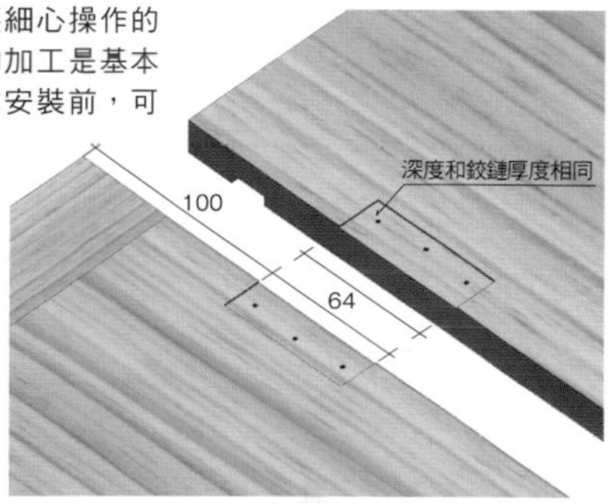

製作斜撐

用於增強撐板與撐板之間接頭的部分叫做「斜撐」（1）。為了在斜撐上鑽一個供木螺釘穿入的預留孔，需要準備一個導木（2）。調整導木的位置，讓鑽台上的鑽頭尖端恰好對準導木上的黑點標記（3），換上1/2英吋的取孔刀往下鑽孔（4）。但不要將孔鑽穿。換上鑽頭，鑽出3mm直徑的孔（5）。如圖所示，桌腳組裝好之後，沿著固定於側板內側的導板以木螺釘固定斜撐（6）。

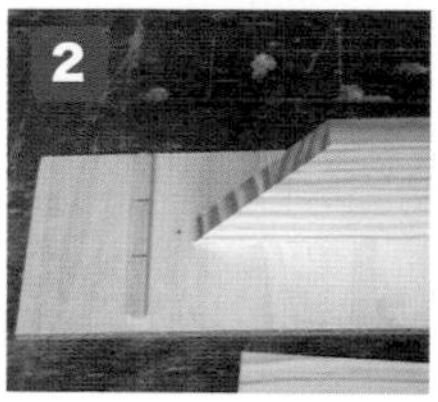

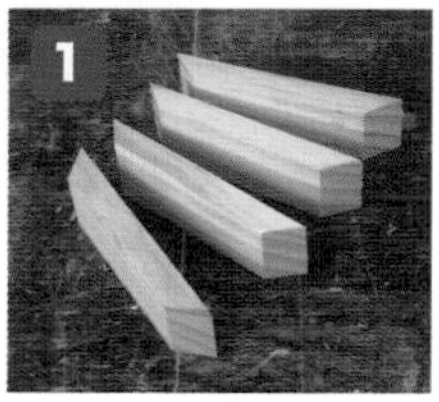

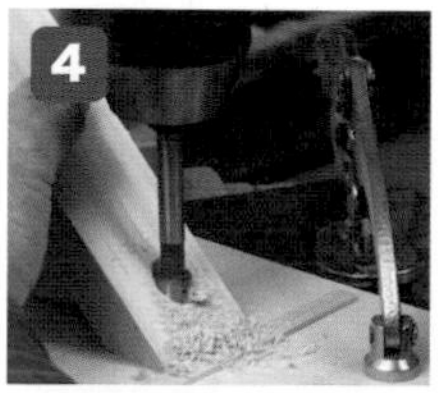

為把手鑽孔

以木球作把手。鑽一個直徑6mm、深10mm的孔以便插入木銷，建議如圖自製一個導尺。

【書桌各部分名稱】

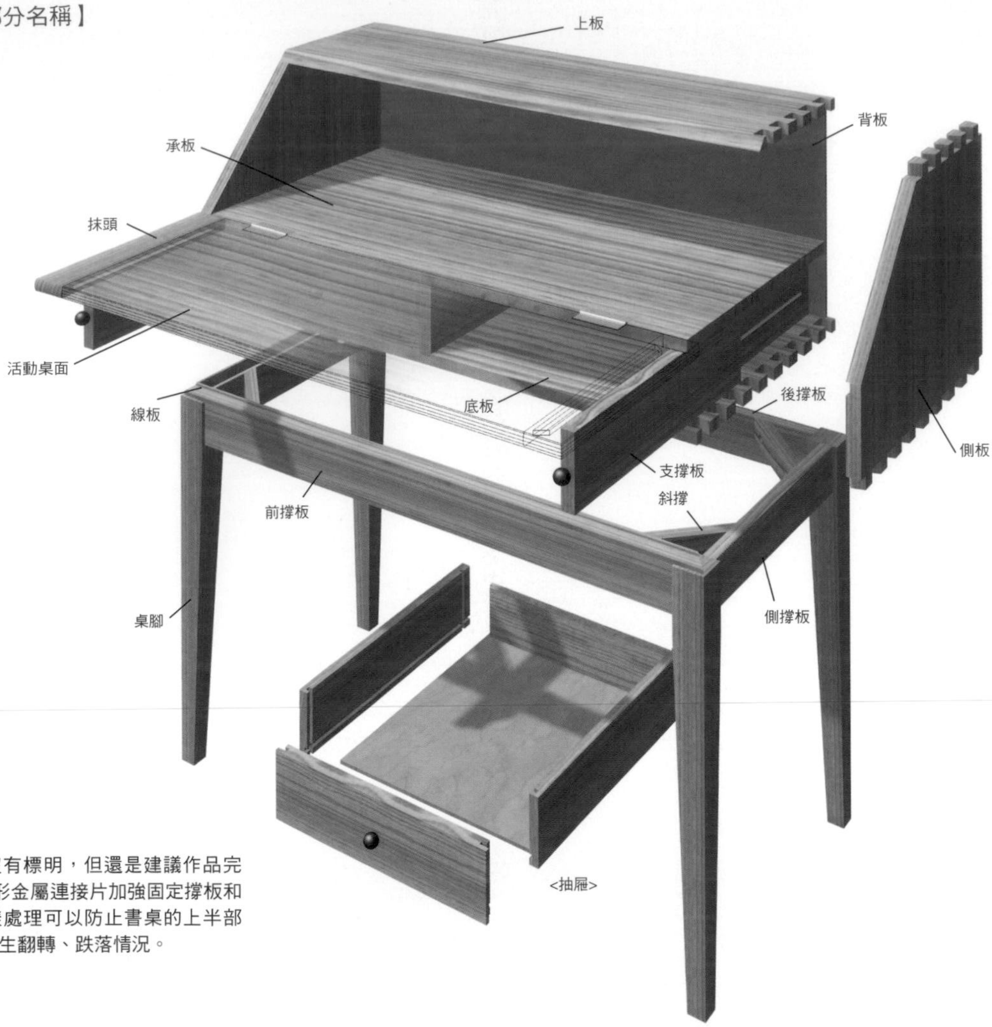

雖然圖中沒有標明，但還是建議作品完成後，以L形金屬連接片加強固定撐板和底板，這樣處理可以防止書桌的上半部在使用時發生翻轉、跌落情況。

組裝順序

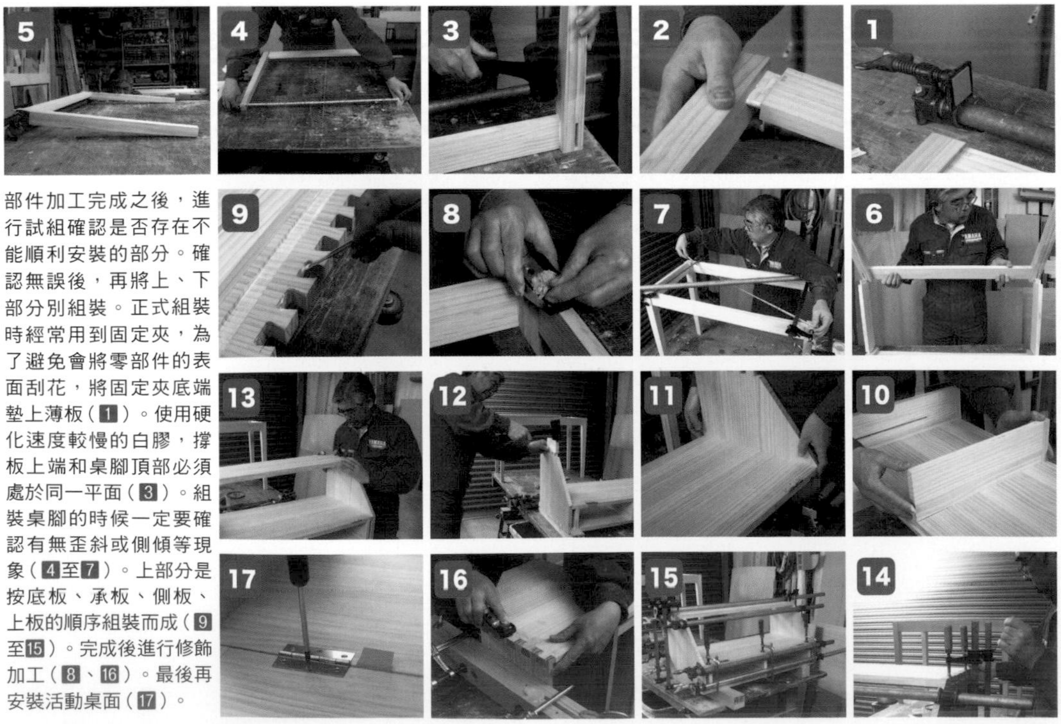

部件加工完成之後，進行試組確認是否存在不能順利安裝的部分。確認無誤後，再將上、下部分別組裝。正式組裝時經常用到固定夾，為了避免會將零部件的表面刮花，將固定夾底端墊上薄板（1）。使用硬化速度較慢的白膠，撐板上端和桌腳頂部必須處於同一平面（3）。組裝桌腳的時候一定要確認有無歪斜或側傾等現象（4至7）。上部分是按底板、承板、側板、上板的順序組裝而成（9至15）。完成後進行修飾加工（8、16）。最後再安裝活動桌面（17）。

The basic data of woodwork

木作家具
基本講座

在木作的世界裡，誰都能一開始就找到適合自己技術的各種樂趣。為了能自由發揮自己的想像，請先看我們為你介紹的這些項目。不光是小物件和室內家具，這些知識在製作戶外家具的時候也能派上用場。

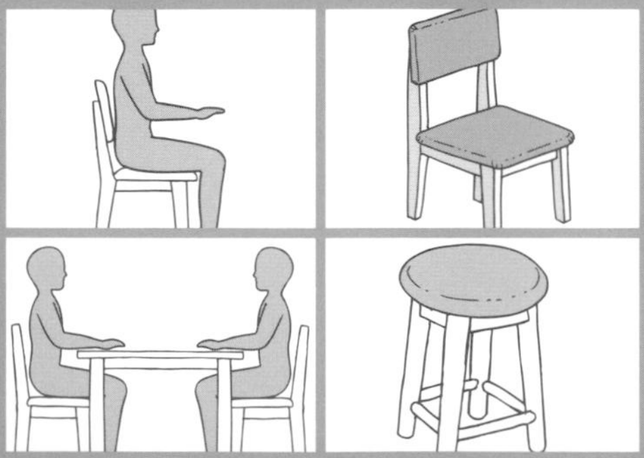

決定形狀・尺寸
基本講座
①

設計・計劃

木作製作的第一步

製作木工作品前必須要有詳細的計劃，這點非常重要。就讓我們先從制定計劃開始吧！

收納家具

製作收納家具時，首先要考慮收納的東西要怎樣放置使用起來才會方便、恰當。例如：收納餐具或烤麵包機時就需要上部開口的收納家具，而收納瓶子或玻璃杯的時，收納家具就必須能讓人輕鬆看清裡面裝的是什麼東西。實體樣式還可以參考市售的家具。

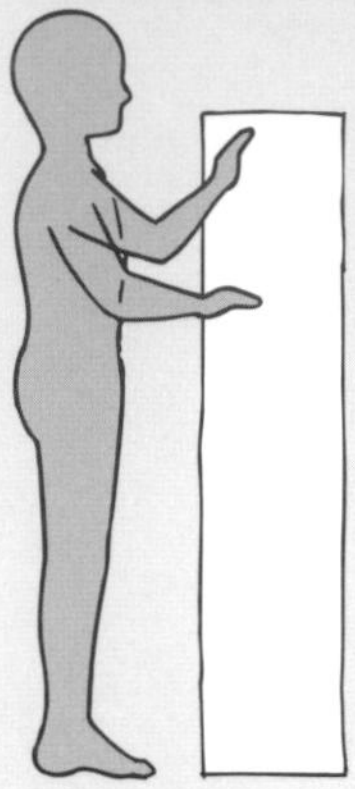

製作的時候不光需要考慮到家具的高度和深度，都要在人能夠拿得到的範圍內，還得考慮家具的擺放位置。

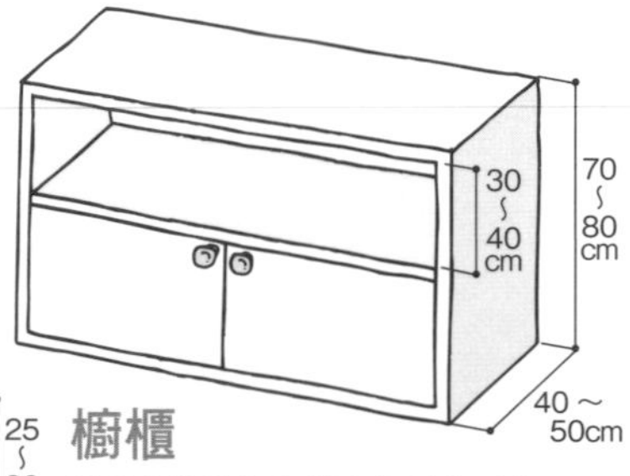

櫥櫃

設計收納烤麵包機和餐具等形狀不一的家電之櫥櫃時，要考慮每件電器安放的位置是否方便取用，同時還需要兼顧到家具的尺寸（包括開蓋所需的空間）。

電鍋

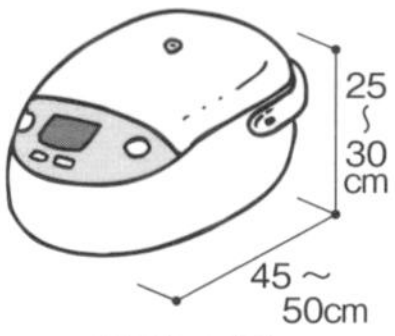

電熱水瓶

微波爐

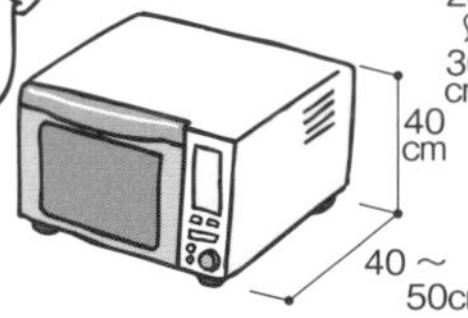

烤麵包機

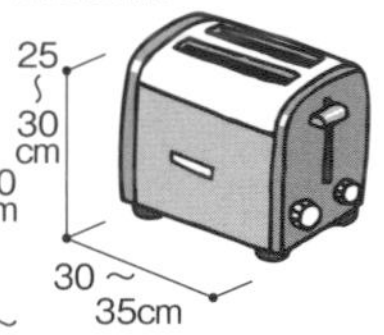

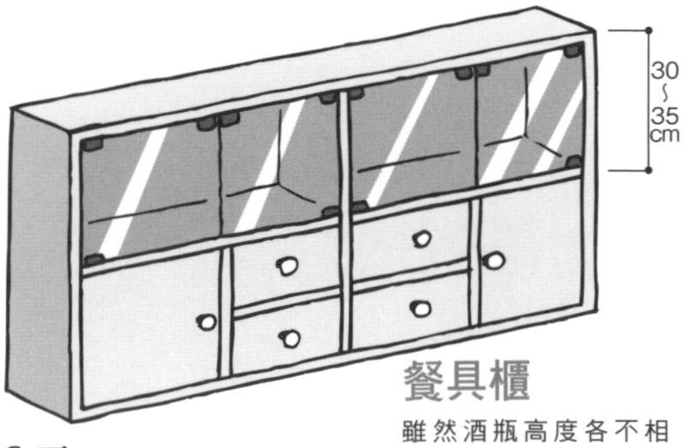

餐具櫃

雖然酒瓶高度各不相同，但更需要注意的是酒杯和瓶子應該分類放。因為高度不同所以收納時要確認分別放置。

酒類

椅子

設計椅子的時候最好能考慮到人體工學。如沙發重心低的椅子，人坐得越寬就越能容易放鬆。相反，坐在重心高、靠背直的椅子上就會有一種拘謹感，因此適合用於學習和吃飯的場合。因此椅子的使用需要考慮具體使用環境。

單人靠椅

標準形狀的椅子。搭配餐桌或書桌、辦公桌等，適合用於需要人伸直後背的場合。如果在椅面上加上軟墊，會更舒適。

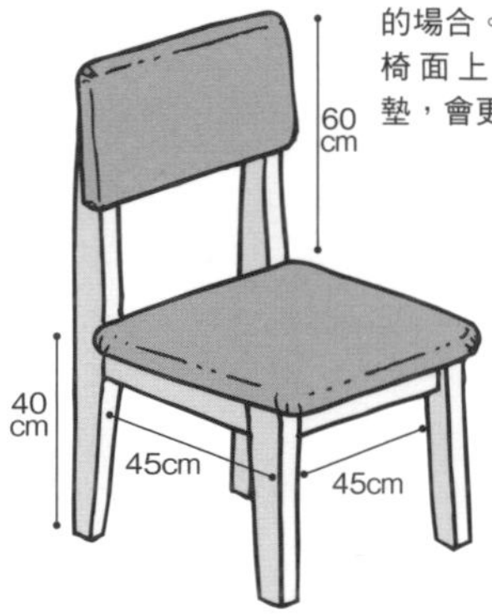

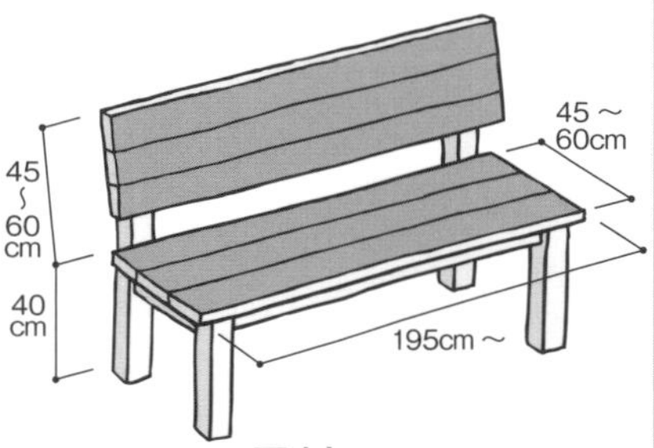

長椅

長椅可容二至三人並肩而坐。如果長椅的靠背有一定的傾斜度，讓人更容易放鬆。

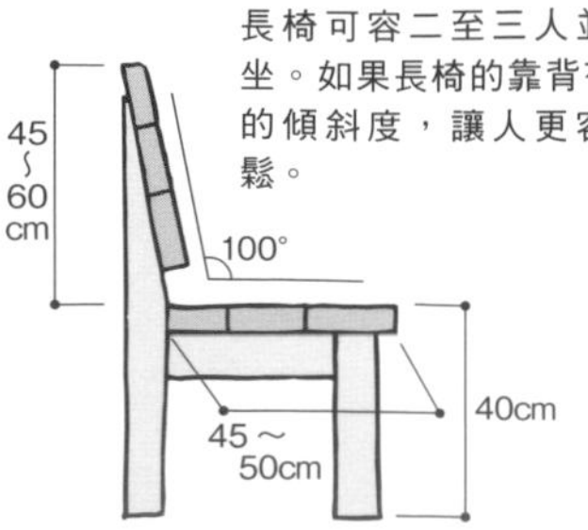

桌子

桌子和椅子一樣，製作時最好能將人體工學的知識融入其中。由於人體活動的方式、幅度大體相同，如果不是非常大個的或非常小個的人使用，都可按照以下的尺寸設計。

單側供兩個人並排坐的桌子，設計時重點考慮空間因素，要確認兩人身體不會靠到一起，活動胳膊肘時也不至於發生碰撞。

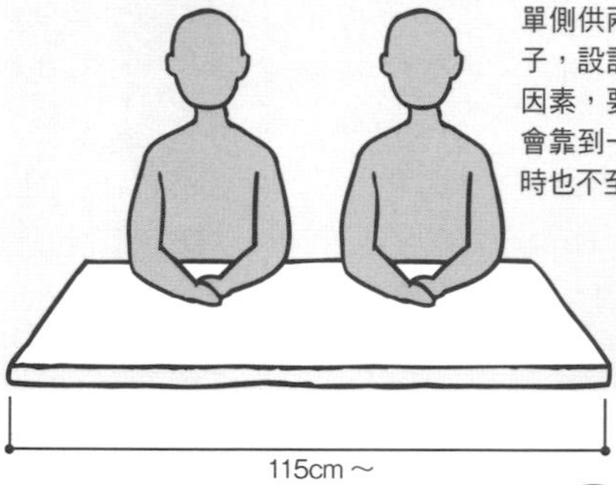

餐桌

基本上都是兩個人相對面坐，因此為了確認兩個人的膝蓋不會相互觸碰，寬度至少設計在80mm以上。

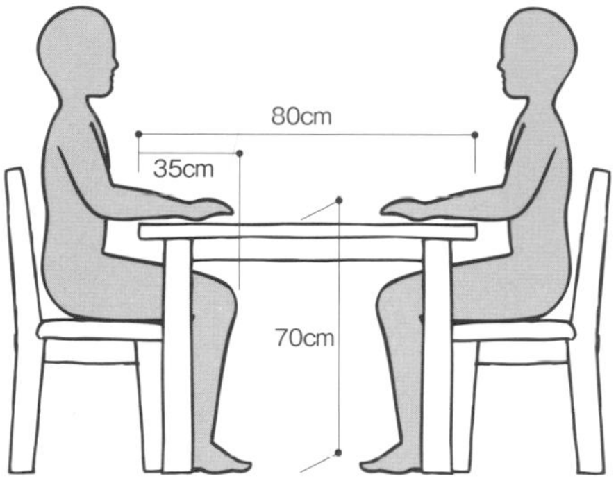

矮腳食桌、矮桌

因為要跪坐在桌前，所以桌腳的高度很重要。基本應該是35cm左右。

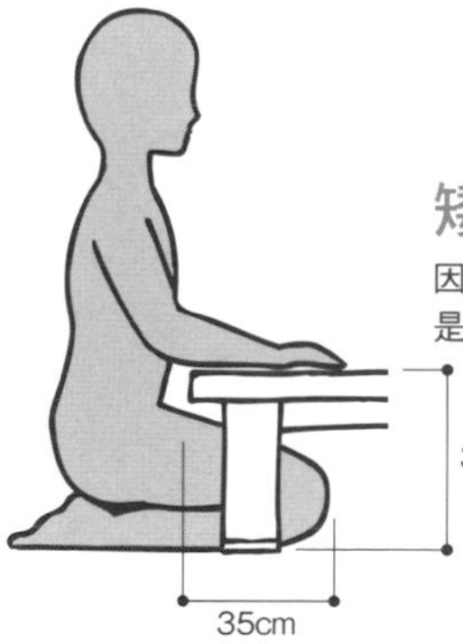

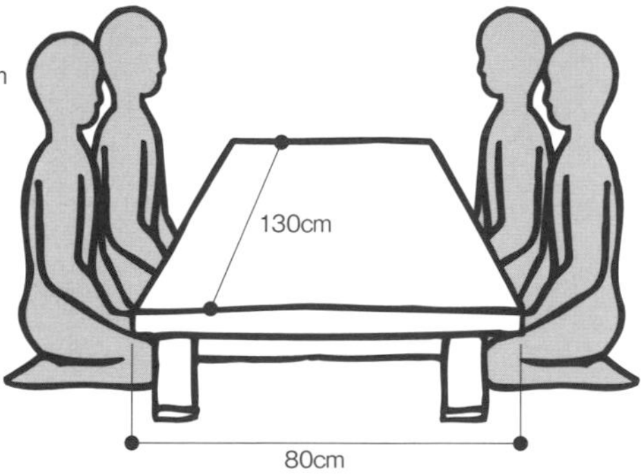

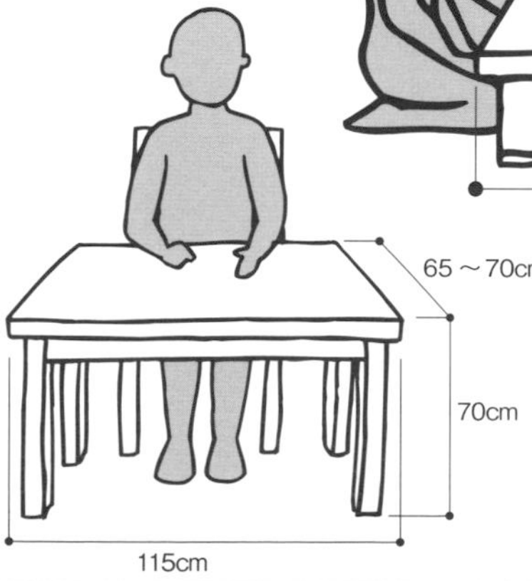

書桌・辦公桌

閱讀、學習、辦公時候用的桌子若是越寬使用起來越方便，一般寬度設計為115cm左右，長度最好也設計為65至70cm左右。

讓人伸直後背的椅子。搭配餐桌、書桌、辦公桌等的椅子就屬於這種類型。

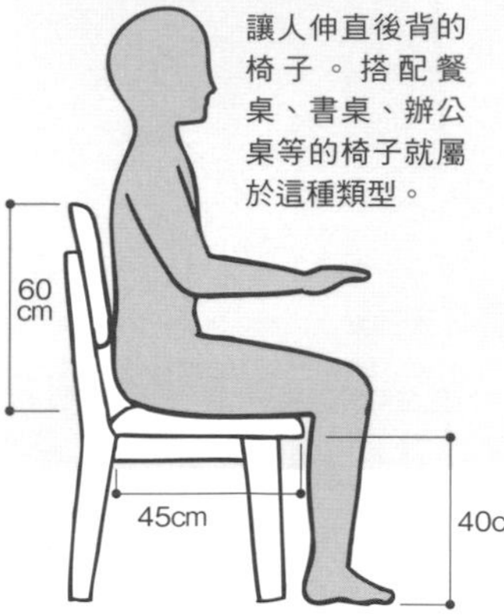

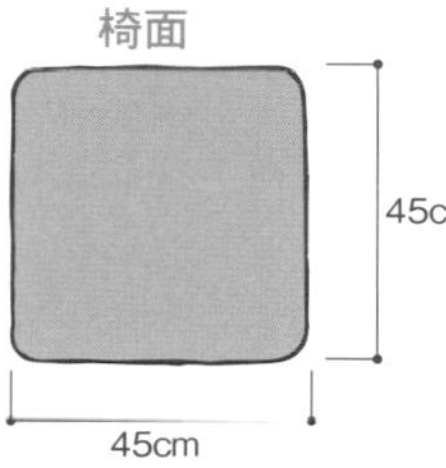

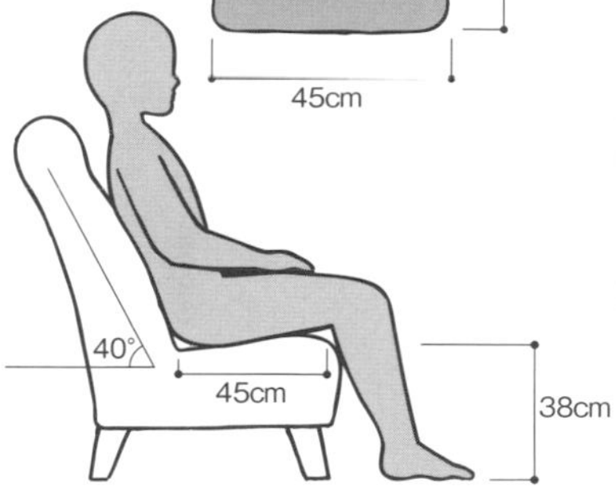

想要休閒放鬆時坐的椅子。重心稍底，靠背也有後仰角度，讓人放鬆。

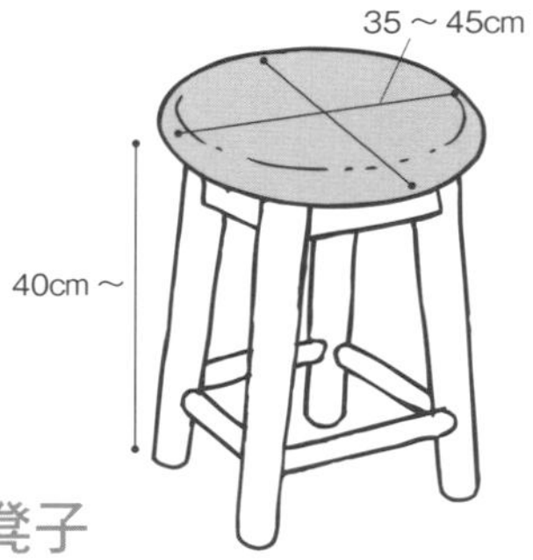

凳子

座面採用圓形木板製作，沒有靠背的凳子。攜帶方便，強度也非常重要，但製作時儘量不採用太重的木料，使用起來才更方便。

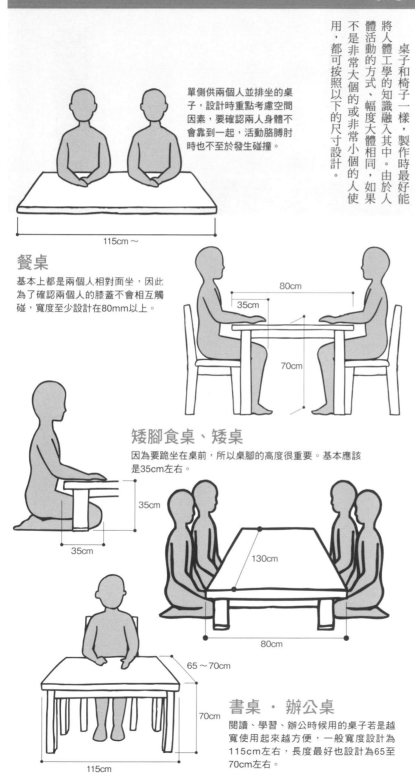

製作設計圖
基本講座 ❷

豐富多樣性的設計

輕鬆找到最佳方法

接合方式、加工手法等細節處理的選擇，不僅關係到製作的難易程度、作品強度，也關聯到整件作品的美觀程度以及造價。

承板〈擱板〉的固定方法

實際上要承載什麼東西，決定了承板所要求的強度。如果只是承載較輕物體的裝飾承板，使用釘子就足夠了，如果是用來放餐具等重物的承板，就必須用榫接或金屬件連接固定。

木釘

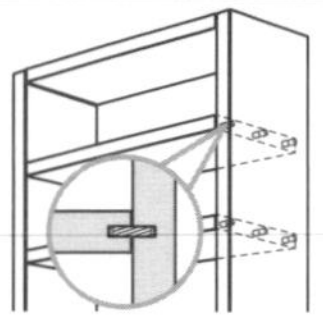

難易程度…… ★★
強　　度…… ★★
美 觀 度…… ★★★★

指的是在側板和承板的側面鑽孔，塗上白膠再插入木釘的接合方式。如果能準確鑽孔就可以製作出看不見釘頭，製作出使人感覺清爽的架子。

釘

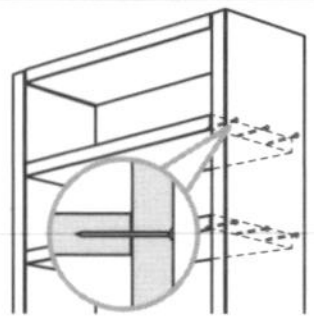

難易程度…… ★★
強　　度…… ★
美 觀 度…… ★★

從側面以釘子或木螺釘將承板固定的方法。操作簡單但是承板的抗壓強度底，放重物的架子不適宜採用此法，側板建議使用有一定厚度的材料。

板條法

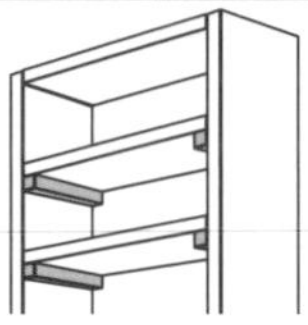

難易程度…… ★★
強　　度…… ★★★★
美 觀 度…… ★★

在側板上釘方形木條（角木）以承載上方之承板，如果從承板的上方向下將承板固定在木條上的話，強度會更高。適用顯露出角木也無妨的設計。

T形金屬連接片

難易程度…… ★
強　　度…… ★★★★
美 觀 度…… ★★★

固定承板後，在承板的表側使用T形金屬連接片進行強化固定作用，如果選用有裝飾效果的連接片，看起來很豪華，而造價也會提高。

L形鐵

難易程度…… ★
強　　度…… ★★★
美 觀 度…… ★★

用木螺釘或釘子等將承板固定以後，在承板下側使用L形鐵發揮支撐作用，在安裝L形鐵處，先向內鑿入一點，這樣處理後看起來更簡潔。

銅珠（活動式）

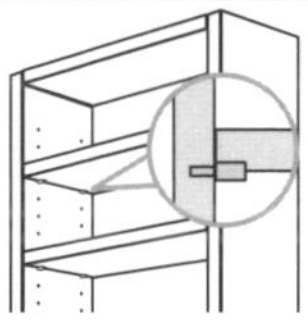

難易程度…… ★★★
強　　度…… ★
美 觀 度…… ★★★★

在側板內側鑽等間隔的銅珠孔，承板就能自由調整位置，並在承板的下側鑽鎖銅珠的孔，切記勿將其鑽的孔與銅珠孔錯開。

橫槽對接

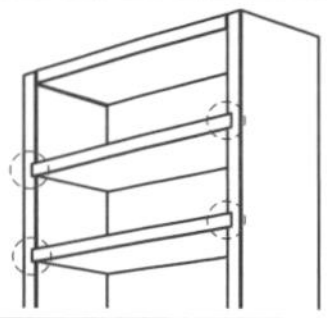

難易程度…… ★★★★★
強　　度…… ★★★★★
美 觀 度…… ★★★★★

在側板的內側開出插入承板的橫槽，加工本身具有一定的技術性，橫槽對接的承板強度也很高，同時還可以將承板牢牢固定於架子上。

嵌板法

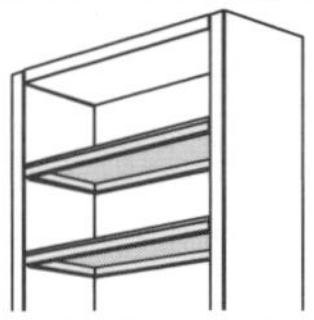

難易程度…… ★★★★
強　　度…… ★★★
美 觀 度…… ★★★★

將方形木條的框安在側板上，然後在上面安裝承板。方形木條框固定的承板強度很大，可以放較重的東西。

承板軌道法

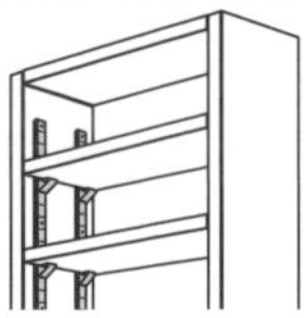

難易程度…… ★
強　　度…… ★★
美 觀 度…… ★★★★

在承板的內側安裝軌道，用這種金屬軌道固定承板，承板軌道安裝很簡單，初學者也能很快上手。

相框固定方法

相框的固定方式多種。根據相框的大小、寬度等不同，固定方式也有所不同，所以一定要選合適的方法。

膠合板

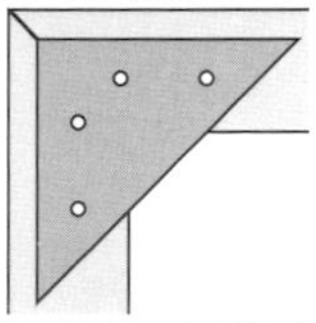

難易程度……★★
強　度……★★★
美觀度……★★

釘三角形的膠合板進行加固。勿將釘子釘穿超過木板厚度，建議選用木螺釘或釘子的長度在木板厚度的2/3以內。

鉚釘機

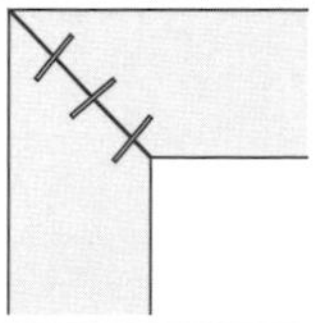

難易程度……★
強　度……★★
美 觀 度……★★

以大型釘書機一般的鉚釘機固定是最簡單的方法，但是因為鉚釘只能釘在內側，所以接合面不夠牢，需使用白膠進一步固定。

白膠

難易程度……★
強　度……★
美 觀 度……★★★★★

使用白膠後以固定夾夾緊固定，才能使其黏牢，避免白膠溢出，外觀仍是美觀的。

波浪釘

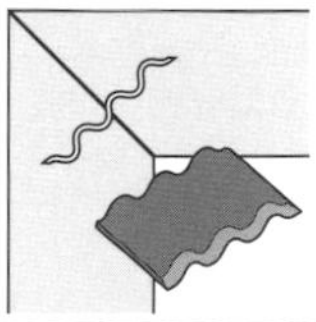

難易程度……★
強　度……★★
美觀度……★★★

擺好相框後，從上方釘入波浪釘固定。使用的工具只有鐵鎚，如此簡單的方法，適用於輕而小的相框。

L形固定用金屬片

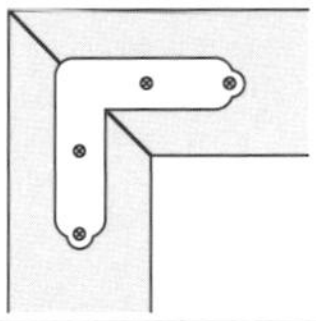

難易程度……★★
強　度……★★★★
美 觀 度……★★

以L形金屬片固定，最適合用在大型相框需要提升強度時，長L形金屬片將會固定得更牢。

固定用平直金屬片

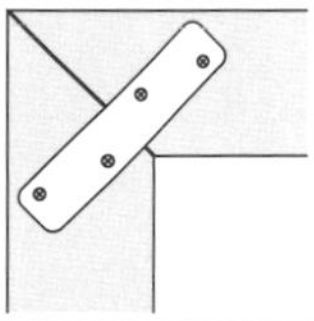

難易程度……★★
強　度……★★★
美 觀 度……★★

以平直的金屬片固定，也需使用白膠，注意釘子或木螺釘不能將表面貫穿。不宜用在薄框上，建議用於有一定厚度的相框。

表格說明

★評定難易程度、強度、美觀度等級，一共五個等級。
★的數量越多，以下的項目向就越強。

難易程度	……………………難
強　度	……………………強
美 觀 度	…………漂亮、美觀
費　用	………………貴、價高
光 滑 度	……………光滑
開合時容易程度	…………容易

（本編輯部自行調查的結果）

蝴蝶鍵片

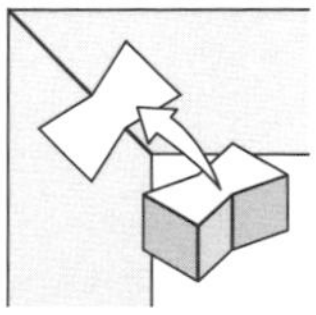

難易程度……★★★★★
強　度……★★★★
美 觀 度……★★★★★

在側板上鑿一個蝴蝶形的槽，加工與槽相應的鍵片，嵌入槽內固定。外觀美但難度稍高。

餅乾榫

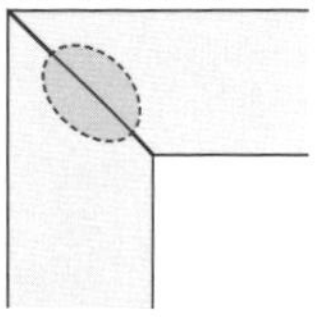

難易程度……★★★★
強　度……★★★
美 觀 度……★★★★★

在相框的接合面以餅乾榫機進行切削，以塗有白膠的餅乾榫片固定，無論從哪個角度看，表面都是平整的。

背板安裝方法

有時承板的背面不安背板，採用開放式設計，但安上背板終究在強度方面更勝一籌。另外背板之安裝和箱子底板安裝一樣，總體而言，大致可分為兩種情況。

全面釘裝

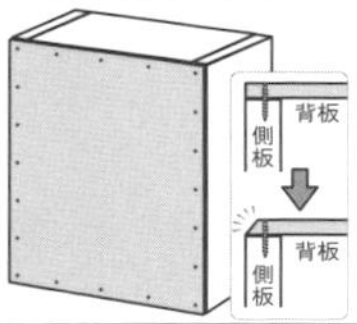

難易程度……★
強　度……★★★
美 觀 度……★★

從箱子或框的外側直接釘入釘子或木螺釘的方法，如果是背靠牆放置的架子，背板這樣加工就行了。另建議以鉋刀將背板的轉角刨平，既美觀又實用。

嵌入溝槽

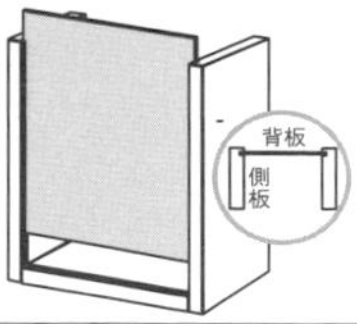

難易程度……★★★
強　度……★★★★
美 觀 度……★★★★★

在側板內側加工溝槽，再插入背板繼而固定的方法。加工溝槽必須用到木工雕刻機或圓鋸，雖稍顯麻煩，但這樣安裝的背板外觀光滑而且強度也高。

接合箱側板

固定箱子側面的方法也有多種，根據側板的厚度不同，所使用的方法也有所不同，操作時應仔細選擇。強度最高，且美觀的方法是榫接。

金屬連接片

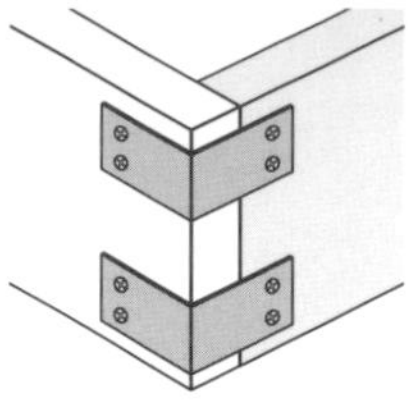

難易程度……★★
強　　度……★★★★
費　　用……★★★★

適用於有一定厚度的箱子，可將連接片安裝在外面。雖然這種方法能製造出結實、堅固的箱子，但金屬片一定會增加作品之整體重量。

以角木固定

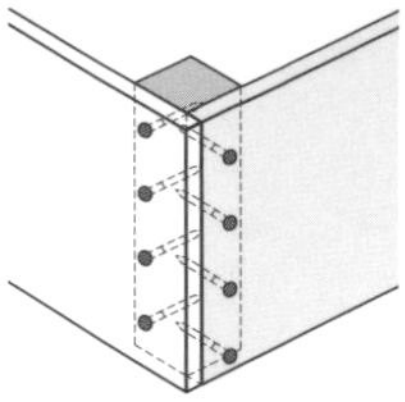

難易程度……★★
強　　度……★★
費　　用……★★

材料板較薄時，在側板和側板間圍成的夾角內固定一條角木，然後從側板兩邊向角木釘入釘子就可以將側板接合。

木釘、釘子

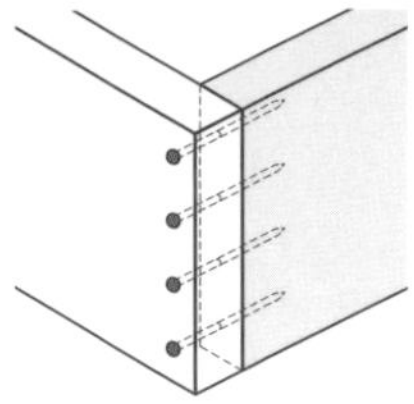

難易程度……★
強　　度……★
費　　用……★

側板間以釘子接合是很簡單的方法。不過，一不小心就會釘偏，不想看到釘子頭露在外面的話，就把釘子頭也釘入木料，然後以木塞將其隱藏。

鳩尾榫

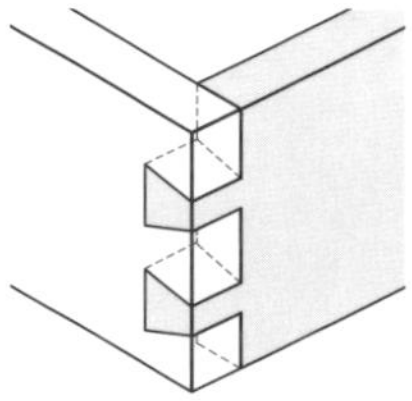

難易程度……★★★★★
強　　度……★★★★★
費　　用……★★★

使用鳩尾榫的接合法，以往只有技術高超的木匠才能加工的鳩尾榫，現在只要利用木工雕刻機和專用治具誰都能輕鬆地加工。抽屜上能用此接合法將為整件作品增色不少。

指接榫

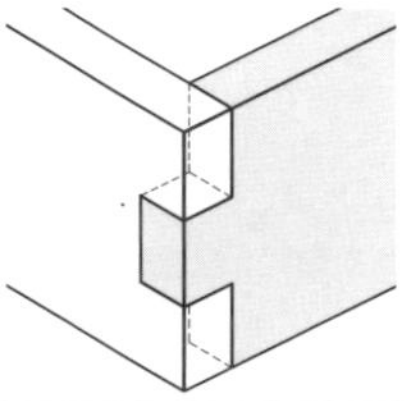

難易程度……★★★★
強　　度……★★★★
費　　用……★★

在側板和側板的接合面上分別加工凹凸，使用白膠和釘子固定，重要的是要將凹凸接合加工得稍微緊密。以指接榫，強度自然會提高許多。

餅乾榫

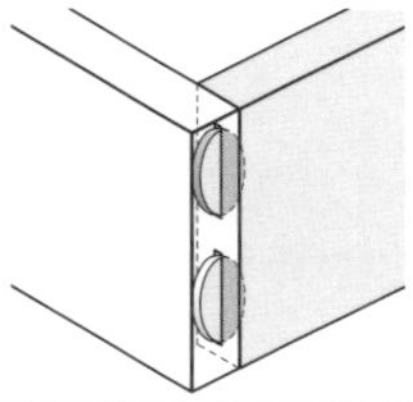

難易程度……★★★★
強　　度……★★★
費　　用……★★★

以餅乾機或木工雕刻機在側板接合面開槽，將塗有白膠的餅乾榫片插入榫槽中固定。餅乾榫片吸收了白膠中的水分就會膨脹，繼而將側板牢牢固定。

木釘

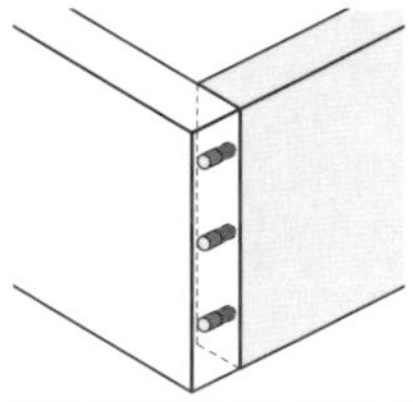

難易程度……★★★★
強　　度……★★★
費　　用……★★★

以側面和側面的接合面分別鑽孔，再插入塗有白膠的木釘進行固定，重點在於鑽孔的位置不能偏差。

處理抽屜表面

抽屜的正面（前板）絕對是整個抽屜的門面，抽屜正面的外觀極大程度上左右著給人的第一印象。所以有必要認真考慮後，再決定選擇怎樣的設計。

貼彩色貼片

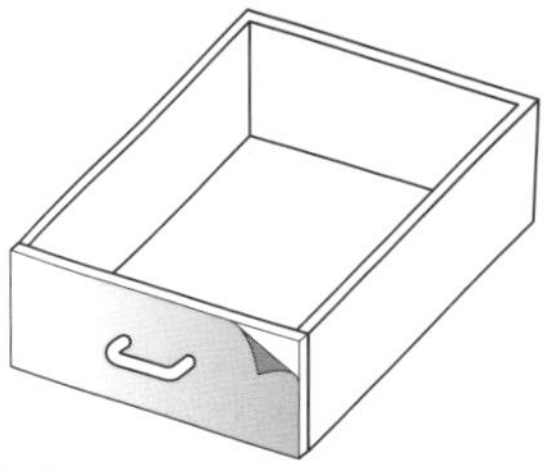

難易程度……★★
強　　度……★★★
費　　用……★★★

如果抽屜選用的是柳桉木或膠合板等木紋不怎麼好看的材料，也可以在上面貼上喜歡的彩色貼片。

安裝裝飾板

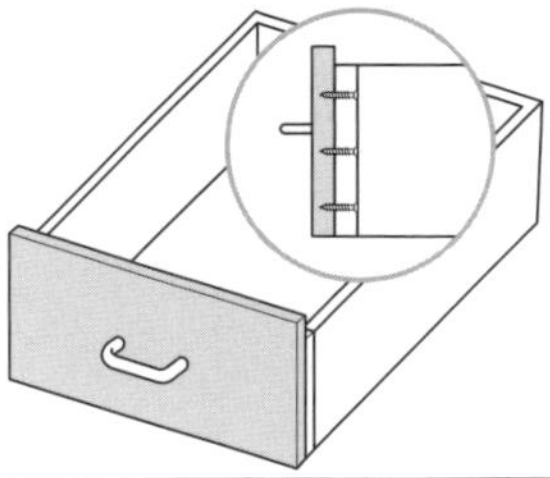

難易程度……★★★
強　　度……★★★★
費　　用……★★★★

製作好抽屜後，在抽屜的前板安裝裝飾板。裝飾板是使用釘子從前板內側固定的，外觀顯得清爽。

保持原樣

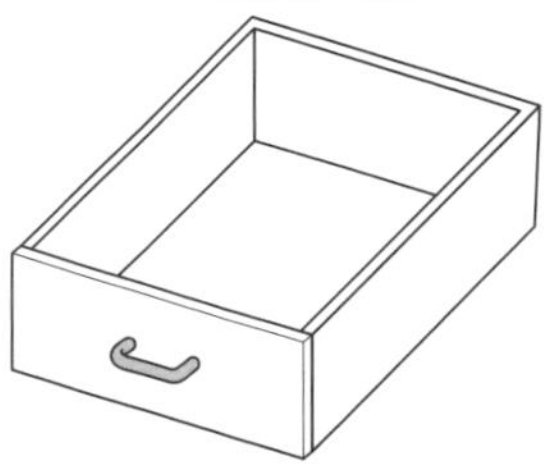

難易程度……★
強　　度……★
費　　用……★

按照箱體的一般製作程序將抽屜組裝好後，安裝把手就算完工。現在直接就能看到釘子或木螺釘等，但這種樸素設計反而讓抽屜顯得更漂亮。

安裝抽屜

抽屜也有好幾種安裝方法：從只需在承板或底板上安裝帶把手的箱子的簡單方法，到使用軌道或框架支撐的方法，不一而足。希望大家能選擇到適合的方式。

底軌道式

屬於承板式的升級型。在承板底和抽屜底的裡側安裝專用金屬軌道，只需要一根就能加工出滑軌式抽屜。

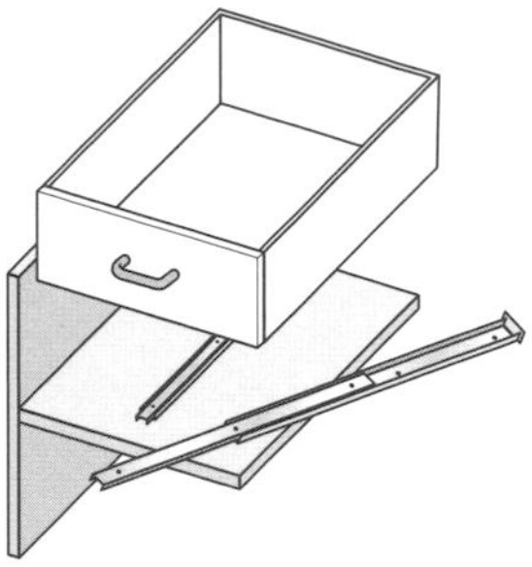

難易程度……	★★★
滑　　度……	★★★
費　　用……	★★★★

承板式

將箱子放在承板上就可作抽屜。使用這種方法時，底板加工選用觸地面積小的插槽方式，在接觸承板面上塗上蠟，抽屜滑動會更輕鬆，這種方法適用於承裝輕東西的抽屜。

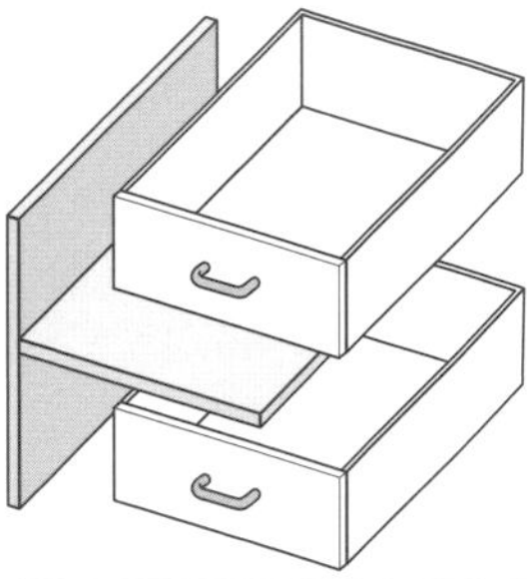

難易程度……	★★★
滑　　度……	★
費　　用……	★★

L形金屬條

將較薄的L形金屬條切割成與抽屜相同的長度，安裝在側板內側，然後將抽屜箱掛在上面。方法很簡單，但如果所用金屬條太厚的話，就會曝露出來。

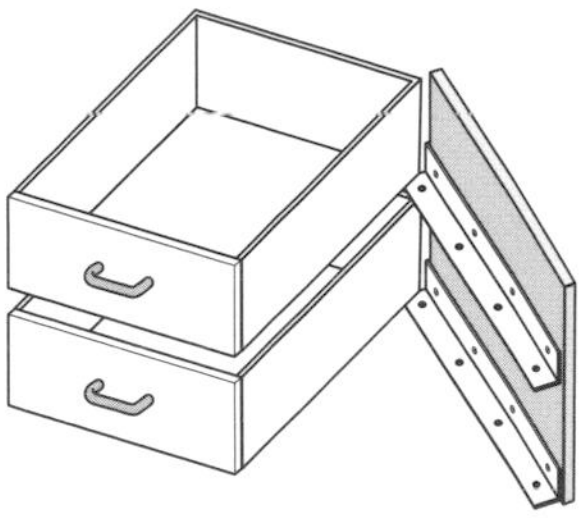

難易程度……	★★★★
滑　　度……	★★★
費　　用……	★★★★

抽屜專用軌道式

不使用溝槽，改以抽屜專用的軌道。因為是專用軌道，滑動效果好，可用在盛餐具等重物的抽屜上，能使抽屜的抽拉更輕鬆。

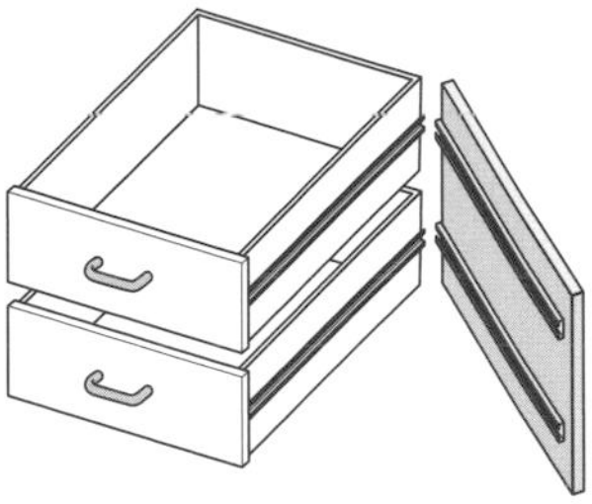

難易程度……	★★★
滑　　度……	★★★★★
費　　用……	★★★★★

滑槽式

不需做承板，在側板內側安裝滑軌，在抽屜箱的側面加工溝槽，通過溝槽將抽屜掛在滑軌上就行了。

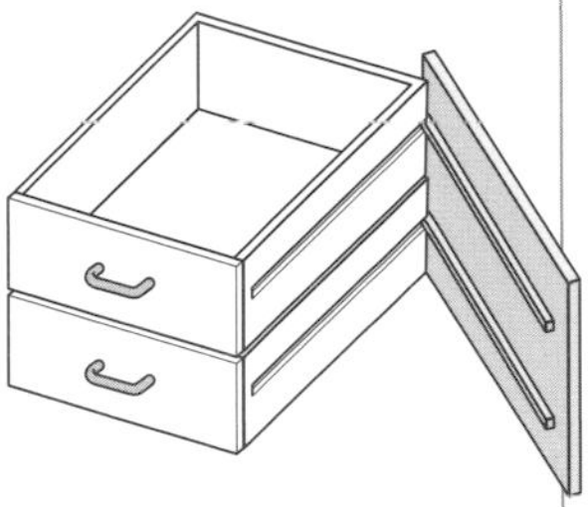

難易程度……	★★★★
滑　　度……	★★★
費　　用……	★★★

固定桌腳

有好幾種固定桌腳的方法。基本要求是四支腳安裝後，桌子保持不搖晃。

側板框架式

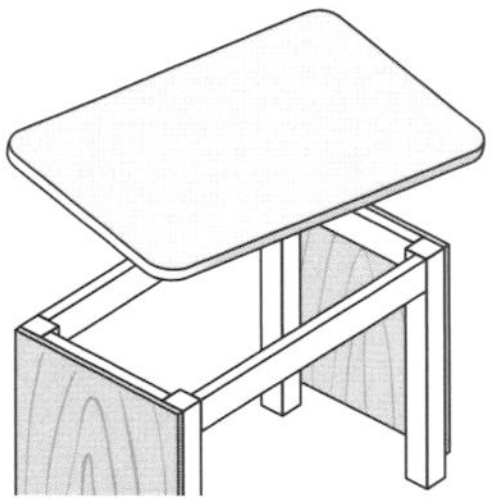

難易程度……	★★★
強　　度……	★★★★
費　　用……	★★★

將桌面固定在側面貼著木板的框架上，側板框架式的桌子較為結實。

框架式

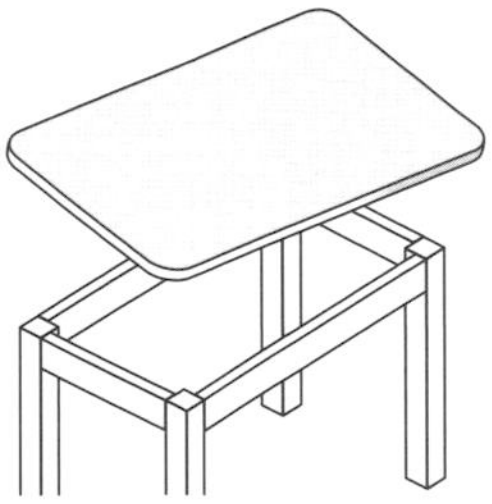

難易程度……	★★★
強　　度……	★★★
費　　用……	★★★

先組合桌腳和撐板形成框架，然後將桌面放在框架上固定。製作餐桌時一般多採用此方法。

榫接頭式

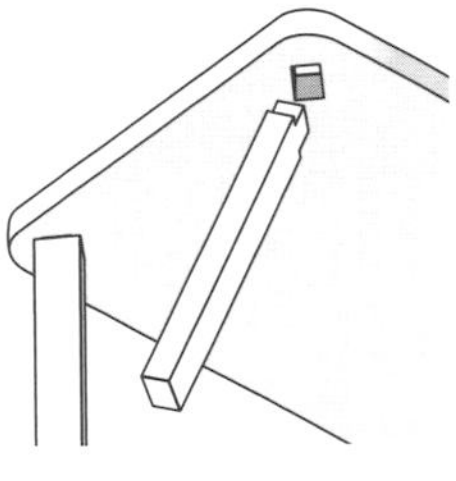

難易程度……	★★★★
強　　度……	★★★★★
費　　用……	★★

在桌面上鑿榫孔，桌腳的頂部加工成榫頭，榫頭插入榫孔固定，這是一種製作精密，需要高超技術的方法。

墊板式

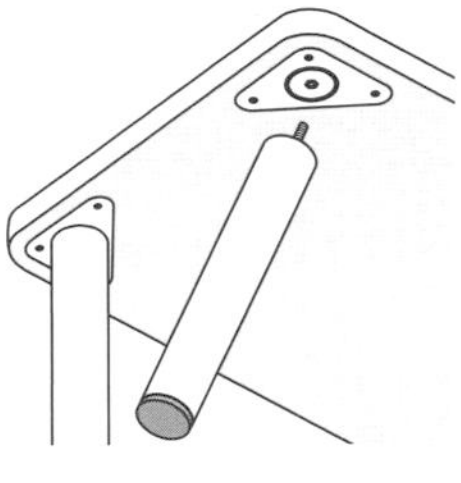

難易程度……	★★
強　　度……	★★★
費　　用……	★★★★★

將桌面裡側安裝墊板，將與墊配套的金屬部件安裝在桌腳頂端，再以螺絲拴緊將其連接即可。

製作門扉

不想讓人看到收納物時，可在收納家具上裝上門扉。製作門扉的方法有好多種，直接加裝門板，也有更正式的鑲嵌玻璃，請大家選擇適合的方法。

板材

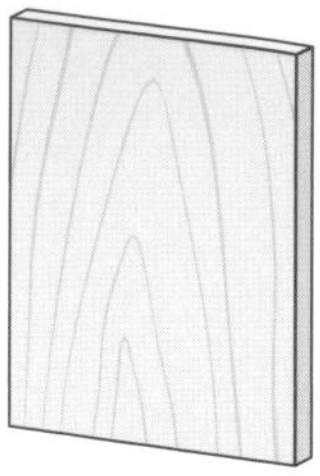

直接以膠合板或實木等加工門，只塗水性塗料就可以營造出截然不同的感覺。

難易程度…… ★
強　　度…… ★★★
美 觀 度…… ★★★★

玻璃（有框）

將玻璃圍在框中做成門扉，也可以在框的內側加工鑲嵌玻璃的溝槽，是門框的代表實例。

難易程度…… ★★★★
強　　度…… ★★★
美 觀 度…… ★★★★

嵌板

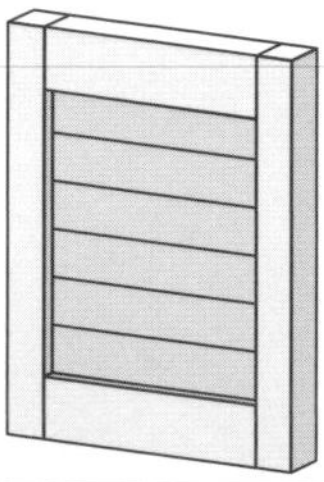

使用於作裙板等的接合材料製作門扉，在框的內側加工溝槽，然後將嵌板插入。

難易程度…… ★★★★
強　　度…… ★★★
美 觀 度…… ★★★★

以橫撐木固定

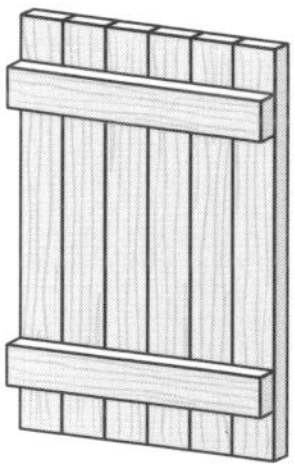

讓橫撐木跨在多條平行角木上，以粗紋螺絲固定。如果使用泡桐等輕質材料，即使稍厚的板也不會太重。

難易程度…… ★★
強　　度…… ★★★
美 觀 度…… ★★

玻璃門

以專用金屬部件固定玻璃板上下兩端的門，使用專用金屬部件安裝簡單，通常不要求太高強度處。

難易程度…… ★★★
強　　度…… ★★
美 觀 度…… ★★★

貼面板

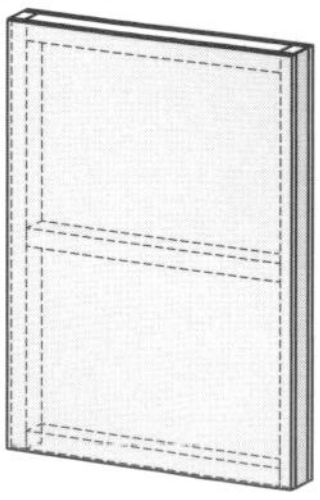

在木條製作的框架兩面貼上膠合板，適合於大面積的門扉，因為中空設計能減輕門的重量。

難易程度…… ★★★
強　　度…… ★★★★
美 觀 度…… ★★★

以餅乾榫拼接

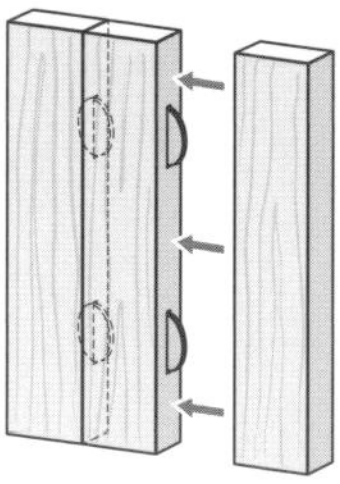

以餅乾榫將拼板固定，再以餅乾榫機切削的槽內，插入塗有白膠的餅乾榫片固定。

難易程度…… ★★★★★
強　　度…… ★★★
美 觀 度…… ★★★

製作擱架腳

設計時較容易忽略，製作擱架腳的方法多種，因為關係到外觀和使用便利性，建議結合架子的擺放位置進行設計。

直接接地式

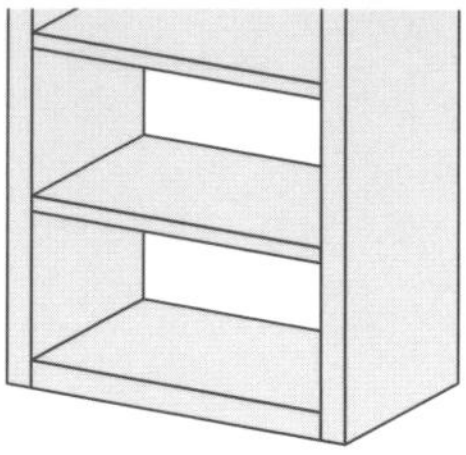

難易程度…… ★
美 觀 度…… ★
費　　用…… ★

直接接地也不會妨礙收納的功能，設計的理念類似於彩盒（Color Box）。

安裝擋板

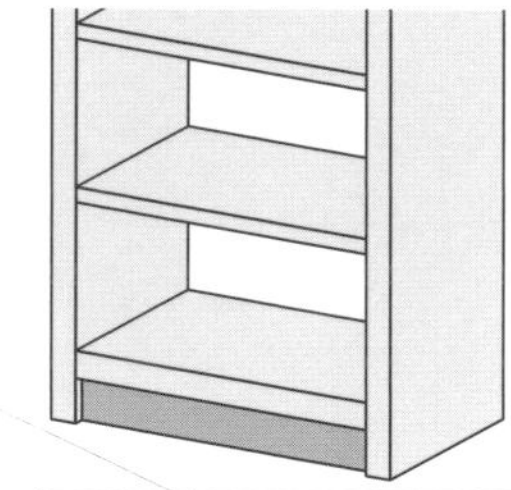

難易程度…… ★★★
美 觀 度…… ★★★★
費　　用…… ★★

側板加長後在中間安裝稱為擋板的遮蓋木板，使用擋板能讓作品外觀更正式。

加長腳

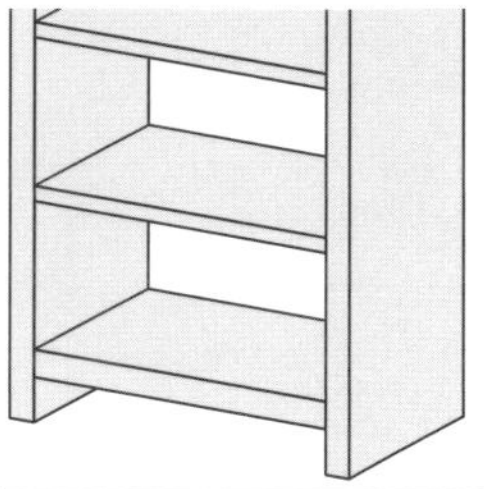

難易程度…… ★★
美 觀 度…… ★★
費　　用…… ★

將側板的下端加長當作擱架腳，注意左右高度相同。

安裝腳

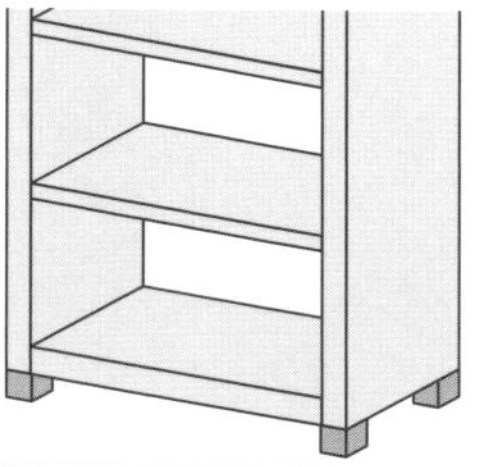

難易程度…… ★★★
美 觀 度…… ★★★★
費　　用…… ★★★

在側板的下端另外安腳的方法，腳的顏色可採用與壁板不同顏色，也可以使用金屬材料，可以顯得高檔一些。

安裝輪子

難易程度…… ★★
美 觀 度…… ★★★
費　　用…… ★★★★★

以木螺釘從底板內側安裝輪子，使用家具專用輪子看更搭調。選擇能承載擱架自由移動，必須保持輪子不傾斜，而且強度也要夠高。

安裝門板

將門板安裝在門框上也有好幾種方法，其中在表面安裝鉸鏈的方法最簡單，不過，安裝好之後還需進行調整的滑座鉸鏈，更便於矯正歪斜，讓作品更好看。

表面鉸鏈

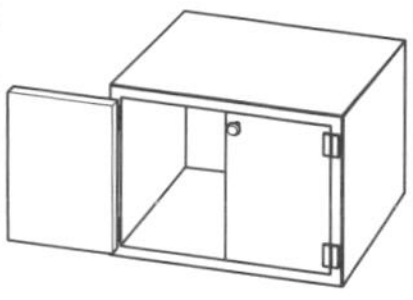

於表面安裝鉸鏈的方法，正因為在表面，安裝容易。

難易程度……★★
美觀度……★★★
開合的容易程度 ★★★

德國鉸鏈

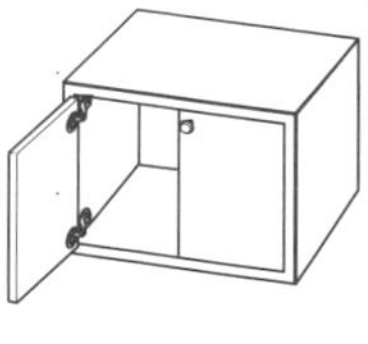

將滑座鉸鏈分別安裝在門的裡側、側板的內側，接合固定。門扉稍微有點傾斜也可以遮蓋，而且從外面看不到鉸鏈，使用這種方法，初學者也能造出外觀好看的門。

難易程度……★★★
美觀度……★★★★★
開合的容易程度 ★★★★

裡側鉸鏈

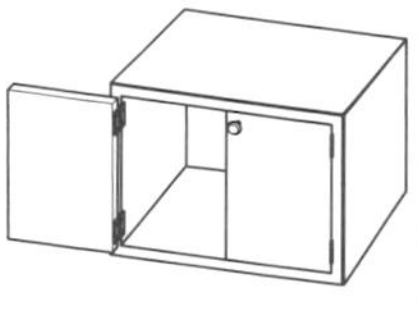

在裡側安裝鉸鏈可避免將金屬部件露在外面，先在門和側板安裝鉸鏈的地方開出與鉸鏈形狀相同，厚度相當的槽再行安裝，避免產生縫隙。

難易程度……★★★★
美觀度……★★★
開合的容易程度 ★★★

玻璃門鉸鏈

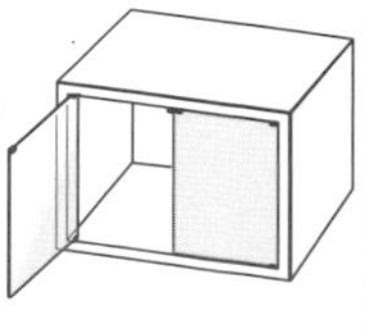

主要用在玻璃板或薄板材料上，將鉸鏈夾在門縫裡，按住以螺絲固定。

難易程度……★★★★
美觀度……★★★★
開合的容易程度 ★★★

門把種類

門把雖然是小物件，卻能左右整件作品給人的視覺感受。使用有古典氣息的把手給人以安定的感覺，而使用玻璃的把手，則顯得很時尚。

抓手

是最基本的把手，在量販店就可以買到價位從高到底、各種各樣的把手。把手的顏色和材質關係到門的整體印象，請仔細選擇。

難易程度……★
美觀度……★★★
開合的容易程度 ★★★

拉手

這種把手常見於廚房的收納家具等，無需太用力握住這種把手就能輕鬆地門開門扉、非常方便。

難易程度……★
美觀度……★★★
開合的容易程度 ★★★★

把手孔

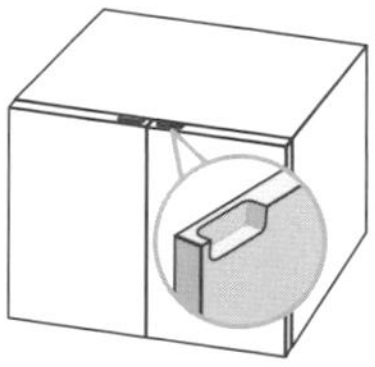

技術性稍高的工法，以木工雕刻機或鑿子在門的內側，鑿一個手指能放入的凹槽。從外面看只有板面，若喜歡平坦設計，可選用這種方法。

難易程度……★★★★
美觀度……★★★★
開合的容易程度 ★★★

磁性撞鎖

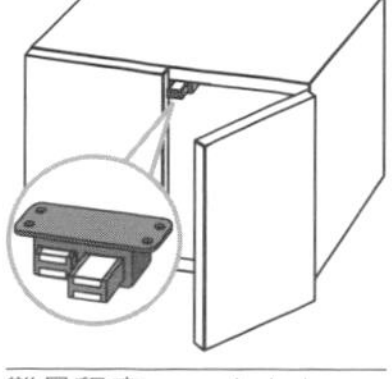

在門的內側安裝一按就開的彈性鎖，不適合用在較重的門上，適用於玻璃或丙烯板等薄而小的門。

難易程度……★★★
美觀度……★★★★
開合的容易程度 ★★★★

上漆・最後調整

按理說家具可以不上漆就直接使用，但是如果想長時間使用，至少要塗上油或蠟防止汙損，但是最有效的方法仍然是給家具上漆。

清漆

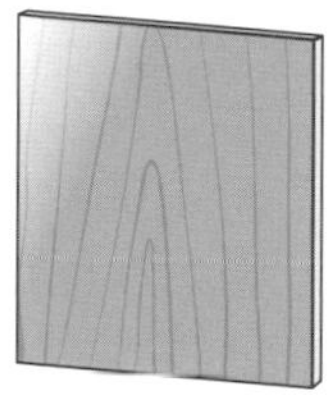

清漆能有效利用木材自身的紋理，而且讓家具表面泛出光澤（也有平光類型的）。適用於木紋漂亮的集成材等，桌面適合用氨基甲醛乙酯等塗膜強的清漆。

難易程度……★★★
美觀度……★★★★
費用……★★★

油、蠟

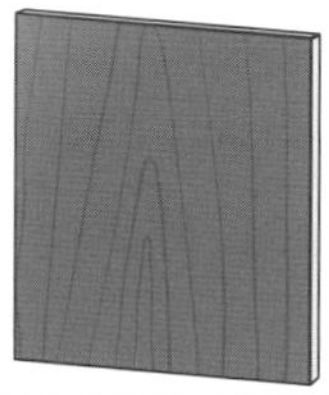

清漆能在材料表面形成膜，但是油或蠟不會堵塞木肌上的呼吸孔，因此適用於實木等材料，此方式最能體現木肌自身的質感。

難易程度……★
美觀度……★★★★
費用……★★★

水性塗料

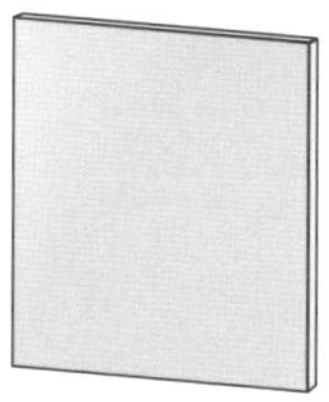

即油漆塗料，因其能夠遮蓋住木紋，適用於膠合板或柳桉等紋理粗的材料上。另外，不喜歡材料的本色，想為作品塗上其他顏色的時候也可使用。

難易程度……★
美觀度……★★★
費用……★★

貼皮

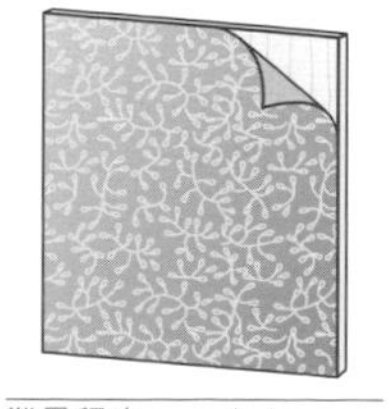

有布紋、木紋、磨砂、繪畫等風格迥異的貼片，色彩豐富。想營造不同的質感，將不同風格融入整件作品中時，可以使用這種方法。

難易程度……★★
美觀度……★★★
費用……★★★

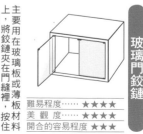

更加精密地確定直角

角尺

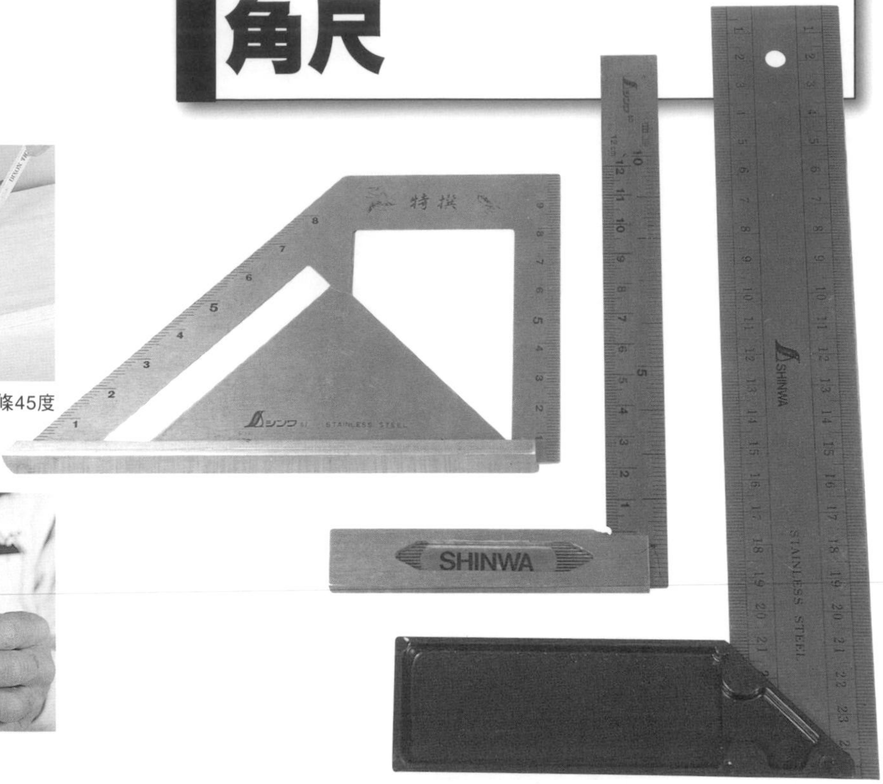

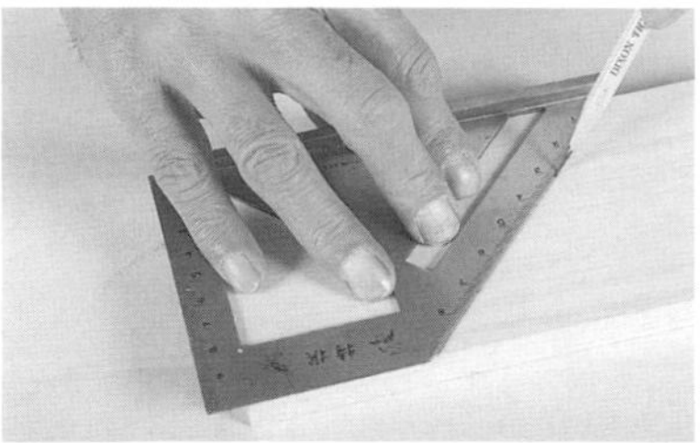

使用「止型定規」就能輕鬆地畫出一條45度的斜線。

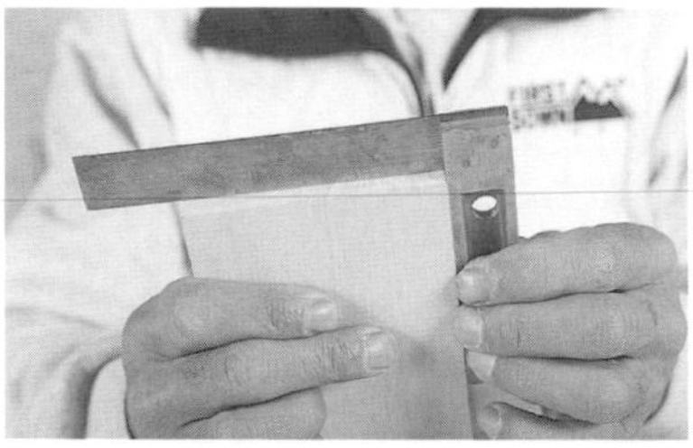

使用角尺測量90度角。

是否垂直也可以角尺來測量。

將短邊卡在板邊，立刻就能畫垂直線。

家具製作中不可或缺 正確地測量直角

角尺是確認直角的精密儀器。

使用方法簡單，將角尺放在需要測量的地方，長邊和短邊都能貼合就是標準的直角。

不同於其它類似的木工曲尺，角尺的短邊比長邊厚得多，因此容易安放，使用起來更方便。另外，木工曲尺較薄、材質軟不容易精確地測量或畫出直角，而角尺因為有較厚的短邊，因此能避免此現象發生，專業人員更以角尺矯正木工曲尺畫得不標準的直角。家具等小型但精度要求較高的場合使用角尺，連廊等大型製作的場合用木工曲尺，這樣分開使用更妥當。

如果要以木工曲尺在材料上畫垂直線，而材料為2×4的兩倍材，使用角尺更方便。尺寸就不用說了，短邊也能更容易卡在木材上。即使在DIY的時，木材的切削也是相當頻繁。因此在製作家具過程中，角尺是必不可少的工具。

還有一種能夠立刻準確檢測出45度角的「止型定規」，它和角尺一樣好用。

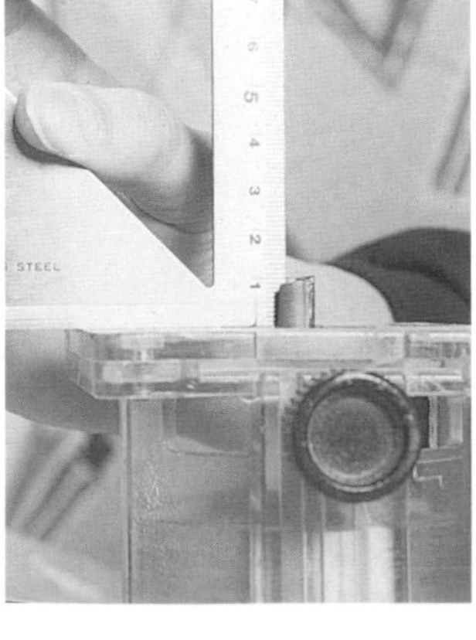

還可以用來調整修邊機銑刀之伸出長度，因為短邊很厚能保證角尺自身不傾斜，而提高測量精度。

畫出距材料板一端距離固定的墨線

畫線規

專業人士必備！木工之友的基本工具

不常聽到的名稱，常用漢字「罫引」表示。用來畫直線工具。

用鉛筆也可以畫線，但是使用畫線規的好處是：只靠單手就可以畫一條從材料一端至另一點固定距離的墨線，而且還可以複製多條相同的。操作熟練後，就會發現這是一個非常方便的工具。

它的構造簡單，一根橫樑貫穿導塊，不過這個橫樑的前端還帶有一張小刀片。兩手握住畫線規，導塊緊貼材料板邊緣，沿著誘導面慢慢移動，此時橫樑前端的刀片就在木材上留下劃痕。使勁拉就會導致刀刃深入材料板，所以動作要輕柔。

橫樑可以螺栓固定，伸出來的那段就不會上下動彈。可以在同一材料板上反覆使用，還能將墨線複製到其他材料板上。

有了畫線規就可以不用計算中線。目測一下，橫樑伸出約莫等於寬度一半的距離，以此長度分別由兩邊畫線，在兩條線之間再估計一次中心位置，如法炮製直到兩條線重合成一條線，這條就是中線。

製作家具時經常會遇到需要組合、接頭等情形，這時候，畫墨線總是一件需要動腦筋的事情。有時我們不需要以多少公分表示距離的「數字」，而只需確認材料板加工得是否契合，間隔是否固定等，這時畫線規就能派上大用場。畫線規稱得上是木工的基本工具之一，請務必熟練使用方法。

在對於位置要求嚴謹的榫孔畫墨線時，使用畫線規很方便。

插入橫樑中的刀片貫穿了橫樑，就是要靠刀尖在材料板上畫線。

畫線規和角尺合二為一！

一器兩用 超棒的工具

圖為從英國傳入的「M3．角尺」。一般用作角尺，但是裝上鉛筆後就具有畫線規的功能。短邊邊緣像魚鰓展開著，因此可以在材料板的兩面畫墨線，短邊的內側還藏有一個斜角尺。

可同時對兩面畫墨線。

安裝在操作台上・固定材料板

檯式虎鉗（虎鉗）

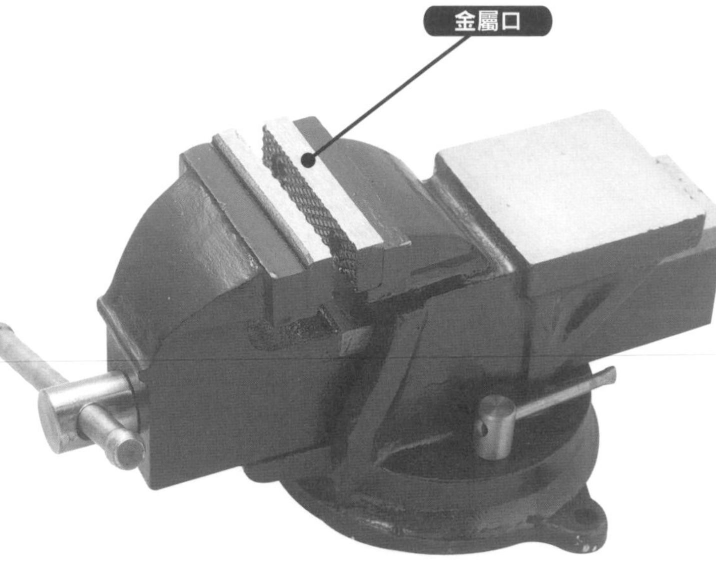

一旦固定就絕不會鬆動

幫我們將材料板牢固定的工具是金工虎鉗。這種工具最普遍的使用方法是先將金工虎鉗固定在操作台上，然後再利用虎鉗的金屬口咬住材料板。固定在操作台上的方法大概有兩種：一種是利用螺栓將工具完全固定在操作台上，另一種是參照在操作台安裝固定夾的方式，將虎鉗用螺絲固定。

虎鉗的規格是按金屬口的長度來界定的，木工用虎鉗金屬口是16㎜左右，金屬工匠一般使用的力易得檯式虎鉗金屬口長約100㎜左右，而開口幅度大約為100至125㎜。金屬口、開口幅度都是數值越大越好用。

金屬工常用的力易得金工虎鉗，操作者可將自身體重全部壓在虎鉗上，將材料變彎或敲出其他想要的形狀，因此金工虎鉗本身需要有一定的重量。

以鉋刀進行刨平加工的首要條件是材料板要完全固定，以木工虎鉗將材料板固定在操作台旁，即可馬上開始加工。

適合進行木工作業的「木工虎鉗」在購買之初，金屬口上會包著木板。木工鉗比金工虎鉗的金屬口面積大，固定也更迅速，因此加工或修飾完一面以後，可以很快地更換固定的材料面開始加工另一面。由於能將材料板牢牢固定，對於較小的材料板使用銼刀、鑿子等進行銼鑿加工的時候也就更安心了。

主要用於金屬加工的金工虎鉗之金屬口呈方形，用鐵等材料製成，非常結實。金屬口開閉的長度由手輪調節，目的就是要將材料緊緊夾住。金屬材料一旦被夾住後，無論怎麼弄都絕不會鬆動。如果使勁用鐵錘敲，金屬材料即使被砸得彎曲變形，也絲毫不鬆動。若不想將材料的表面刮花，可以在金屬口墊木板。

不過，在量販店很難買到木工虎鉗，金工虎鉗倒是很容易看到。如前文所述，金工虎鉗的金屬口上沒有安裝木板，但是很多金屬口上面都留有螺絲孔，就是為了方便使用者加裝木板。因此大家不妨用金工虎鉗來代替木工虎鉗，當然如果能直接買到木工虎鉗就更省事了。

操作台和虎鉗有著密切的關聯，市面銷售的許多操作台都附帶有虎鉗，而且虎鉗的手輪和操作台的桌面採用的是同一種木料。

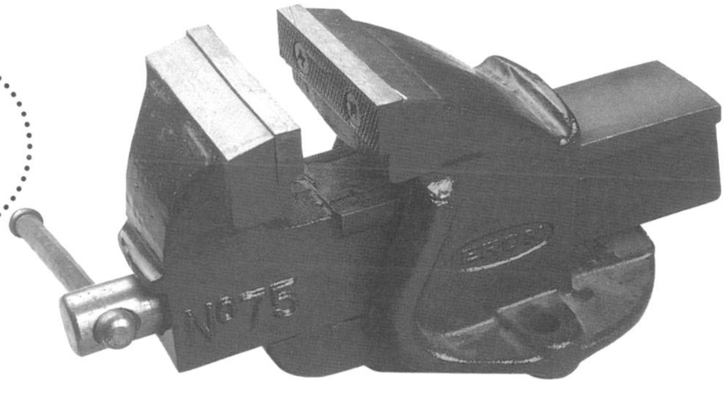

以螺栓固定的傳統金工虎鉗

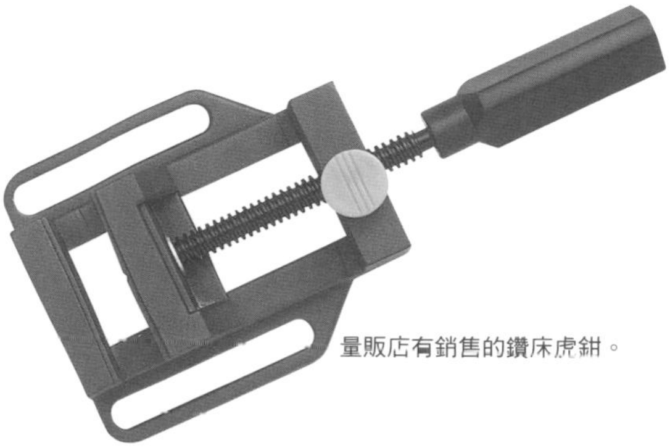

量販店有銷售的鑽床虎鉗。

挑戰

將虎鉗安裝在操作台上看看！

固定型的虎鉗需要先在操作台上鑽孔，然後以螺栓固定。通常大家都可以隨個人喜好，在自己的操作台上選一個位置安裝虎鉗。安裝在操作台上的固定型虎鉗也可分多種情況，例如：跨騎在台面上的和安裝在台邊上的等。這次我們嘗試的是桌邊型，這種安裝法可操作台節省出更多大的空間。

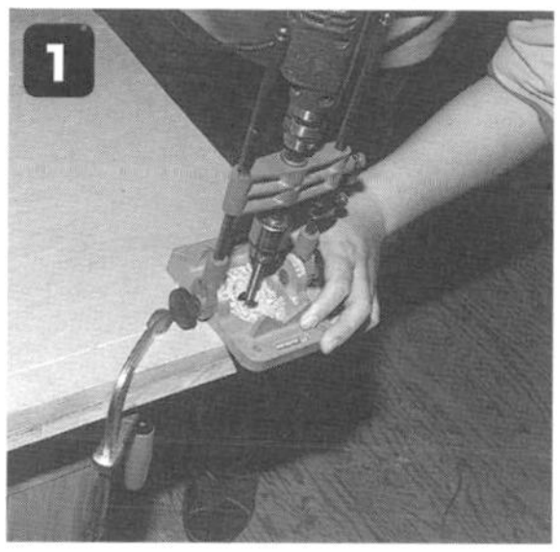

安裝孔必須是垂直的，因此最好使用鑽台鑽孔。

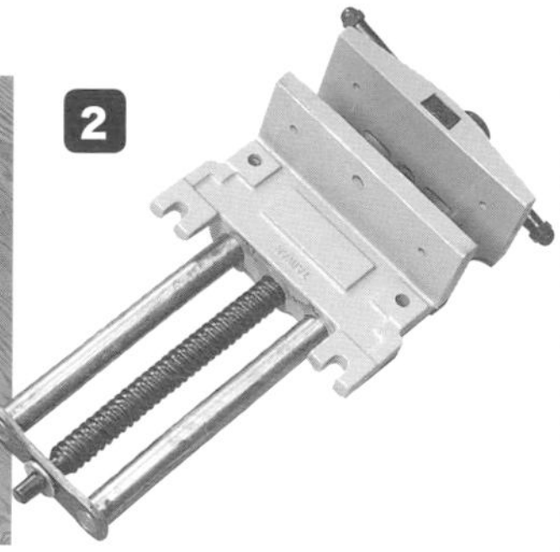

這種是安裝在操作台上的「快速木工虎鉗」。

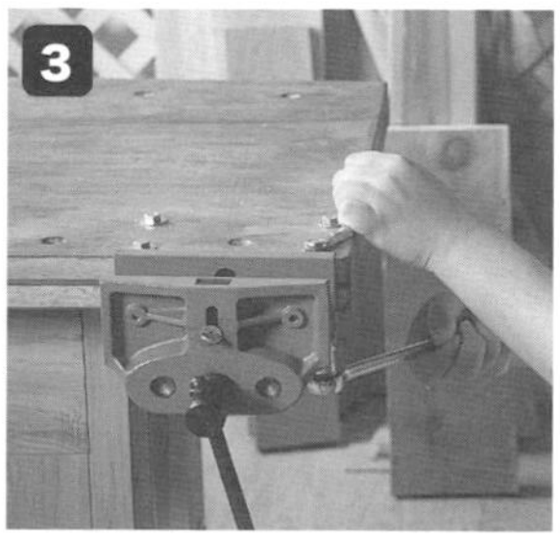

將螺栓插入鑽好的孔，拴緊固定。

安裝完畢後的狀態。

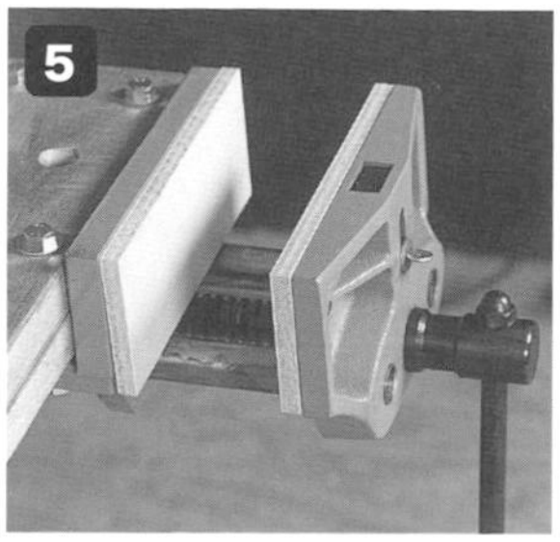

如果主要是針對木工製作，建議在金屬口表面加一層墊片。

萬向虎鉗可以按多種角度固定材料板，能在操作台邊輕鬆進行安裝和拆卸。

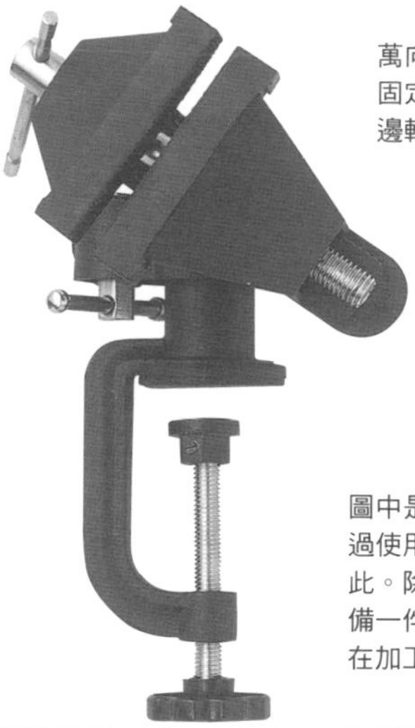

圖中是另一種萬向虎鉗，不過使用時的狀態基本都是如此。除了普通虎鉗，若能多備一件這樣的虎鉗，一定能在加工時更加輕鬆。

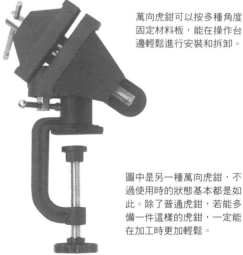

木工曲尺

多種場合都能派上用場的必備工具

- 量尺寸
- 確認直角
- 畫垂直線
- 畫45度的斜線
- 畫等分墨線
- 畫舒緩弧線

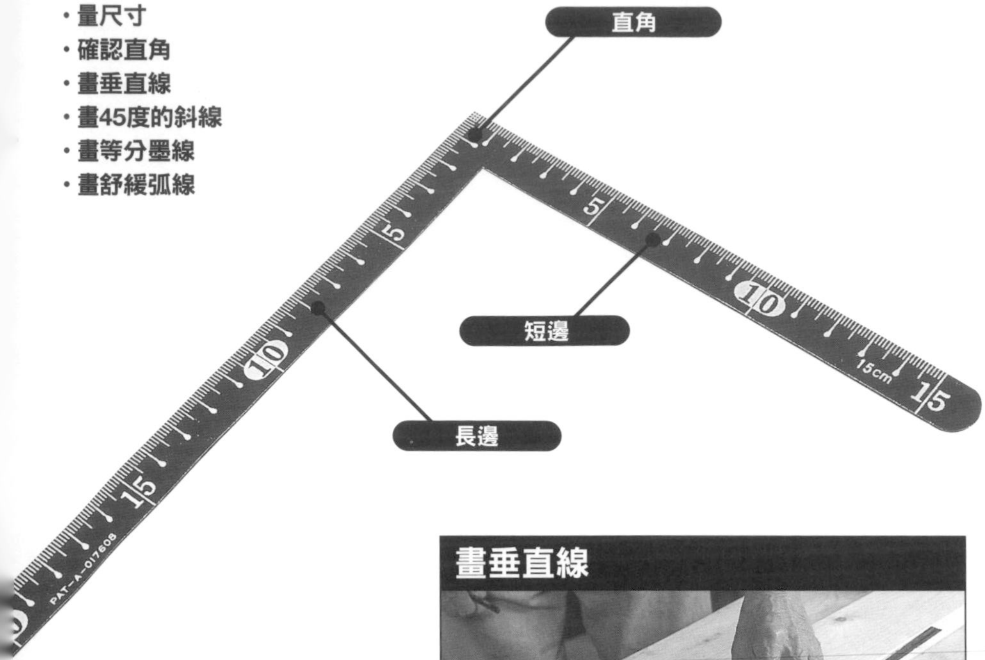

畫垂直線

將長邊緊貼在材料板邊緣，這很重要。

長邊抬起的地方略微有點翹，因此注意鉛筆畫線時的插入角度，鉛筆保持筆直、迅速地畫一垂直線。

平移後很快就畫出另一條垂直線。

不同的用法 可達成多種用途

DIY的時候經常用到的測量工具就是這種木工曲尺，它可以在材料板上畫垂線、平行線等，可以多種形式發揮作用。在安裝時還可以用它來確認直角。

木工曲尺正面和背面涇渭分明，本頁上方的大圖片是正面，翻過來就是背面。另外各部分都有固定的名稱，尺身較長的邊稱為長邊，較短的稱為短邊，兩邊相交成的角稱為直角。持握時，左手握住長邊的中部才是正確的持法。

在材料板上畫垂直線的時候將長邊貼在材料板邊緣，沿短邊的外側畫線。若平行移動木工曲尺就可以畫出一樣的垂線，而且跟剛才畫的線相互平行。

木工曲尺不光可以用來畫垂直線，還可以畫45度的斜線。畫45度斜線時，先讓角尺直角頂點高過材料板，然後對該三角形的兩直角邊取相同的長度，這就是一個等腰直角三角形。工作的原理就是：等腰直角三角形兩底角都為45度的。此外，順勢稍微彎曲長邊的話，還可以畫出順暢的弧線。

參考／各種刻度

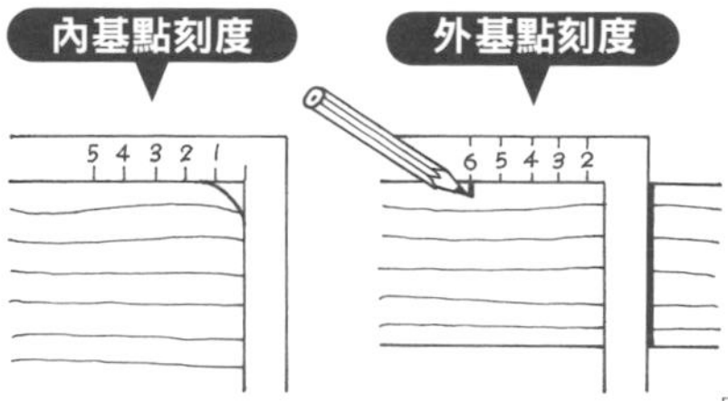

內刻度

內基點刻度，如圖所示以內角側為起點的刻度，一般使用的都是外側的刻度，所以該刻度可能因木工曲尺自身寬度造成誤差。

最好將外基點刻度視為一般使用的外側尺度而畫在內側。如圖所示，其優點在於可以直接看出離開所畫墨線的距離。如果外側沒有刻度就必須將木工曲尺挪動一下。

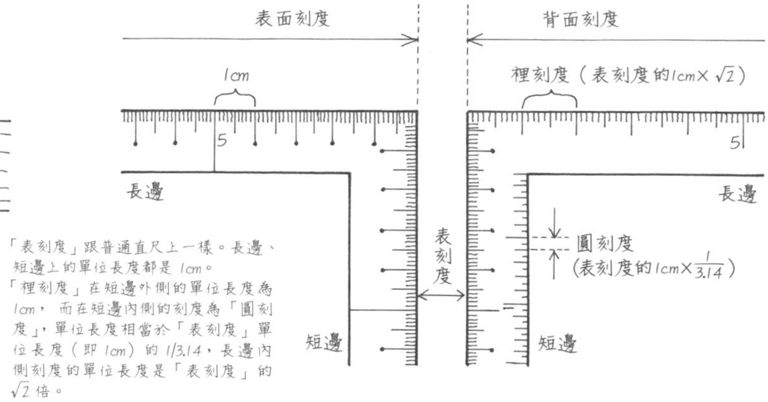

裡面的刻度

關於木工曲尺的表裡，本文已經做了說明。但在背面也刻有尺度的才是相對正式的木工曲尺。上面插圖中的「圓刻度」能在測量圓的直徑時直接讀出圓周長。另外一個以「1cm×√2」為單位長度的刻度叫「角刻度」，用它測量圓內直徑就可以直接讀出，需要多少cm的角木才能加工出這樣的圓。它們都是木材加工中有特殊用途的刻度。

畫緩弧線

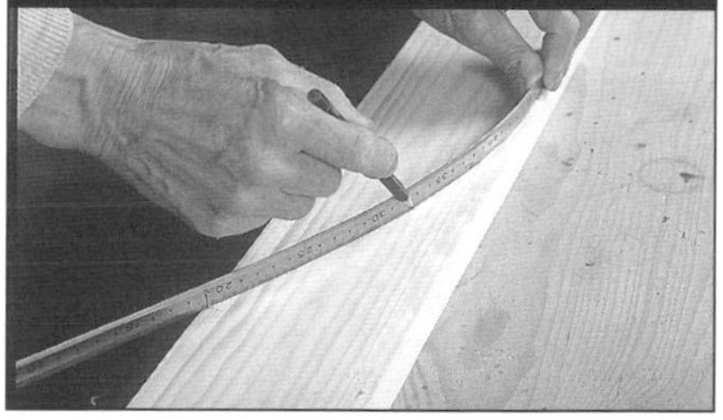

稍稍彎曲長邊就能畫出平滑的緩弧線

等分

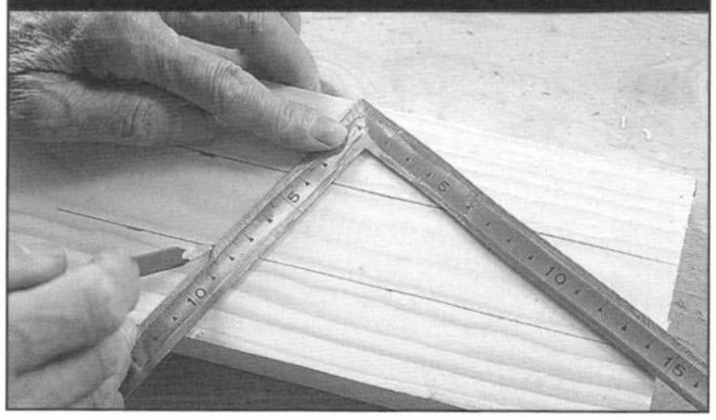

例如在材料板的寬幅不容易被整除時，可以斜放木工曲尺，選一個容易被整除的斜長度來平均分成幾分，並在材料板上作出標記。換另一個位置完成同樣的操作，然後將兩次標出的點平行連接起來，等分線就畫出來了。

畫45度斜線

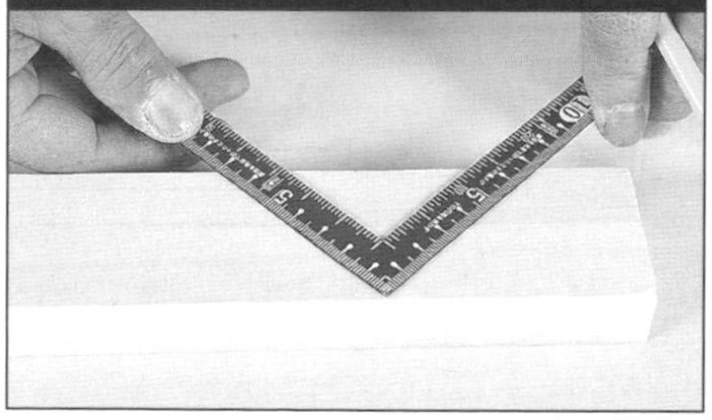

在材料上畫一個等腰直角三角形，因為兩底角都為45度，就能畫出45度的斜線了。

有的木工曲尺內側有刻度，稱之為「內刻度」，「內刻度」又可分為「內基點刻度」和「外基點刻度」兩類。顧名思義，二者之間的差別在於標注的刻度是以內側為基點還是外側為基點。內基點刻度能夠測量圓角材料，而畫好垂線後利用外基點刻度順便就能測量距離。

這兩種刻度的功能可以相互替代（如果想要內基點發揮外基點的作用，可以在測量的結果上加上角尺的寬度；反之就減去木工曲尺的寬度），因此無論木工曲尺上的是哪種刻度都可以，但是如果使用頻率比較高的話，推薦大家使用帶外基點刻度的。

另外，不光有「mm」刻度的還有「尺」刻度的角尺。無論使用哪種，都必須經過長期的積累方可達到熟練運用，正所謂熟能生巧。

國家圖書館出版品預行編目資料

木工職人刨修技法：打造超人氣木作必備參考書/ DIY MAGAZINE「DOPA!」編集部, 太巻隆信, 杉田豐久著；王海譯.
-- 三版. -- 新北市：良品文化館出版：雅書堂文化發行, 2019.08
面；　公分. --（手作良品；10）
譯自：ルーター＆トリマーで本格木工
ISBN 978-986-7627-13-1（平裝）
1.木工 2.家具製造
474.3　　108009723

手作良品 10

木工職人刨修技法——
打造超人氣木作必備參考書（經典版）

作　者／DIY MAGAZINE「DOPA!」編集部・太巻隆信・杉田豐久
譯　者／王　海
審　訂／陳秉魁
發 行 人／詹慶和
總 編 輯／蔡麗玲
執行編輯／陳昕儀
編　輯／蔡毓玲・劉蕙寧・黃璟安・陳姿伶
封面設計／韓欣恬
美術編輯／陳麗娜・周盈汝
內頁排版／造　極
出 版 者／良品文化館
發 行 者／雅書堂文化事業有限公司
郵撥帳號／18225950　戶名：雅書堂文化事業有限公司
地　址／220新北市板橋區板新路206號3樓
網　址／www.elegantbooks.com.tw
電子郵件／elegant.books@msa.hinet.net
電　話／（02）8952-4078
傳　真／（02）8952-4084

2012年8月初版一刷　2016年2月二版一刷
2019年8月三版一刷　定價480元

ROUTER & TRIMMER DE HONKAKUMOKKOU

經銷／易可數位行銷股份有限公司
地址／新北市新店區寶橋路235巷6弄3號5樓
電話／（02）8911-0825　傳真／（02）8911-0801

STAFF

策畫・編集／大迫裕三
作者／太巻隆信・杉田豐久
編集統籌／小田桐充
編輯／關根真司・吉永達生
（學研パブリッシング）
DOPA！編輯部／
（脇野修平・小宮幸治・豐田大作・
宮原千晶・設樂敦）・小野博明
CG製作／杉田豐久
設計／內海 亨

太巻隆信（OOMAKI TAKANOBU）

當了25年公司職員之後，以木工研究家身分，設立了「OKERA工作室」，開發出很多原創導尺，尤其精通木工雕刻機和修邊機使用，因而被稱為「太巻魔法師」。2007年逝世。現在的OKERA工房由其兒子圭悟經營。

杉田豐久（SUGITA TOYOHISA）

木工家，DIY研究家。1951年出生，27歲起花了5年半時間自製了巡弋艇。在製作過程中，感受到了導尺之重要性。現在為致力於導尺之開發、製造、銷售的「MIRAI」公司負責人。
http://www.mirai-tokyo.co.jp